政治與資訊科技
Information Technology and Politics

孫以清、郭冠廷／主編

龔　序

　　本校政治學所與資訊學所合辦的「政治與資訊研討會」非常成功，會議成果編成這本論文集準備出版，囑我寫一序文。我們都是學者，若只利用這個場合講些應酬話或打打官腔，恐怕不妥，因此我想從一個與會諸君恰好沒有論及的角度（歷史）來談政治與資訊這個題目，以論「網路史學」的性質與發展來與諸君呼應唱和一番。古代演戲時，會先請一人飾官吏，出場先跳一小段，名為「跳加官」，取吉利之意，並作為主戲上場前的暖場之用。以下所述，亦跳加官也，諸君或許會喜歡。

　　既談政治，話題便不妨從上屆總統選舉談起。

　　選戰結束後，國民黨政權告終，網路上便出現了不少關於應如何修史的討論。底下是一項民國史應如何記述的擬例：

國民黨王朝在「中華民國」史上，共五帝，凡八十九年。

孫高祖　文：大半輩子都在搞革命，建立「中華民國」，是
　　　　　　謂「高祖」，當之無愧。歷朝歷代皆是如此，
　　　　　　建國者為祖。

蔣武帝　介石：繼位後，大半輩子都在打戰，故曰「武帝」（意
　　　　　　見：依照《史記》中的諡法：武字有武功鼎盛
　　　　　　但又窮兵黷武之意，所以這個武字當之有愧，

因為蔣介石把整個大陸弄丟了。不過另外有一個諡號不錯，就是襄字。因為襄字就是單純的窮兵黷武而且毫無建樹，蠻適合的）。

蔣文帝　經國：推行十項建設、解除黨禁與戒嚴令，堪稱「文帝」（意見：依照《史記》中的諡法，文字為文治，武字為武功。不過一般而言，文治通常會在武功之前，因為沒有先文治，儲備國力，哪有錢給後面的人來武功？武功是很花錢的。所以身為一個收爛攤的，不但收得好，而且還要使人民小康，可稱為宣，宣為中興之意）。

李獻帝　登輝：任內完成政權和平移轉，「獻帝」當之無愧（意見：依照《史記》中的諡法，獻是送亡國者用的，例如漢獻帝。但是像李登輝這樣放縱宦官當政、使用情治單位、製造白色恐怖，蠻像明朝的萬曆皇，所以當一個神字當無愧。神乃自以為是聖人再世，實際是一敗塗地之意）。

連哀帝　戰：原以為可兼任總統與黨主席，但一接黨主席就被貶為庶民，故曰「哀帝」（意見：依照《史記》中的諡法，哀是本身無德，有賢人又不知任用，就讓他鬱卒而死。如魯哀公，明明有仲尼生知之而不用，死而後悔。個人覺得用一個惠字比較恰當。因為惠是寓意於貶，無德而又不知民間疾苦者，如晉惠帝，就是那個有名的「天荒無糧，沒飯吃；為什麼不去吃肉」的皇帝）。

這是有關敘述歷史的「史例」討論，還有些則逕行撰史。例如上屆總統大選之後，網路上刊載了這樣一則「歷史記載」：

輝祖帝有二嫡子，長子戰、次子瑜。瑜戰功彪炳，力排前朝遺老，助輝祖登帝位。帝封其食邑廣矣！然功高震主，帝憂之。遂立戰為太子，收瑜之封邑、釋其兵權，使無立足地也。瑜出走，聯其舊部，欲起。帝恐之，見戰弱，不足以抗，遂尋在野庶子扁，令翰林院哲大夫助之。扁原封邑於北，忤逆帝，貶為庶民。其封邑為庶子九有。然南方擁之，其舊屬勢力廣矣，足以抗瑜。戰雖式微，餘有號召，帝以散瑜之力也。於是乎扁登高一呼，假帝之力敗瑜。遂即位，號扁宗。【作者：june_openfind@address.com(june)，標題：《台灣現代史》，時間：OpenFind 網路論壇(Wed Mar 29 13:49:22 2000)】

這則記載，文字雖然略有瑕疵（如「嫡子」不可能有二人），但基本上是符合史例史法的。它完全模仿歷代正史，而自稱是《民史·扁本紀》。它在網路上張貼後，才幾個小時，便有「宋楚瑜之友會小瑜工坊義守分會」（http://www.uneed.com.tw/club/）回應，將它改成以下這個樣子：

輝祖帝有二嫡子，長子戰、次子瑜。瑜戰功彪炳，力排前朝遺老，助輝祖登帝位。帝封其食邑廣矣！然功高震主，帝憂之。遂立戰為太子，收瑜之封邑、釋其兵權，使無立足地也。瑜出走，聯其舊部，欲起。帝恐之，見戰弱，不足以抗，遂暗尋在野庶子扁，令翰林院哲大夫助之。扁原封邑於北都，因遭民變，其封邑為庶子九代之，乃依附南方諸郡，其舊屬勢盛，擁之，竟足以抗瑜。戰雖式微，餘有號召，帝以散瑜之力也。於是乎扁登高一呼，假帝之力敗瑜。即九五尊位，

號扁宗。【作者：yuping.bbs@chang2.ee.ncku.edu.tw(讓世界因愛而發光)，標題：《稗官野史》，時間：陽光椰林 BBS站(Wed Mar 29 20:04:54 2000)】

修改的文字不太多，但改動中即具史筆褒貶之意，例如「『暗』尋在野庶子扁」，指明李登輝暗助陳水扁；「扁原封邑於北『都』」，也較明確；以「因遭民變」代替「忤逆帝」，來說明其市長敗選是遭選民唾棄，而非不獲李登輝歡心，故其下云其封邑非為馬英九「有」，而是被馬「代之」，亦可見史筆。又，說陳水扁「依附南方諸郡」「『竟』足以抗瑜」，皆具貶義。可是，正因為貶了陳水扁，大概引起扁迷不滿，幾小時後，網路上又貼了修訂史書一則，曰：

輝祖帝有二嫡子，長子戰、次子瑜。瑜戰功彪炳，力排前朝遺老，助輝祖登帝位。帝封其食邑廣矣！然次子恃功而驕，目無長序倫常，欲取兄而代之。遂行收攬民心，民脂民膏賄地方名紳土霸，故作清高以沽名釣譽，以國家之器收為私之名。復藉百姓之愚及其之作戲，逢天災地禍，必疾呼今上枉顧民意！實為欲以天怒人怨為反叛之由。其城府之深、野心之大，天地可鑑。帝憂之，遂立戰為太子，收瑜之封邑、釋其兵權，使無立足地也。瑜怒走，聯其舊部，欲反。戰弱，不足以抗，帝恐之；扁原封邑於北都，都民安居樂業，因遭賊變，其封邑為帝將九奪之，乃依附南方諸郡，其舊屬勢盛擁之，人民愛戴之，遂足以抗瑜。戰雖式微，餘有號召，足以散逆瑜之力也。於是乎扁登高一呼，帝舊部紛紛歸順扁，加翰林院大夫哲助之，終奪九五尊位，號扁宗。【作者：Lopin.bbs@firebird.cs.ccu.edu.tw(親愛的是個大眼睛)，標題：

《新民史・扁本紀》，時間：中正大學四百年來第一站(Wed Mar 29 23:02:29 2000)】

　　這一則加了一大段話罵宋楚瑜，又加了一大段話捧陳水扁，一副陳水扁即位是順天應人、理所當然的樣子。這幾篇「史記」，可以讓我們看出什麼訊息呢？

　　一、選舉時的立場對立，顯然不因為選畢而告結束。選戰結束了，另一個戰場，也就是對這場戰役的歷史敘述權及解釋權之爭，才開始啟釁。歷史上，一個政權打敗了另一個政權後，除了清理戰場之外，也必然要開始進行修史的工作，為自己和被他打敗的人確立一個定位。可是前朝遺老或隱居在山林野澤中的不滿於新政權者，也抱著「老子打不過你，在紙上罵你龜兒子」的原則，在歷史敘述上另闢戰場，以私人撰述，藏諸名山，傳於後世。以上第一、第二則網站，號稱「民史」，即屬此類。第三則倒近於官修史書了。不過，無論如何，這種修史的行為，本身貌似諧戲，實與歷代政權更替之際所出現之現象，其實甚為類似，頗有可以合觀併論之處，不容忽視。

　　二、歷史敘述，從來就不是客觀的。近代史學，以科學方法、客觀研究為標幟，仰賴史料。頂多只承認歷史解釋有主觀性，但認為只要研究者能去除本身主觀的偏見，人人就都能依客觀之資料做出客觀的詮釋與判斷。殊不知材料本身就出於主觀。歷史敘述，究竟是由誰來敘述，非常重要。同一件事，成王敗寇，概由敘述者之不同立場，而呈現完全不同之價值差異。宋楚瑜之出走，到底是因李登輝忌憚他，故意使其無立足之地，遂不得不走；抑或野心太大，反出國民黨？陳水扁敗選台北市長，到底是「因遭賊變」，還是「因遭民變」，或者竟是「忤逆帝」，端看敘述人怎麼想。以今觀昔，更能明白古代史書記載之真相，也可以破現

代史學界客觀史料觀之迷思。當代史學中新歷史主義曾強調歷史就是書寫，網路史記，尤能印證這個道理。

三、這些歷史書寫，不論立場為何，全都採用了過去史書的體例及筆法。以李登輝為帝、以彼與其接班人為父子關係、以選舉得來的行政區域為帝王賜封的采邑，這固然是「諧擬」的效果，但更深一層看，豈不說明了：號稱已民主化的台灣、號稱民主先生的李登輝，其政治實質，仍不脫君主政治之運作模式？或者，民眾看待這些政治人物之興衰起伏，心理仍與看古代帝王政治相同。以上兩者，必居其一或兩者均是。而這一種類似小孩看破國王其實沒穿衣服的效果，恐怕也反而妙契台灣民主政治之真相實相，比一般蛋頭學者、御用文人之高論宏論貼切得多。因為台灣的總統，不是權力大似皇帝，而是大勝皇帝。古代皇帝僅代表政權，治權則在宰相手上，故帝王甚至可數十年不臨朝。皇帝若欲降詔，亦需經宰相副署。今則行政院長只等於總統府行政局長，行政院長副署權也被刪掉了。總統有權無責，又無「拾遺」「補闕」「諫議」之官，職糾其失；媒體偶或言之，便欲封禁，便扣上「統派媒體」、「唱衰台灣」等大帽子。府中更設有國安會、國安局，非情報局、調查局所得轄理，大似東廠。古代一般皇帝，哪得有此體制？李登輝時期，機要蘇志誠居然直接批示公文，古代任何皇帝，更哪敢任由嬖幸或宦豎如此？就此言之，此類民史，反為信史矣。

四、古史之寫作，權在史官。春秋戰國以後，王官失守，學在民間，唯有史官仍為官守，司馬遷自謂其家「世掌天官」者是也。司馬遷的《史記》也因此不能視為民間自撰之史書。後來班固父子私修《漢書》，差點獲罪，更可見史書編撰之權在當時尚未下放至民間。可是《漢書》以私修之史，終獲朝廷承認，對民

間修史的事，形成了變相的鼓勵和默許。故隨後民間修史之風大盛，記後漢史事者即有十餘家，史學乃大興，脫離經學，自成乙部。但經過魏晉南北朝之後，「國史」的觀念又興起了，一代之史，多由國家開立史局，召員編修。以致所謂「正史」大抵均屬官修之史。現在我國仍有國史館之設，延續這個傳統。不過，民間修史的傳統，也並不因此而斬絕，「野史」不僅存在巷議街談、筆記小說中，也仍有不少民間有心人士在編撰史著。近數十年來，更有如劉紹唐主持《傳記文學》月刊，自號「野史館」的例子。世謂其「以一人敵一國」，可見野史畢竟不可廢。如今劉老故世矣，傳記文學，野史稗官，則不僅可見諸《傳記文學》，更可以在網路上發展，豈不是很值得注意的事嗎？

五、民間修撰，稗官野史，當然不會像官修史書那麼「嚴謹」，也就不會那麼呆板無趣，讀起來是很好玩的。無論政治立場為何，讀此民史，大概都會莞爾一笑。因此，書寫或閱讀此類民史，也是紓解政治壓力的一種方法，情況就跟高壓統治的社會中流行政治笑話揶揄專政者一樣。其政治功能正在它的諧謔、仿擬、角色編排之中。

六、民間修史，觀點當然不會像官修史書，要定於一尊；它必然是各說各話，而且充分衍申、異變的。古代稗官野史，常稱為「演義」，即肇因於此。但書寫本身是單線的，印刷品能容納的衍申變異也很有限，唯有網路可以充分發揮這種特點。所以我們看上述各民史，就都發展出前編與續集。如《民史·扁本紀》後面，有人加上了這一段：

扁...即位，號扁宗。

然瑜、戰之部將知悉輝祖之謀，有所不滿，群聚京城之東景福門外，輝祖之行宮。眾意要求輝祖下詔罪己以謝天下，與

京城巡捕衝突對峙。越七日，輝祖不得已乃應允之，下詔罪己，將己兵權轉授其子戰。戰決議力圖中興，整編將兵、裁汰老弱，再圖振作。而次子瑜收其殘部，重編將士，組成新軍，號曰親民也。扁宗雖得繼位，但天下已成三分之勢。戰之國民軍、扁宗之民進軍、瑜之親民軍。三人逐鹿中原，鹿死誰手，難分難解。而此時北狄匈奴老江單于，與左賢王戎基、右賢王樹狠出言恫赫，揚言渡西海越長城內犯中原。

而在《民史・扁本紀》前面，又有人寫了一篇「前編」，名為「扁中興」：

初瑜之興也，治軍嚴明，屢戰皆捷，民心震動。帝患之，益增兵助戰。戰性懦，遇事不能決，士卒叛者眾。及事急，帝猶信戰也，故舊大臣圍帝諫，請誅逆閹、放太子，以迎賢庶公子扁。帝沉吟未答，太師以卵擊石，帝乃悟，力斬蘇、廢戰，昭告天下。扁之始立也，眾未服，扁乃與群臣約法三章：「殺人者死、挵金及黑道抵罪」，朝野乃大悅。帝輝烏龍十一年，扁以女將蓮為帥，與瑜軍戰北港、大甲間。鄉間黃巾賊起兵助瑜，瑜兵勢大盛。扁見危，親吮士卒膿瘡，於是眾皆效死，乃大勝瑜，俘敵三十餘萬。瑜袒裼降，扁赦其不死，封「親民侯」。

本文褒貶之立場不明確。稱扁為賢庶子，說助宋楚瑜的顏清標是信奉宗教的黃巾賊，似是左袒陳水扁的。但說陳之獲勝乃「吮士卒膿瘡」而然，又似對陳之得勝不無微辭；唯有批評李登輝用逆閹蘇志誠，年號烏龍，是顯然反李的。〈扁本紀〉又另有續編：

扁宗繼，眾譁然，擁瑜舊部揭竿起義於天壇前，罪輝以通匪

叛國之罪。輝不服，遣座下閹宦蘇仔釋之曰：「政不在清，黑金可行；味不在辛，老薑無敵」，又對眾曰：「此陣仗吾見多矣，不數日，汝等烏合自潰散也。」聞是言，眾驚怒，群情激憤如排山倒海，與天壇前御林軍對峙抗衡五日夜，誓言不清算輝等匪黨不罷休。不數日，輝不敵民及故朝元老等逼宮，遂退位。一干奸佞皆被縛，判以通匪之罪，處宮刑、鞭數十，驅之別院。瑜舊部見老賊退位，遂自立黨羽，號新民，仁人志士皆懷少康中興之志，行臥薪嚐膽之實，勵精圖治，待四年整軍經武，一統中原。

本件雖有「黨羽」等詞，但顯然是支持宋楚瑜的。網路上觀點之分歧，由此可見。

過去「史」本來就是「書寫」之意，史字，甲金文均作 ，象人執筆書寫之狀。後代史官也強調要秉筆直書，故史法又稱書法。然而，自從錄音錄影技術發明後，記錄史事的方法，除了書寫之外，更可以利用影音，這就是「口述歷史」和「影視史學」興起的原因。影像史學以紀錄片和電影電視片為史述，鏡頭被認為具有與筆一樣的功能。如今，網路出現了，一個新的網路書寫時代來臨了，史學顯然也出現了一個新型態新領域，那就是我在前面介紹的網路史學。這種史學的性質與發展，勢必成為新的史學研究熱門話題。

所謂網路史學，不是用網路去貼載幾則政治諷喻而已，網路史學本身就具有政治性，此話怎講？

李歐塔《後現代狀況》一書有幾章談〈敘述性知識的語用學〉〈科學性知識的語用學〉〈敘述功能與知識合法化〉〈知識合法化的敘述說法〉以及〈解合法化〉。其大意謂：敘述性知識（narrative knowledge）與科學性知識不同，敘述性知識無合法不合法之問

題，即或有之，也是看主述者、聆聽者與指涉物三者之間的關係而定，在「語言競賽」之中，獲得認可。用中國史述來說，《三國演義》《三國志》或三國戲曲等，它們所提供的敘述性知識，被接受者認同了、在生活中運用了，它就是合法的。而且不會只有一種是合法的，而是在一個社會中可同時存在許多說法。但近代史學，卻無視此敘述性知識之特性，以科學性知識去要求它，只有一種經由學院史學專業人士考證認定的真相，並「對敘述知識提出質疑，說它們永遠無法用論證或證據來說明。……因為敘述知識是由習俗、意見、權威、偏見、無知和意識型態所組成，只是一些適合小孩和女人閱讀的寓言、神話或傳奇」（第七章）。

近代史學這個合法化的特徵，乃是近代追求合法化的文化表現之一端。據李歐塔觀察：

> 追求社會政治合法化的方法，與新的科學態度結合在一起，主角英雄的名字便換成了人民（people）。人民的共識成了合法性的標誌，而人民所創造的競賽規範標準模式（mode），就是所謂的公開辯論（deliberation）。……人民辯論什麼是正義、什麼是不義，這與科學圈內辯論什麼是對、什麼是錯，用的方法是一樣的。他們累積民法知識，就像科學家累積科學定理一般。他們改進共識的方法，就如同科學家依照他們研究所得，生產新式的典範（paradigms），修正舊有的規則。……所謂的人民，特別是人民組成的政治機構與制度，不僅僅以獲得知的權利而滿足，他們還要制訂法律。……如此一來，人民不但可以演練他們的能力，諸如怎樣以定義指稱性的說法去決定何者為真理，同時也可以用命令性的說法來宣布何者為正義。

因此，李歐塔認為現代社會的民主，不僅改變了敘述知識，也改變了人民。人民不再是傳統意義的人民了。要改造這樣的社會，便須強調「解構合法化」（Delegitimation），讓敘述知識恢復其敘述性，各種敘述則在語言遊戲與競爭中形成它的合法性。而此一現象，事實上也就是後現代世界的狀況。

李歐塔的理論，是針對哈伯瑪斯所說的「合法性危機」而來。哈伯瑪斯認為資本主義社會的發展會出現合法性危機，故擬以交往理論，建立共識社會來試圖解決這種危機。李歐塔則擬以解構合法化來解除此一危機。而他構思後現代社會中敘述知識之問題時，他腦中想的，其實不是傳統的，如上文我們為了舉例方便而說的一些古老史述，而是如他第一章的標題：「資訊化社會中的知識」。他強調後現代的知識不能也不再是科學，指的就是資訊化社會中以電腦為核心所構成的知識及語言。可惜他不懂史學，否則以網路史學為例證，說明他所要講的後現代敘述性知識之問題，一定會講得更清楚。

我在這本論文集前面舉這個例子，無非也只想藉此提醒讀者注意資訊科技發達的這個社會中，知識、語言或政治均須重新觀察。希望這本論文集中的文章，能為讀者您打開新的窗口，看見或看清新的世界。

佛光人文社會學院校長

龔鵬程　謹誌

孫　序

　　ENIAC（electronic numerical integrator and computer）是一部重三十噸，有一萬八千個真空管、五百萬個焊接點，體積差不多有兩間標準教室的龐然大物，它是第一部真正意義上的電腦，開始研製於一九四三年，完成於一九四六年。雖然它的出現至今還不滿六十年，但與電腦相關的資訊科技產業產值不斷提高，電腦的功能日新月異，用途也越來越廣泛，而它的體積也縮小到可置放於一般人的桌上、膝上甚至掌中，再加上網路的興起及不斷的改善，資訊流通更為便利，電腦及資訊科技對於人類生活的影響日益深化。有鑑於此，佛光人文社會學院政治學系，在民國九十年十二月與本校資訊系共同舉辦「第一屆政治與資訊科技研討會」。此次會議，獲得台灣學界熱烈迴響與支持，與會學者、專家及學生討論精彩，論文集索取與銷售一空。由於第一屆研討會的成功，佛光人文社會學院又在民國九十二年四月，舉辦「第二屆政治與資訊科技研討會」，此次研討會，投稿論文較第一屆更為踴躍，同時也獲得國家政策研究基金會、國家科學委員會社會科學研究中心、新聞局與外交部等單位的補助。國際知名的政治思想學者，英國劍橋大學國王學院院士 John Dunn 教授在此次研討會中發表主題演講，講題為「不均衡的全球化資訊時代中的個

人自由、民主政治與公共安全」。

　　「政治與資訊科技」研討會至今已舉辦三屆，而其主要探討方向有下面幾個：第一、在資訊科技的不斷發展及產值不斷提升之際，各國政府如何制定各種資訊政策？又以何種方式提升其科技產業？而其效果又如何？第二、資訊科技的發達對於國際關係、外交政策與作為、國防安全將帶來何種影響？資訊戰爭是現實還是幻想？恐怖組織運用資訊科技進行恐怖活動的可能性為何？又會帶來什麼影響？第三、政府及政治人物如何利用資訊科技？而其影響與成效如何？第四、資訊科技與民主政治到底有著什麼關係？它能夠提高民主政治的品質，或只是淪為民粹主義的工具？第五、電子化政府能否增進人民福祉？是否能擴大民眾對各種公共政策與議題的參與？及資訊科技如何提升政府效能？第六、資訊技術的持續進步，將如何改變政治學領域中的研究方法及研究方向？這些議題涵蓋政治學中許多次領域，如國際關係、比較政治、公共行政、公共政策、研究方法、政治經濟學等。而本書收錄第一屆與第二屆研討會中論文共十五篇，全書共分為七篇，每篇收錄二到三篇文章。由於受篇幅所限，編者將文章摘要部分全部刪除，但擷取各文章中部分重點內容，稍做更動，改寫成為下面的導讀，以服務讀者。

　　本書第一篇為資訊科技與政治學研究，主要的內容在於探討政治學研究方法在資訊科技不斷更新下，能有哪些新的作法。徐振國在〈論科學方法論與詮釋學方法論之整合：製作「社會政經資料庫」之啟示〉中指出：政治學研究，應該注意科學方法論和詮釋學方法論的辯證均衡發展。而長期以來在政治學研究的科學方法論上，已發展出許多研究方法和分析技術，但詮釋學還停留在將心比心、設身處地的主觀論述階段。雖然詮釋學中的論述分

析和文本分析相當發達，但並未被政治學界充分引介和吸收，故使政治學方法論長期停留在偏頗發展的狀態。如今電腦中文全文檢索資料庫廣泛發展，政治學界顯然也應該建立它自己學術專用的資料庫，使其有助於探索政策、制度和意識形態之發展。不過徐教授覺得政治學界不要把中文檢索資料庫當作一個純粹技術性的使用工具，而應重視它跟文本分析和論述分析的可能結合，藉此提升政治學者對語言、語意、語境、敘事和義理辨析的敏感和重視。這樣方可使講究建構性義理脈絡的詮釋學有具體落實的基礎和途徑，而終於可使 Donald Moon 所主張之科學方法論和詮釋學方法論均衡發展的理想可以實現（參看徐振國）。

　　駱至中和林錦昌在〈資料探勘技術於政治學研究之應用：以民意調查資料的智慧型分析為例〉指出，近來資訊科技在巨量資料處理和高速運算等方面的能力進步神速，其中資料探勘（data mining）這項能在所掌握到的大量資料中進行多維度搜尋，並更進一步地擷取出藏匿於其中之知識樣模（knowledge patterns）的技術更是有顯著的進展與突破。對政治學者而言，資料探勘技術應當也會是個不錯的研究工具。在此篇論文中，他們針對資料探勘如何能協助政治學進行知識探索進行探討，並從技術面著眼提供許多建議。同時他們用實際的民調資料進行分析，他們的實證結果顯示，資料探勘確實能成為政治學研究的有效工具，同時也說明善用資訊科技會對政治學的研究產生正面的幫助（參看駱至中、林錦昌）。

　　第二篇為網路政治行銷和直接參與，主要探討電腦網路高度發展後，對於政治行銷與民眾直接參與政治有何種影響，而成效又為何。黃東益、蕭乃沂與陳敦源在〈網際網路時代公民直接參與的機會與挑戰：台北市「市長電子信箱」的個案研究〉中指出，

平等與參與是民主政治追求的理想，也是衡量國家民主程度的重要指標。然而，代議民主制度的實際運作當中，參與通常僅止於社會的優勢團體，而呈現高度不平等的現象。近年來網際網路的盛行，正重新塑造市民、官僚及政治人物之間的關係，似為平等參與打開了一扇機會之窗，同時也是提倡政府再造的管理者落實民眾參與決策，達到授權灌能的一個契機。他們是以各級政府中最早設立的電子信箱——台北市「市長信箱」為個案，並以市府相關一級局處業務人員自填式問卷及使用者電子郵件之內容為資料，進行分析研究。而此篇文章的研究結果大致符合學者有關資訊傳播科技對於公民直接參與可能所造成影響的預測。資訊傳播科技直接、快速、無疆界的特性打破地域及各種社會的藩籬，形式上提供了一種公平而直接的參與途徑，的確得以跨越代議士、政黨、利益團體而直接與行政部門接觸，對於公民的直接參與有促進的效果。他們的研究結果也呼應學者對於應用網際網路於公民的直接參與可能造成的負面影響，包括政府處理成本增加、民眾期待過高以及參與不平等等問題（參看黃東益、蕭乃沂、陳敦源）。

鈕則勳的論文〈競選策略與整合行銷傳播：以二〇〇一年選舉民進黨為例〉則是以「整合行銷傳播」（integrated marketing communication, IMC）相關之原理原則套用於政治競選傳播中，探討民進黨在二〇〇一年縣市長及立委選戰中使用之傳播科技（包括網路、電視廣告及報紙廣告）之相互關係，並對民進黨在那次選舉中之文宣廣告作為，配合「整合行銷傳播」加以分析，以探討民進黨在執政後整體之文宣廣告策略（參看鈕則勳）。

第三篇在於探討資訊科技對外交、戰爭與國際經濟能產生哪些影響。姜家雄、吳竹君在〈資訊科技與虛擬外交〉中指出，由

於資訊科技及網際網路等的蓬勃發展，導致通訊成本大幅降低，人與人的溝通的障礙也逐漸消失。而這些新興資訊科技打造了一個更加緊密的虛擬世界。而虛擬外交（virtual diplomacy）可有效地結合資訊科技與外交工作，對於面臨多方挑戰的傳統外交體制而言，這種沒有外交官的外交（diplomacy without diplomat）或可提供另類的生機（參看姜家雄、吳竹君）。

孫以清在〈「資訊戰」與「戰爭」：資訊戰能否達成戰爭的目的？〉一文中，首先以一個兩人決策之樹狀圖分析戰爭的本質與目的。同時將「資訊戰」分為「戰略性」及「作戰性」兩種形態。由於「戰略性資訊戰爭」的進行過程很難達到「戰爭」的目的，因此寄望以此達到屈人之兵的效果，是不切實際的。他也指出目前許多「資訊戰」相關文章不是太過激情，就是想像力過於豐富，常給人小說與現實不分的情況。過度提倡這種「低成本」戰爭的想法，正透露出決策者的軟弱與缺乏真正作戰的決心，反而使敵人更無顧忌。不過他認為「作戰性」的資訊戰爭——以資訊科技為一種手段，以增強軍隊的作戰能力——則並非想像，它不但真實，而其所帶來的影響也逐漸加強之中。而未來之發展也值得我們特別注意與持續的觀察。

陳玉璽在〈資訊經濟與東亞政治經濟學的蛻變〉一文中指出，東亞經濟從一九九七危機中迅速復甦，乃受惠於美國在同一時期大幅擴增資訊科技產業及設備的投資支出，造成美國經濟和股市大擴張；而接踵而來的東亞經濟再度衰退和股市重挫，也是直接導因於美國資訊科技的泡沫破滅。陳教授認為這些現象不得不引人深思：過去解釋東亞經濟發展的「西方因素」與「東亞內部因素」，都不足以讓我們充分瞭解東亞經濟興衰榮枯的動力所在。因此陳玉璽認為東亞經濟研究有必要提出新的解釋典範，他在文

中陳述了這個典範的主要假設是：(1)最近幾年來東亞經濟景氣的大起大落，乃是根源於東亞大規模參與全球新分工體系的資訊科技產業的生產過程。(2)鑑於西方工業先進國家的「資訊經濟」始自七十年代初期，以及東亞從六十年代開始即已參與世界經濟體系生產分工的事實，因此過去的「東亞奇蹟」也有必要從這個「資訊經濟」的觀點重新解釋（參看陳玉璽）。

第四篇中的兩篇文章在於探討資訊科技的不斷更新對海峽兩岸關係上會產生什麼影響。袁鶴齡的文章〈主權與互賴：資訊科技網絡中的兩岸關係〉試圖回答兩個問題。第一、國際關係的本質是否會因出現這波以資訊科技、網路及知識創意為基礎的新經濟而產生變化？在一個強調權力（power）與國家利益（national interest）的國際無政府狀態中（anarchy），在資訊科技持續創新以及網路普遍使用的情況下，國與國的互賴關係（interdependence）自然因空間距離的縮短及成本的降低而增高。此時，「權力」概念的內涵及本質是否會有所轉變，因而導致國際合作出現的可能性升高？第二、在新經濟所建構的資訊科技網絡中，兩岸的互動關係會產生何種變化？當移往大陸投資之台灣廠商已由早期的低技術層次、低附加價值的傳統產業，轉變到近年技術層次高且具高附加價值的資訊科技產業，而大陸的新高科技產業也在「科教興國」的政策指導下蓬勃發展之際，兩岸經貿的互動是否會因依存關係的增加而成為合作夥伴的關係，或者會因市場競爭的激烈而成敵對關係？（參看袁鶴齡）

李英明在〈資訊時代下的兩岸關係：認同和主權問題的討論〉中指出，兩岸間非政府層面的互動交流，特別是經濟層面，其實是全球化制約下的產物，台灣處在資本主義世界體系靠近中國大陸的前沿地帶，是中國大陸開放、進入全球化浪潮制約下的重要關鍵之

一。但是通過全球化做為機制的經濟互動，並不能化解由於全球化所牽動出來的文化和政治認同的複雜性和難度。而資訊主義發展的特點，就是不只要求經濟上的去中心化，同時也要求文化和政治上的去中心化；兩岸如果能夠體認這個現實，多一點去中心化的體認，少一點本質主義的堅持，並且站在對等基礎上，進行互為主體的溝通，也許兩岸關係才能真正朝良性的方向發展，否則在各自極端的本質主義的堅持下，恐怕很難有樂觀的發展（參看李英明）。

第五篇是有兩篇關電子化政府的論文，兩篇文章不約而同地對於目前電子化政府的發展方向有所質疑和期許。王佳煌在〈電子化政府與電子民主：以台北市政府為例〉一文中，首先釐清電子民主與數位民主的定義，其次論述台北市電子化政府的相關政策行動及背後的問題，繼而輔以三個案例的評析，呈現目前台灣電子化政府的發展方向呈現只重服務的生產與供給，因而輕忽意見形成、決策參與的理念與結構問題。王佳煌認為，電子化政府不應視為單純的技術問題，只注重政府業務電腦化、電子化與網路化等事宜，而應是依循民主的理念，建立各種電子或數位管道與平台，減緩數位落差，鼓勵民眾透過電腦中介傳播、資訊與通訊科技，發表意見、討論市政、參與決策，促成民眾與高層行政首長、官僚體系成員形塑頻繁密切的互動。也就是說，電子化政府應該扮演積極的角色，發揮作用，以期建立完整的電子民主（參看王佳煌）。

張世杰、蕭元哲與林寶安三位學者在〈資訊科技與電子化政府治理能力〉中，以「科技烏托邦主義」和「反烏托邦主義」這兩套相對立的論述，鋪陳出他們論文的論證主軸：資訊科技在政府體系中的應用，並非是在一種「制度真空」的情況下進行。資訊科技只是政府治理工具的一種，它對於政府治理能力的提升，

必須取決於其所依存的制度系絡來決定。資訊技術只是影響公共政策或政府制度運作結果的眾多自變項之一，而非主要的影響變項。在不同制度系絡中，資訊科技都可能扮演不同的工具角色。資訊科技固然可以讓我們傳輸與儲藏大量的資訊，但是也會讓我們的隱私資訊容易被別人擷取，而政府機構也將獲得無比的技術能力，可以監控人民的一舉一動。因此，電子化政府的研究的重心應該放在資訊科技所要服務的制度目的與文化價值為何，而非認為資訊科技本身便足以涵蓋一切人類社會價值的追求（參看張世杰、蕭元哲與林寶安）。

第六篇探討資訊科技與政府轉型與政府再造間的關係。江明修與曾德宜在〈資訊科技與政府轉型：社會建構的觀點〉一文中以社會建構的觀點出發，分別討論資訊科技應用對行政與政治發展的意涵、資訊科技對當前政府運作的衝擊與影響，並提出政府為因應資訊科技的影響，與可採取之轉型策略及行動方向。他們認為政府除應繼續推動電子化／網路化政府計畫及相關資訊通信基礎建設外，應避免受惑於「科技決定論」的迷思，誤以為將資訊科技導入公共事務活動上，即能自行出現新形態的治理關係與行政實務，或誤以為自動化的資訊處理過程可以取代行政人員的裁量與判斷，而忽略新形態治理與公共行政之發展。政府轉型仍需透過對於社會正義、民主、自由及人道等價值之反思，使資訊科技滿足人類與社會發展及成長之需求，嘗試建構出更符合人道關懷的理論與實務體系，方能良善運用資訊科技開展時代新局（參看江明修與曾德宜）。

李文志與董娟娟的〈從知識經濟的觀點重建政府的角色〉一文所關注的焦點將集中在下列兩部分：(1)知識經濟的理論發展與特色，主要在探討知識經濟與傳統經濟的異同，即彼此間的「延

續」（continuities）與「斷裂」（break）的關係，廓清知識與科技在知識經濟體系中的重要性及意義，以及在此論述架構下未來經濟發展與政府政策的走向與挑戰；(2)知識經濟下政府角色與職能的調整，彰顯在知識產業與「內容」時代的趨勢下，政府能否提出正確的政策比強調行政的效率更重要，亦即「智能政府」與「數位行政」將是建構創新導向政府（innovation-oriented government）的主要內涵。此文透過上述的討論與貫穿，清楚地勾勒出政府在知識經濟下的角色圖像，作為往後繼續探索政府如何因應相關課題的憑藉（參看李文志與董娟娟）。

　　第七篇則是探討資訊社會下政府與民間關係的轉變。許仟的〈資訊社會之政治參與〉，如其所言是一份建構在未來學基礎上的哲學思考成果。它試圖由資訊科技對工作與生活的衝擊描述，展開生活中對政治的新渴望與新操作分析，解釋全球網際網路建構完成後，政治電子化對國家虛級化趨勢的影響，並探討全民政治的可能性以及評估社群直接參政的發展。他認為資訊社會的逐漸來臨，全民、全球、全時地直接參政的夢想可以逐步實現，而一旦政府與人民不再對決，則國家地理疆界不在，功能性城邦或稱綠色社群紛紛出現，科技協助事務處理，軟性的溝通則代替了硬性的決策。因此他認為資訊科技的發達對政府與民間社會的互動前景應是十分樂觀的（參看許仟）。

　　郭冠廷在〈資訊社會中的權力關係〉一文中，首先將資訊社會中「真實世界的權力關係」以及「虛擬世界的權力關係」做一區隔，並將虛擬行為界定為：凡是透過網際網路，嘗試以匿名的方式、嘗試規避任何風險與責任，並尋求心理上（非物質上）之滿足者，均為虛擬世界的行為，其所形成的權力網絡即為虛擬世界的權力關係。透過如此的界定，他認為在資訊社會中，真實世

界的權力關係是愈來愈趨於不平等的,無論是在國家層次、組織層次或者個人層次。至於在資訊社會中,虛擬世界的權力關係也有不平等情形存在。他也認為在資訊社會中,虛擬世界的版圖遠不及真實世界的版圖來得大。虛擬世界的網客,其實踐力往往也略遜於真實世界的人們。然而由於「網客」們通常具有較高的科技能力,而且他們似乎也較真實世界的人們更具有反社會的傾向。因此,一旦反社會的傾向受到激發,他們可能會運用其高超的科技能力,破壞社會上的設施與秩序。也就是說,虛擬世界的人們,他們也許沒有興趣也沒有能力去主宰真實的世界,但卻有足夠的能力去毀壞這個真實的世界(參看郭冠廷)。

這十五篇文章,從各個不同的角度探討資訊科技對於現實政治及政治學研究的影響,雖然由於這些論文的內容廣泛,很難提出一個具體清晰的結論,不過有幾個觀點可提出作為總結。第一、大部分學者認為資訊科技可能改變許多現實政治的表象,但對於政治或政府角色本質的改變是有限的。第二、資訊科技的發展對現實政治的影響,如民主政治的提升和各種意見的溝通方面,應當是正面的,不過在樂觀中應保持審慎的態度,以避免科技所帶來的負面影響,如個人隱私的外露,和民粹主義的氾濫等。第三、資訊科技的發展對於政治學研究方法而言,應有助益。第四、資訊科技所產生的一些新現象,可提供政治或其他社會科學學者,作為檢驗假設與理論的豐富資料。

最後,本書能夠順利出版,在此要感謝許多辛苦的工作人員及贊助單位。首先是政治系助理鄭嘉琦小姐,她負責第二屆與第三屆研討會的各項行政工作,同時負責本書的聯絡、催稿等各項作業,她的熱心投入是本書能夠順利出版的最重要因素。謝謝資訊系助理簡清華小姐,她負責第一屆研討會的各項工作,在短短

的兩個月之內，將第一屆研討會辦得圓滿成功。在此也要特別感謝政治系碩士班的學生們，你們的熱心服務及參與，是此一研討會成功的重要因素。藉此機會也要特別要感謝幾個對「政治與資訊科技研討會」的贊助單位——國家科學委員會社會科學研究中心、國家政策研究基金會、宜蘭縣議會，以及羅東鎮公所——由於這些單位的資助，「政治與資訊科技」研討會才能順利地進行，而本書也才能順利地出版。最後，要感謝六位匿名評審委員，謝謝你們為本書挑出這十五篇精彩的論文。

孫以清　謹誌

二〇〇三年十月于宜蘭礁溪

郭　序

　　資訊化乃是當前全球的普遍發展趨勢，資訊科技的發展對於各國的政治運作以及政治傳播，也逐漸產生鉅大的衝擊與影響。在資訊科技的不斷發展以及資訊社會的形成過程之中，政府如何制定合理可行的資訊政策，資訊科技的發達對於民主政治的運作、權力結構的演變、國際關係以及國防安全等究將帶來何種影響，凡此種種，均是十分值得吾人關切的議題。職是之故，本人在擔任佛光人文社會學院政治學研究所所長期間，於民國九十年十二月主辦了「佛光人文社會學院第一屆政治與資訊科技研討會」，廣邀全國各界的學者、專家，共同參與討論。此為國內辦理該類型研討會之創舉，同時也獲得了各界熱烈的迴響。

　　迄今為止，佛光人文社會學院政治學系已陸續舉辦了三屆「政治與資訊科技研討會」，將來仍將持續每年舉辦一次。有關政治與資訊科技之間的關係，目前學界雖還不能說有定論性的研究成果出爐，但經由歷屆研討會的論辯，大抵也可以窺其梗概。茲依個人管見臚陳如次：

　　一、就國際關係的層次而言：資訊科技的發展對提升國家的整體競爭力是有幫助的。人類政治活動之演進，一向與科學技術之發展息息相關。這並非說從事政治活動者，非具有科技能力不

可，而是說任何組織、群體或國家，當面臨外在競爭的時候，其科技力與生產力愈高，則競爭力也就愈強。當今全球各國凡具有較優越之資訊科技能力者，則其經濟實力愈強，而其軍事競爭力也愈高，此殆無庸辭費。惟需注意者，資訊科技本身並不能單獨成為軍備之一種，也就是說，若非與其他軍備相結合，則資訊科技自身並無法成為戰場上致勝之利器。近年流行之「資訊戰」概念，即令在實務上確能破壞敵國之資訊系統以及儀器設備，然若非以本國強大之武備為後盾，則發動「資訊戰」的後果可能只會招致更嚴厲的軍事報復。至若恐怖組織所發動之資訊性攻擊，由於恐怖組織本身並不具國家法人之地位，因此所發動之資訊攻擊是否能夠稱之為「戰爭」，實不無疑義。

二、就行政效能的提升而言：資訊科技的運用原則上可以提高政府之施政效能。資訊科技的應用，可提升政府部門的資訊管理以及資訊傳輸能力，故對於提高政府部門之施政效能確有助益。惟應注意的是，由於行政電腦化的普及，將使行政部門人員耗費更多時間於閱讀及撰寫電子郵件，同時也將使行政部門人員被龐大而雜亂的網路資訊所衝擊，以致降低了「注意力」。因此，資訊科技的發展固然對於建構「電子化政府」提供了基礎，但是也衍生了其他的管理上的問題。如何解決此類衍生之問題，將是未來公共行政學界關注的課題之一。

三、就民主政治的發展而言：資訊科技的運用確可提高政府施政之透明度，但是對於促進民主政治參與方面，其作用可能並不大。目前各國的政府部門均普遍設立專屬之網站，將重要之法規、措施以及活動公布於網站上，此類措施確有助於提高施政的透明度。然而資訊科技的運用可以促進公民參與嗎？個人以為，由於網路上的言論截至目前為止大抵均以「匿名」方式為之，這

種「匿名」的形式實違反民主政治中為一己之言論負責的原則，故網路民主之實現恐非短期內所能達致，或者根本永無實現的可能。

可以預期的，政治與資訊科技之間的關係，隨著資訊科技的不斷發展以及政治、社會結構的持續變遷，未來將成為政治學界關注的焦點之一。本論文集之出版，標幟了國內相關學術研究的起點。是為序。

郭冠廷　謹誌

目　錄

第一篇

資訊科技與政治學研究

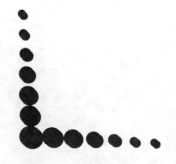

論科學方法論與詮釋學方法論之整合
：製作「社會政經資料庫」之啓示*

徐振國
東吳大學政治學系副教授

*從民國八十六年開始，受國科會資助，本人曾陸續製作了一系列的全文檢索資料庫，包括報紙社論標題、行政首長施政計畫和報告、《台灣銀行季刊》〈經濟日誌〉和總統文告等四種。本文於民國八十七年到八十八年間草成，可視之為上述資料庫製作的理論基礎和規劃方向。

本文草成後，曾在佛光人文社會學院政治研究所舉辦的第一屆「政治和資訊研討會」，以〈社會科學資料庫的建立及其在政治學方法論上的意義〉為題發表，蒙郭冠廷主任評論指點。其後向《佛光人文社會學刊》投稿，承蒙兩位匿名評論人的指點。唯為切合文章之內容，特將標題改為〈論科學方法論與詮釋學方法論之整合──製作「政治經濟研究資料庫」之啓示〉。

現為響應《政治與資訊科技》專書之出版，本文希能維持原來的格局和面貌發表。唯因資料庫的內容後來又有增長，名稱亦有所改變，故特將本文副標題中的「政治經濟研究資料庫」改為「社會政經資料庫」。另沿襲本文之第四節，後來擴充成〈政治學方法論偏頗發展的檢討〉一文，在《政治與社會哲學評論》第二期（2002/9）發表。在撰寫該文過程之中，本人意識到若干名詞有更好的譯法，故也藉此機會作一修改。

一、前言

　　文史學界將二十五史等古籍輸入電腦之中建立全文檢索資料庫。社會科學界，特別是政治學界，是否應該建立它自己學術專用的資料庫？以什麼方法和原則來建立和推廣？有哪些學術用途？又具有什麼方法論上的意義和價值？之所以會想到這些問題，一方面是基於實際的需要，基於個人多年來研討政治經濟政策和意識形態的演變，常感文獻資料掌握不易，每有掛一漏萬之慮，故很希望獲得一有效處理資料的途徑。另一方面是基於個人對政治學方法論的觀點，認為這些年來政治學方法論已經走到嚴重失衡的地步，太過偏重科學方法論，而忽視詮釋學方法論，遠離了 Donald Moon 早期所提的科學方法論和詮釋學方法論辯證性結合的主張。當我看到文史學界的全文檢索資料庫時，便有一種期盼，是否能借重此種資料庫來幫助詮釋學方法論找到具體的落實基礎？

　　相當幸運地，從民國八十六年度以來，筆者先後獲得國科會的資助，和資訊專家合作，製作了社論標題（八十六年度）、施政計畫和報告（八十八年度）、台灣經濟日誌（八十九年度）等三座資料庫。在製作這些資料庫的過程中，個人實際的體驗到社會科學資料庫的製作需求和使用途徑。另外，個人也更明確地意識到，電腦全文檢索資料庫在方法論上的潛在功能，很可能用來修正當代政治學方法論的偏頗發展。

　　本文首先將對上述三座資料庫的性質作一簡單的介紹，然後檢討社會科學資料庫在製作上的一些取材、分工和整合的問題。而本文最主要目的，還是在討論社會科學全文檢索資料庫在方法

論上的價值和意義。為此，我必須先對政治學方法論一向忽略詮釋學的偏頗發展狀況作一檢討。然後，我要說明，社會科學資料庫的用途，應不僅在於關鍵語詞全文檢索的工具性用途，而更在於它以文字為單元，可藉內容分析和文本分析的途徑，而使詮釋學方法論有具體落實的基礎。此外，我也要指出敘事研究的新需求，甚至可能使理性抉擇和制度研究，在文本敘事的脈絡中，找到更具體的發揮空間。最後，筆者試圖從文學批評和電腦網路的結合，來討論文本分析和電子資料庫結合的可能性。藉著這樣的檢討，筆者希望讓政治學和其他社會科學的研習者，能夠以更開闊的思維，來使用和發展社會科學全文檢索資料庫這一項利器。

最後，必須聲明的，筆者是以一個政治學研習者和資料庫使用者的立場來撰寫本文。有關資料庫的製作的專業技術，原先由東吳中文系的陳郁夫教授提供，後由東吳資訊系的同仁協助，不在本文討論之列。然而在和資訊系同仁的合作過程中，筆者意識到他們的專長不僅在電腦軟體方面，也在於對中文的文字特性和語意上的掌握能力。他們必須具備這雙重能力，才能寫出適用的檢索軟體。這一方面對我們應有一些啟發，故特將郭豐州教授當初撰寫研究計畫時的一些文字，陳列於後，以供參考。

二、三座政治經濟資料庫的實驗和期許

前面提到，在國科會資助之下，筆者製作了三座資料庫。第一座資料庫是建於民國八十六年，研究計畫的名稱是「台灣五十年來經濟政策議題的性質與演變——以相關重要報紙的社論作為

分析研究的基礎和索引」[1]。該項研究是將台灣光復五十年以來七份重要報紙（包括《台灣新生報》、《公論報》、《中央日報》、《聯合報》、《中國時報》、《工商時報》、《經濟日報》）的社論標題，總共約七萬條，過濾後鍵入電腦，製作成全文檢索資料庫。

第二座資料庫建於民國八十八年，研究主題是「台灣光復以來五十年行政首長施政計畫和報告之論述和內容分析：並兼論社會科學全文檢索資料庫的建立及其在方法論和研究方法上的意義」[2]。建構這一座資料庫時，筆者已意識到更大的方法論用途，故邀請詮釋學專家沈清松教授和統計學專家洪永泰教授擔任協同研究人員，希能共同開發資料庫在質化和量化上的可能用途。此外，我也意識到，資料庫的使用者和設計者之間需要有更多的溝通，故邀請電腦資訊專家柯淑津教授、陳培敏教授和郭豐州教授為共同主持人。

第三座資料庫建於民國八十九年，現尚在進行之中，題目為「台灣五十年來經濟政策議題的性質與變遷——以《台灣銀行季刊》之〈經濟日誌〉為全文檢索資料庫為基礎之研究」[3]。預備以電腦打字的方式，將五十年來的〈經濟日誌〉製作為資料庫。參與的研究人員除原班人馬之外，亦增聘經濟學家樊沁萍為協同研究人員。

由於筆者是從政治經濟學和公共政策的觀點製作上述三座資料庫，故取材的方向上略微偏向政治經濟相關之資料。行政首長施政計畫和報告資料庫，包羅了歷任行政首長的基本政策概念和

---

[1] 參見徐振國，民國 87 年，《台灣五十年來經濟政策議題的性質與演變——以相關重要報紙的社論作為分析研究的基礎和索引》。

[2] 參見徐振國，民國 89 年，《台灣光復以來五十年行政首長施政計畫和報告之論述和內容分析：並兼論社會科學全文檢索資料庫的建立及其在方法論和研究方法上的意義》。

[3] 參見徐振國，《台灣五十年來經濟政策議題的性質與變遷——以《台灣銀行季刊》之〈經濟日誌〉為全文檢索資料庫為基礎之研究》。

政策宣示。我們運用關鍵語詞的檢索功能，對特定的政策語詞和概念進行追蹤和分析，可藉此顯示各個時代官方政策議題的特性和遞變。相對而言，社論標題資料庫，反映了光復以來五十年報界的政策議題的訴求和變化。〈經濟日誌〉資料庫包羅的是五十年來的經濟相關事務的大事紀，運用關鍵語詞檢索，應可找到相關的經濟記事。

上述三座資料庫，原來以研究政治經濟相關的政策、制度和意識形態的演變為主要之目的。然施政報告和社論標題的涉獵範圍甚廣，故也可兼顧其他領域議題之研究。

現已經初步完成的社論標題和施政計畫和報告資料庫，尚有許多錯誤要勘正，此項校勘工作出乎意外的繁瑣，然純就關鍵語詞的檢索部分而言，其試用狀況多還符合原來之預期。上述三座資料庫，等校勘和測試完成之後，將置於網路之中，供大眾免費使用。然在製作社論標題資料庫之後，便意識到一些社會科學資料庫長期開發的問題，這便是本文要討論的主題。

三、社會科學全文檢索資料庫的開發和推廣

社會科學資料庫必須有長期之規劃，筆者曾多次跟資訊系的同仁討論此一問題，現僅將筆者所理解和關切的部分整理如下：

1.關於資料輸入和檢索系統的設計問題：各類不同的資料有不同的輸入程序和檢索方式的安排。以八十六年的社論標題資料庫為例，因要摘取五十年來七份報紙的社論標題，資料分散，故必須請學生抄錄，再由打字行鍵入。施政計畫和報告資料庫的建立，由於資料集中在年鑑和公報的篇頁

中，比較可能用掃描的方式輸入。又例如《台灣銀行季刊》的〈經濟日誌〉中，有許多數字和符號，掃描方式不當，會產生許多亂碼。關於檢索方面，可以單詞、句子和段落的方式呈現，會有不同的資料展示的效果。此外，語詞本身亦有複雜的結構，例如以同義詞和反義詞結成的字串，又如各種語詞在意涵的範疇和層次上可集結成語意的樹狀分布。論者甚至認為，到一定程度後，全文檢索系統的設計和某個學門的語意詞典的編纂，有相互參照和提攜的作用。這些方面的發展，固然要靠全文檢索軟體設計的專家來處理，也要靠社會科學家作為使用者提供需求意見，並經不斷地測試來進行。社會科學家也可藉此來瞭解自己所使用的語詞概念的範疇和整體結構。

2. 關於公共財社會科學資料庫的發展方向和範圍的問題：筆者認為以公家經費製作的資料庫應界定為公共財資料庫，應置於網路上供各方自由使用。然而公共財的資源畢竟有限，另亦需慎防對私有智慧財產權的侵犯。筆者目前以社論標題、施政報告和計畫和〈經濟日誌〉製作成資料庫。將來應朝什麼方向開發？另從更大的範圍來說，各界以不同的需求製作的資料庫又應如何配搭和溝通？此皆值得共同商議。

3. 關於公共財資料庫和私有財性質的資料庫的分工和配搭問題：按公共財資料庫以公家經費製成，自應供人自由使用，以發揮電子檔案推廣的功能。私有財資料庫以私有經費製成，有智慧財產權的保障，亦有其成本或利潤誘因的考量，自可採取使用者付費的方式經營。然兩者之間應有配合和奧援的空間。以筆者現已建成之社論標題資料庫為例，應可試與各相關報社接觸，尋求相互配搭的可能。例如對於

尚未將其報紙內容建為電子檔者，可鼓勵和協助其建檔。又例如對於已建檔者，彼可繼續按使用者付費的原則經營，而社論標題資料庫則可發揮索引和廣告的功能，使其有更多的使用者，唯鼓勵其將標題或目錄部分捐出為公共財，供各方自由參照。此外，亦可試與《天下》、《財訊》等類雜誌聯繫，瞭解其建立電子資料檔的狀況，並鼓勵其將目錄部分列為公共財。

4.關於各類資料庫的整合問題：此需從社會科學資料庫的需求著眼，對目前各類資料庫的性質和內容有一廣泛的瞭解，知其在那些方面具有社會科學的使用價值，由此作軟體設計的規劃，將各類資料庫放在一個系統之中，供使用者以最簡便的方式取得所需的資料。這當中自然要考慮私有財資料庫和公有財資料的配置，也要考慮社會科學資料庫的長期發展安排。

舉凡此次建立全文檢索資料庫的具體工作，和上述有關社會科學資料庫的長期開發和整合問題之探討，均需仰賴電腦資訊專家的專業知識。除了專業技術外，我們也更需要讓電腦資訊專家作為程式的設計者，社會科學家作為資訊的使用者，政府資料擁有者，和民間媒體機構的資料擁有者等四方面，進行深入的溝通和對話，以瞭解彼此的需要，如此才能規劃出完善的社會科學資料庫。

四、政治學方法論偏頗發展之檢討

照 Richard Bernstein 的說法，社會科學方法論有經驗理論、語

言分析、現象學和批判理論等四大傳統（1978）。政治學是社會科學的一支，然而就其方法論的發展狀態，卻呈現了經驗理論一支獨秀的局面，其他領域都有中斷或無從落實的困境。現撇開 Bernstein 的分類不談，我們且依據 Donald Moon 的論文〈政治研究的邏輯：兩個對立觀點的辯證結合〉（The Logic of Political Inquiry: A Synthesis of Opposed Perspectives）來探討。他所謂「兩個對立觀點」是指科學方法論和詮釋學方法論，「合」則是指辯證哲學中「正、反、合」概念中的合。然而衡諸政治學當前的發展狀況，科學方法論已經落實成各種研究途徑和技術，詮釋學方法論卻停滯在半凋萎狀態。本人且以 Moon 的文章來和當代四篇談方法論的文章作一對比，來說明政治學方法論的失衡發展狀態。

上面提到 Donald Moon 的那一篇長文，原刊載於一九七五的《政治科學手冊》（*Handbook of Political Science*）[4]。這篇文章對於科學方法論和詮釋學方法論有非常均衡的介紹。科學方法論的基本邏輯，是以歸納法來驗證假設而取得律則，另又以演繹法來進行律則涵蓋性的解釋或預測（nomological explanation or prediction）。各科學領域在研究方法和研究技術上千差萬別，然而科學方法論的基本邏輯卻是相通的，用之於自然科學，也用之於社會科學。科學事業的目的主要還是在於解釋和預測，而兩者都是運用律則涵蓋性的演繹邏輯，只是解釋偏重於現在和過去之事務，預測偏重於未來之事務。相對而言，詮釋學擅長於探討人們行動的「建構性義理涵意」（constitutive significant meaning）。而詮釋之道在於研究者能夠以將心比心和設身處地的「同理心」

---

[4] Donald Moon, "The Logic of Political Inquiry: A Synthesis of Opposed Perspectives", in Fred I. Greenstein & Nelson W. Polsby ed., *Political Science: Scope and Theory* (*Handbook of Political Science*, volume 1), Massachusetts: Addison-Wesley Publishing Company, pp.131-281.

（verstehen）來理解別人的心境和處境。此外，詮釋學也強調宏觀和整體的層面。研究者必須運用「詮解循環」（hermeneutical circle），不斷地往返於「整體」（whole）和「局部」（parts）之間，作辯證性的關照，以彰顯兩者的位置和特性[5]。在政治學的方法論文獻中，Moon 的大作是難得一見的好文章，相當精要而均衡地介紹了科學方法論和詮釋學方法論。可惜的是，他所主張的兩個觀點「合」（synthesis）的境界，在政治學界並不曾發生。二十多年來，科學方法論走進更細密的分析途徑和數理邏輯的表達層次，詮釋學方法論卻陷入到混沌不明的狀態。

這可以從一九九六年版的《政治科學新手冊》（*A New Handbook of Political Science*）一書中得到印證。該書第九部分〈政治學方法論〉的標題下，包括了四篇文章，對這四篇文章略作分析，便可看出當前政治學方法論的偏頗發展狀況。該四篇文章的第一篇〈政治學方法論：全盤考察〉（Political Methodology: An Overview）由 John E. Jackson 所作[6]。這篇文章標榜要對政治學方法論作一綜覽，然而討論的主題卻是把經濟計量學（econometrics）引介到政治學裏面來，故觸及到時間序列分析（time-series analysis）和非線形模型（non-linear models）等研究方法[7]。另外他也介紹了「公共偏好、政治制度和路徑相依（path dependence）」的研究途徑[8]。這原是經濟學家 Douglas North 所開創的研究方法，原來也有其文字敘事的理則和內涵，Jackson 卻完全走向了以數理邏輯的表達形式[9]。

---

[5] Ibid., p.172.
[6] John E. Jackson, 1996, "Political Methodology: An Overview", in Robert E. Goodin & Hans-Dieter Klingemann ed., *A New Handbook of Political Science*, Oxford: Oxford University Press, pp.717-748.
[7] Ibid., pp.719-722.
[8] Ibid., pp.723-726.
[9] Ibid., pp.726-744.

第二篇是由 Charles C. Ragin、Dirk Berg-Schlosser、Gisete de Meur 三人所作的〈政治學方法論：質性方法〉(Political Methodology: Qualitative Methods)[10]。這篇文章在開始處明白指出，該文所標榜的「質化研究方法」，不同於微觀研究層次中的質化研究方法，如介入觀察法之類；也不同於「質性的詮釋」(qualitative interpretation) 或「詮解方法」(hermeneutic methods)[11]。該文強調它科學方法論的屬性，用來處理一些「理論發展不足和概念模糊」[12]的研究領域，和一些還無法以量化來處理的研究議題。故舉凡宏觀層面的政治研究，如全球化和依賴理論之類，或像歷史或文化之類的研究領域，均可放在這個研究方法的範疇之中。相對於嚴謹的量化研究，這一類質化研究只是算是一個前置性的研究，為將來提升成量化研究鋪路。由於它的科學方法論屬性，故在界定概念、確立研究單元、設立變項、提供假設、印證定律，和律則涵蓋性的解釋預測等方面，也都照經驗歸納或實徵演繹的邏輯行事。

第三篇文章是由 Kathleen M. McGraw 所寫的〈政治學方法論：研究設計和實驗方法〉(Political Methodology: Research Design and Experimental Methods)[13]。這篇文章的標題便顯示當前政治學方法論的認知錯亂。按早期的著作，以 Alan C. Isaak 所寫的《政治科學的範圍和方法》(*Scope and Methods of Political Science*) 為

---

[10] Charles C. Ragin, Dirk Berg-Schlosser & Gise'le de Meur, 1996, "Political Methodology: Qualitative Methods", in Robert E. Goodin & Hans-Dieter Klingemann ed., *A New Handbook of Political Science*, Oxford: Oxford University Press, pp.749-768.

[11] Ibid., p.749.

[12] Ibid., p.750.

[13] Kathleen McGraw, 1996, "Political Methodology: Research Design and Experimental Methods," in Robert E. Goodin & Hans-Dieter Klingemann ed., *A New Handbook of Political Science*, Oxford: Oxford University Press, pp.769-786.

例，會注意到方法論／研究途徑／研究方法或技術之間的區別。談論政治學方法論的文章，旨在討論以什麼樣的原則來組織政治學的知識。前面兩篇文章便沒有意識到這樣的層次，而是將研究途徑和方法與方法論混為一談的傾向。McGraw 更是明白地把實驗方法當做方法論的問題來看待。這當中實隱含了一個政治科學家的心結。按在嚴謹的科學方法論世界中，自然科學所慣用的實驗方法是「硬」科學方法，社會科學所常用的統計調查只是「軟」科學方法[14]。McGraw 提倡實驗方法，正顯示了社會科學力爭上游的用心，卻也正顯示了他在方法論上的迷失。

四篇論文的最後一篇，Hayward R. Alker 寫的〈新舊政治學方法論〉（Political Methodology, Old and New），算是真正從方法論的層次，檢討了政治學知識論的困境和傳承銜結的問題[15]。他在文章的開頭處便開宗明義指出「政治學方法論身心悖離的抑鬱」（the inauthenticity malaise in political methodology）（Alker, 1996: 787）。值得注意的是，在 *1975 Handbook* 中，Moon 是強調方法論的，Alker 則是引介政治計量學（polimetrics）的。然而在 *1996 New Handbook* 中，Alker 卻意識到了方法論空虛的弊病和問題。他十分傷感地指出：

> 雖然政治學系表面上相當風光和興盛，許多政治學方法論學者卻承受了一種明確而又難以診斷的抑鬱。這種不舒服的感覺，部分來自於外在的批評，指摘其科學的虛矯身段，特別是其未經驗證的知識論和形上學的預設前提（presuppositions）。結果，政治學方法論學者都常以輕蔑藐

---

[14] Peter Reason & John Rowan ed., 1994, *Human Inquiry: A Sourcebook of New Paradigm Research*, New York: John Wiley & Sons, p.490.

[15] Hayward R. Alker, 1996, "Political Methodology, Old and New," in Robert E. Goodin & Hans-Dieter Klingemann ed., *A New Handbook of Political Science*, Oxford: Oxford University Press, pp.787-799.

視甚或憎惡的態度，面對各種批判的學術的源流，將之貼上「詮釋」、「建構論」、「後結構論」、「後實徵論」或「後現代」等等的標籤。在跟他們比較開通的同僚聊天時，政治學方法論學者可以誇稱近來基本上屬於統計之類的技術成就。然而在政治學方法論學者之間，他們會提到學科自卑（disciplinary inferiority）的感覺，我因此建議，或將要探討，這種抑鬱的病徵為「學科的身心悖離症」（disciplinary inauthenticity）。[16]

　　要如何醫療這個抑鬱不開的毛病呢？Alker 開出的藥方是「哲學抒發性的詳盡描述變革」（philosophically informed specification innovation）[17]。他指出，「詳盡描述的不確定性」（specification uncertainties），也就是無法確定「如何表達和建構手邊的實質政治現象」（how to represent and model the substance of the political phenomena at hand），是當前弊病的一個重要病根[18]。基於此種體認，他要回歸到亞里斯多德那個重視演說和表達的時代。意識到和古老的邏輯、修辭學對話，和現代及後現代的詮解學、語言學、論述分析，乃至於批判理論等學科相呼應，一起來提供「相干的方法論技術」（relevant methodological skills），來解決當前政治學方法論的病徵[19]。值得注意的是，這位當年致力於引介政治計量學的學者，特別指出他的解藥中「經濟計量學不在其列」[20]。

　　上面評介和比較了一九七五年 Moon 的論文和一九九六年的四篇論文，筆者已經呈現了政治學偏頗發展的狀態。長期偏離，積重難返，這也就形成政治學方法論學者們的躁鬱不安的心結。

---

[16] Ibid., p.788.
[17] Ibid., p.790.
[18] Ibid., p.789.
[19] Ibid., pp.791-793.
[20] Ibid., p.790.

Alker 提出的解藥，無非就是要回歸到 Donald Moon 和 Richard Bernstein 前面所提的理論架構中去。這整個事件的演變，包括政治學方法論學者在這當中的學習和心智成長，似乎正進行著一場歷史和觀念的辯證發展。筆者要強調的是，Alker 所提的解藥，特別是其中的論述分析，和筆者建構社會科學資料庫的理論關懷有密切的相關。

五、理性抉擇的敘事研究途徑

　　一九五〇年代和一九六〇年代盛行的政治學行為主義，強調科學方法論，特別偏重歸納性格的邏輯經驗論（logic empiricism）；然而在研究內容方面，則深受當時社會學和社會心理學的影響，偏重微觀行為層面，縱使處理整體行為，也當作個體行為之總和來思考。然而自一九七〇年代後，政治學在方法論和研究題材上逐漸受到經濟學的影響。上面介紹 *1996 New Handbook* 的幾篇文章便是明證。其中影響最深、最廣的自屬理性抉擇。理性抉擇是將經濟學的基本的預設，也就是追求個人利益極大化的經濟人（homo economicus）概念，用之於政治領域。它也同樣強調科學方法論，唯偏重演繹性格的邏輯實徵論（logic positivism）。此外，它借重博奕理論和集合論，運用數理符號來表達演繹邏輯的推論。正因為它過度強調形式邏輯，故和詮釋學之間，形成了明顯的對立關係。

　　將理性抉擇論引介到政治學中並加以發揚光大的重要人物是 William H. Riker。他曾撰文指摘 Max Weber 和 Karl Mannheim 所主導的詮釋學，擺脫不了主觀性，是一種認識論上的相對主義，耽誤了社會科學的正規發展。他強調政治學應該循理性抉擇的路徑，著重科學通則的累積，才能發揮預測和解釋的功能。Riker 的

見解自是太執著於科學方法論的觀點，而無法看到詮釋學方法論的功用和價值[21]。

值得注意的是，耶魯大學的兩位教授 Donald P. Green 和 Ian Shapiro 在一九九四年出版《理性抉擇理論的病理學》(*Pathologies of Rational Choice Theory*) 一書中，指出理性抉擇論太過熱中於普遍通則的追求，結果是為理論而理論，而不是以實際「問題驅策」(problem driven) 來作研究[22]。他們認為理性抉擇理論必須要袪除此類「方法論的弊病」(methodological failings)，才能擺脫抽象的理論演繹，從而獲得具體的經驗研究成果[23]。

經此批評後，理性抉擇理論的幾位核心人物頗有從善如流的意思，Robert H. Bates 等五人合寫了一本《分析的敘事》(*Analytic Narratives*, 1998)，便是要針對特定的歷史個案作研究，旨在「捕捉故事的本質」(to capture the essence of stories)，認為只有在「故事有效的鋪陳」(a valid representation of the story) 之後，才能運用理性抉擇中的均衡理論，來進行描述和解釋[24]。

當崇尚理性抉擇的政治學家們要開始講「故事」，進行「敘事性」的分析，這自是一項重大的轉折，表示政治學家終於可以打開方法論上的畫地自限，具體回應了 Donald Moon 早在二十三年前就提出的人文詮釋和科學解釋之間辯證整合的主張。有這樣一個轉折，進一步接受論述分析和文本分析，也就會容易得多了。

---

[21] William H. Riker, 1990, "Political Science and Rational Choice", in James E. Alt & Kenneth A. Shepsle ed., *Perspectives on Positive Political Economy*, Cambridge: Cambridge University Press, pp.163-181.

[22] Donald P. Green & Ian Sapiro, 1994, *Pathologies of Rational Choice Theory*, New Haven. Conn.: Yale University Press, p.33.

[23] Ibid.

[24] Robert Bates, Avner Greif, H., Margaret Levi, Jean-Laurent Rosenthal & Barry R. Weingast, 1998, *Analytic Narratives*, Princeton, New Jersey: Princeton University Press, p.12.

在理性抉擇的轉向之外，我也要提一下 Douglass C. North 在方法論上的觀點。North 是經濟學中新史學和新制度學派的重要開創者，並特別強調意識形態的重要性。在研究方法上，他是歷史計量學（cliometrics）的奠基者之一，開創出路徑分析的研究途徑。然而，諾斯卻有這樣一段說法：

> 對人類如何發展自己解讀與說明周遭世界的心智建構，最佳方式是瞭解人類的學習過程。但是，學習並不是個人一生經驗的產物，也涵蓋文化中由過去世代累積的經驗。按照海約克的說法，集體學習中內涵的經驗都經過漫長時間的考驗，而具體地呈現於我們的語言、制度、技術及行事方法上。由過去的經驗，對現在及未來會產生巨大的影響。[25]

諾斯的這一段話說出了經濟制度學派的重要觀點，點到了學習、經驗和制度發展的關係。此就方法論的觀點而言，他實已觸及歷史詮釋學的範疇。

最後我要提一下政治語意學（semantics）和內容分析（content analysis）的斷續發展，這原是在政治學的範疇之中，和語言文字關係很密切的兩個研究傳統。政治學行為主義的重要開創者 H. D. Lasswell 早在一九五〇年代初便與人合寫過《符號的比較研究》（*The Comparative Study of Symbols*），其後於一九六五年出版《政治的語言》（*Language of Politics*），一九六八年甚至編過《拉斯威爾語意詞典》（*The Lasswell Value Dictionary*）。大約在同時期，徐道鄰教授也在國內介紹語意學。

值得省思的是，為什麼政治學語意研究的傳統後來會中斷？

---

[25] William Breit & Roger W. Spencer 原著，黃進發譯，1998 年，《諾貝爾之路：十三位經濟獎得主的故事》（*Lives of the Laureates: Thirteen Nobel Economists*），台北：天下文化，頁 336。

中斷理由之一，應是技術操作上的困難，按語言文字的內容原來就非常龐雜，縱使借重電腦，也難以設定基本的分類範疇[26]。然而中斷的更深刻理由應該還是在方法論基礎上的斷層。按 Lasswell 是政治學行為主義的奠基者之一。就他個人的學術興趣而言，對傳統政治學偏重規範理論的興趣應該還很濃厚，故試圖借重語意學來掌握義理的內涵。然而行為主義畢竟是倚重科學方法論，故 Lasswell 的也就偏向科學的語意分析。及至行為主義聲勢壯大，成為政治學的顯學，語意學的研究也就轉向到以量化表達的內容分析，以致完全忽略了哲學界語意詮釋學的發展，以及由此而形成的論述分析和文本分析。筆者的這一項判斷是否正確，自應覆按 Lasswell 的語言分析的著作及其在政治學中的傳承關係來作檢驗。無論如何，政治語意學研究的中斷是一事實，然而一九九〇年代初期，Lasswell 的舊著新版，又象徵了政治語意學的復甦。

　　另需一提的是，當政治語意學走向內容分析的途徑，而後者是將統計和量化研究運用於文獻分析方面。內容分析卻也由於語詞分類上的困難而進展有限。其後由於個人電腦的普遍使用，內容分析才提升為「以電腦為基礎的內容分析」[27]，可以兼顧在「定性和定量運作」[28]而特別擅長於「通俗文化」和「精英文化」的研究，旨在「產生一種文化指標，能夠指明信仰、價值、意識形態或其他文化系統之狀態」[29]。

---

[26] Robert P. Weber 原著，林義男、陳淳文譯，民國 78 年，《內容分析法導論》（ *Basic Content Analysis* ），台北：巨流圖書公司，頁 8。
[27] Ibid.
[28] Ibid., p.7.
[29] Ibid., p.9.

六、文本論述分析和社會科學資料庫的可能 結合

　　針對政治學回歸於詮釋學方法論的新趨勢，也針對歷史和敘事研究的新需求，我在本節要介紹論述和文本分析，並檢討它們和電子資料庫結合的可能。就最廣義而言，論述分析是討論「脈絡中的言談和文本」（talk and text in context）[30]，其中包括語言的使用、信念的溝通、認知的形成，和社會情境中的行動和互動等方面的問題。早期的論述分析著重「言談」，偏重語言學和語意學的研究。近年來論述分析開始重視「書寫文本」（written text），並重視語言中所顯示的社會行動和互動。論述分析和文本分析甚至發展出專門的一支，稱之為「語用學」（pragmatics），其宗旨便是「在社會文化脈絡中將語言作為行動之研究」[31]。值得吾人特別注意的是，論述分析從言詞互動的關係中已深入地觸及到認知（cognition）的問題。按個別的語言使用者，在其言詞表達中，固然有個人的敘事和修辭風格，也同時在履行著辯論、教訓、說服、談判等等的策略性言詞行動功能。然而在個別心靈之外，文本亦預設了語言使用者們共同介入的整體組成。例如他們對語法和語詞有共同的知識，對「社會文化信念的廣泛劇碼」（a vast repertoire of sociocultural beliefs）[32]有共通的瞭解，他們也認為他們表達的意見和意識形態在某種程度上能夠維繫或更改既有的價值信念。基

---

[30] Teun A. van Dijk. 1997, "The Study of Discourse", in Teun A. van Dijk ed., *Discourse as Structure and Process*, Sage Publications: London, p.3.

[31] Ibid., p.14.

[32] Ibid., p.17.

於此，文本和個別語言使用者之間，有一種辯證互動的關係。文本的規則限制了眾多個別語言使用者在使用語言和概念上的章法；相對而言，眾多的個別語言使用者也會在語詞和概念使用上的更新變化，而改變了文本的結構和內涵。文本分析和論述分析稟承了詮釋學的傳統，然而卻使詮釋學從早期 verstehen（同理心，將心比心，設身處地）主觀性很強的狀態，落實到一個有所憑藉，可以具體分析的層次。

前面提到，筆者建立施政報告和社論標題資料庫的目的，是要透過對相關文獻資料的掌握和理解，來探討經濟政策和意識形態的分布和演變。現從論述分析的角度來看，施政報告和社論都屬政治文本。行政首長的施政報告代表整體的官方立場，社論代表各類輿論的立場。他們在國內的政治情境和輿論的場域中，展開言詞行動，建立和化解某種價值理念，並試圖誘導和說服讀者或各種的社會類群，從而發揮以理造勢的效果，藉以達到自己所需求的政治或政策目的。從這個觀點來看，每一篇施政報告和社論都有他的論述主題、敘事層次、義理結構、言詞策略，以及政治或政策訴求目標，值得詳加分析。例如我們可以針對某一位行政院長的施政報告來做分析，藉以瞭解他的基本經濟意識形態觀點以及其整體政策概念的布局。我們可以著重這位首長的施政報告和社論輿論之間的言詞互動，從而呈現他們之間政策觀點上的共識和衝突。我們也可以從施政報告中的政策宣示和執行上的差距，來做政策的評估。此外，我們也可以針對某一特定的政策概念，例如各屆首長對公營企業的性質和功能的認知和界定，作一縱時性的比較，藉以觀察此政策概念的演變。

在行政院長施政報告的廣泛內容中，如前所述，我們特別以經濟意識形態的轉變為研究主題。按意識形態的研究一直是政治學中的一個重要課題，然而在研究的主題和方法上卻一直很難定

奪。政治學家過去把意識形態當「主義」（ism）來探討。現在隨著法西斯主義和共產主義的瓦解，政治學家已不時興研究「主義」，認為它太過僵化和形式化。然而，政治學家卻也無法忽視意識形態作為一種認知和信念所產生的社會力量，由此影響到政治體系的穩定和公共政策的取向。政治學家一般是把這類題材放在政治文化和政治社會化的理論架構中來探討。問題在於，政治文化和社會化是行為主義理論脈絡下發展出來的概念，著重微觀個人氣質（disposition）的分布，並不能足以展現意識形態具有整體性和意向性的義理論述結構與內涵。

相對而言，經濟學家一向是不重視意識形態的。少數經濟學家如凱恩斯和費景漢等肯定意識形態的重要，卻無恰當的分析工具。唯近十餘年來，經濟學開始重視博奕決策理論、制度論和經濟史等領域。這個趨勢連帶地也促成了實徵政治經濟學（positive political economy）的發展。這些學科都強調了人們在認知、學習、資訊掌控和操縱控制上的重要性。此無意之間為意識形態之類的題材提供了新的需求，卻又缺乏適當的理論工具，來深入有效地掌握這個生動活潑的題材。

現在本研究運用電腦全文檢索資料庫和文本分析的理論概念來進行研究，試圖從生動靈活的言詞行動中，來顯示意識形態的內容和功能。筆者期盼這樣的途徑不僅可用於對意識形態和政策分析的研究有幫助，因涉及認知的層面，對政治文化和社會化的研究亦應該有新的啟示和研究方法。

另在方法論的層面，如前所述，循 Donald Moon 的主張，筆者關心如何將具有邏輯實徵論和經驗論取向的科學方法論和具有人文哲學取向的詮釋學作辯證性整合的問題。多年以來，社會科學方法論在選舉和民意的經驗研究方面取得了重大的發展。相對而言，詮釋學曾長期停留在抽象的哲學思考之中，且具有相當的

主觀色彩。後來隨著語言學和語意學的發展，詮釋學已有落實的途徑；再隨著論述分析和文本分析的拓廣，詮釋學有了更龐大的揮灑空間。這在歐洲已成為學術主流，在文史學界尤其有橫跨歐美的趨勢。受此潮流影響，社會科學家現也都普遍使用「論述」、「解構」、「建構」等語彙，然往往都不瞭解其方法論上的深意。現筆者以文本論述分析來研究文獻資料，其用意便是要促進社會科學家瞭解詮釋學，並促進社會科學家和文史學者之間的交流，以提升科學方法論和詮釋學方法論之間在一定程度上的整合可能性。

在提倡文本分析和社會科學結合之外，筆者還要提一下文本論述分析和電腦科技結合的趨勢。按電腦的發明原來就在模擬人腦的儲存和選取功能，而特別要補人腦記憶能力的不足，故電腦發明之初，稱之為「記憶機」（memex）。有了這項機器，讀者可以將不同的文本並列在同一顯示螢幕上，穿索編扣，建立連接關係，因此可以有更靈活的閱讀和書寫。及至電腦網路產生，閱讀取材更廣，編纂索引更加方便。相對地，在文學理論的領域中，新一代的文學理論家早已不滿意傳統的敘事方式，認為故事並不一定要照某種老套的布局來說，文章也不一定要照某種八股的章法來寫，敘事的啟承轉合中，原該有極大的變化可能，甚至可能超越活字印刷對人們思維方式的局限，作者和讀者之間也可以更靈活地互動，而不是作者有無上的權威，而讀者完全屈居於被動的地位。文學理論家們最後發現電腦網路是一種超級多元的文本（hypertext），最能落實作者和讀者融而為一的理想。許多科學家和文學理論家甚至發現，文學理論和電腦科技，這兩個本來風馬牛不相及的領域，原來在基本的思維邏輯上有很高的一致性，都是在探討某些基本元素（文字或符號）之間啟承轉合變化的原理[33]

---

[33] 見鄭明萱，民國 86 年，《多向文本》，台北：揚智文化，頁 64-70。另見 N. Katherine Hayles, "Artificial Life and Literary Culture", in Marie-Laure

（George Landow，鄭明萱譯，1997: 64-70）。值得重視的是，這種文學理論和電腦科技結合的現象，已經不是抽象的理論，而是相當具體地影響了好萊塢的電影製作。君不見一部「花木蘭」是如何把一則簡單的中國民間故事穿插成一部生動活潑的電影動畫。一部「阿甘正傳」又是如何和美國當代的歷史交織而巧妙地表達了保守主義的意識形態。論者固然可以批判美國的文化霸權，然而卻也不能不正視其融合電腦科技和詮釋敘事能力於一爐的能耐。論者或許要質疑，文學藝術理論中發展出來的論述和文本分析，是否適合用在社會科學。筆者的看法是，只要社會現象中有言談和文字書寫的部分，論述分析和文本分析便有著力的空間。當然，和文學藝術相比，社會現象的討論中固然多用概念，少用隱喻（metaphor），不過這也只是比例和程度上的問題。Ankersmit 在《美學政治學》（*Aesthetic Politics*）一書中指出，古典政治哲學中便廣用隱喻，例如「社會契約」便是一項隱喻性的說法[34]。George Lakoff 和 Mark Johnson 更指出，我們日常生活的語言更是環繞在「隱喻概念的系統性」之中[35]。依照這些說法，政治學家根本就無法只堅守在「概念」的世界中而不觸及「隱喻」。

　　另就筆者觀察的淺見，理性抉擇和文本論述分析之間，原有非常相近的推論邏輯。他們同樣以微觀的角度注意個別行為者的互動，前者著重兩個或兩個以上的決策者在策略情境中的對決，後者注意作者和讀者在言談和書寫的文本脈絡中的交互影響。在理性抉擇的分析架構中，決策者們在許多「節點」進行各種可能

Ryan ed., 1999, *Cyberspace Textuality: Computer Technology and Literary Theory*, Bloomington and Indianapolis: Indiana University Press, pp.205-223.

[34] F. R. Ankersmit, 1996, *Aesthetic Politics: Political Philosophy Beyond Fact and Value*, Stanford, California: Stanford University Press, p.254.

[35] George Lakoff & Mark Johsnon, 1980, *Metaphors We Live By*, Chicago: The University of Chicago Press, p.7.

的抉擇，交叉分支形成「樹狀」的脈絡，其中包羅著各種可能的後果。在文本論述分析中，作者和讀者們可以在許多故事的「情節」中斟酌取捨，因而有許多可能的創作和解讀路徑，使整個敘事的過程形成樹狀或網狀的發展狀態。理性抉擇和文本分析甚至都用上了「空間理論」（spatial arrangement or spartial theory）的概念，來呈現決策和敘事的多向度發展的可能性。理性抉擇和文本分析的類似，正如前面提到的文本分析和電腦科技的結合，都在有意識和無意識之中，反映了當代電腦的「網路」思維邏輯。

唯從方法論的角度而言，文本分析比較有明確的整體觀，更能把握微觀和宏觀之間的互動關係，認為作為個體的作者和讀者以及作為整體或可成為長遠的作品或文本之間，原有一種「詮釋性的循環」（hermeneutic circle）。個別作者的創作和讀者的解讀會受一個時代文本的章法和時尚所限，然而個人的創作和解讀也會改變一個時代的章法和風尚。由於強調個體和整體之間生生不息的辯證互動關係，文本分析也比較有明確的歷史觀，或者說是一種縱時性脈絡感。相對而言，理性抉擇稟承邏輯實徵論的傳統，認為可以若干「公理」（theorem）為前提，來作形式邏輯的推演，而獲致可信賴的結論。理性抉擇者試圖以此為基礎，發展和累積科學的通則，從而提供更確實的預測和解釋。不過，理性抉擇理論最近在這方面也有重要的調整。前面所舉 Bates 等五人寫的書中就「很鄭重地澄清和強調，我們認為我們的研究途徑（理性抉擇）是對結構和宏觀層次分析（structural and macro-level analyses）的一種補充，而非取代」[36]。其實，當理性抉擇注意到制度面，試圖從制度的安排中找到個別決策者們的均衡狀態（Nash equilibrium），來探究政治的穩定和衝突或國際關係間的戰爭與和

---

[36] Robert Bates et al., 1998, op. cit., p.16.

平，它就必然要涉及歷史脈絡的瞭解和掌握。理性抉擇的可貴處在於提供了一套以簡馭繁的分析模型，可以摒除許多枝節，而能直指決策過程中的要害。問題在於，歷史事件或重大的政治事件經常是埋藏在浩繁的口述和文獻資料中，而當事人必然是各有各的說法和詮釋，研究者要如何掌握這些資料和解讀這些資料，詮釋學和文本論述分析也的確提供了一套有價值的參考架構。

七、結論

政治學的發展，如早期 Donald Moon 所主張，應該注意科學方法論和詮釋學方法論的辯證均衡發展。然而，長期以來在政治學的領域中，科學方法論已發展出許多研究方法和分析技術，詮釋學還停留在「將心比心」、「設身處地」的主觀論述階段。其後論述分析和文本分析相當發達，已為詮釋學找到具體的落實途徑，但並未被政治學界充分引介和吸收，故使政治學方法論長期停留在偏頗發展的狀態。現電腦中文全文檢索資料庫廣泛發展，文史學界早將二十五史等文獻資料製成資料庫，法律學界也將許多法律和判例資料製作成檢索資料庫。政治學界顯然也應該建立它自己學術專用的資料庫，使其有助於探索政策、制度和意識形態之發展。然而，筆者希望，政治學界不要把中文檢索資料庫當作一個純粹技術性的使用工具，而應重視它跟文本分析和論述分析的可能結合，藉此提升政治學者對語言、語意、語境、敘事和義理辨析的敏感和重視。這樣，方可使講究建構性義理脈絡的詮釋學有具體落實的基礎和途徑，而終於可使科學方法論和詮釋學方法論均衡發展的理想可以實現。

參考文獻

■中文部分

徐振國，民國 87 年，《台灣五十年來經濟政策議題的性質與演變
——以相關重要報紙的社論作為分析研究的基礎和索引》，國
科會研究計畫：NSC86-2414-H-031-011。

徐振國，民國 89 年，《台灣光復以來五十年行政首長施政計畫和
報告之論述和內容分析：並兼論社會科學全文檢索資料庫的
建立及其在方法論和研究方法上的意義》，國科會研究計畫：
NSC88-2414-H-031-014。

徐振國，民國 89 年，《台灣五十年來經濟政策議題的性質與變遷
——以《台灣銀行季刊》之〈經濟日誌〉為全文檢索資料庫
為基礎之研究》，國科會研究計畫：NSC89-2414-H-031-017，
尚在進行中。

鄭明萱，民國 86 年，《多向文本》，台北：揚智文化。

Weber, Robert P.，林義男、陳淳文譯，民國 78 年，《內容分析法導
論》（*Basic Content Analysis*），台北；巨流圖書公司。

■英文部分

Alker, Hayward R., 1996, "Political Methodology, Old and New," in
Robert E. Goodin & Hans-Dieter Klingemann ed., *A New
Handbook of Political Science,* Oxford: Oxford University Press.

Ankersmit, F. R., 1996, *Aesthetic Politics: Political Philosophy
Beyond Fact and Value*, Stanford, California: Stanford University
Press.

Bates, Robert, Avner Greif, H., Margaret Levi, Jean-Laurent Rosenthal & Barry R. Weingast, 1998, *Analytic Narratives.* Princeton, New Jersey: Princeton University Press.

Bhum-Kulka, Shoshana, 1997, "Discourse Pragmatics", in Teun A. van Dijk ed., *Discourse as Social Interaction.* London: Sage Publications.

Green, Donald P. & Ian Sapiro, 1994, *Pathologies of Rational Choice Theory.* New Haven. Conn: Yale University Press.

Isaak, Alan C., 1984, *Scope and Methods of Political Science.* Homewood, Illinois: The Dorsey Press.

Jackson, Johan E., 1996, "Political Methodology: An Overview", in Robert E. Goodin & Hans-Dieter Klingemann ed., *A New Handbook of Political Science.* Oxford: Oxford University Press.

Lakoff, George & Mark Johsnon, 1980, *Metaphors We Live By.* Chicago: The University of Chicago Press.

Lasswell, H. D., D. Lerner & I. D. S. Pool, 1952, *The Comparative Study of Symbols.* Stanford, CA: Stanford University Press.

Lasswell, H. D., N. Leitles & Associates ed., 1965, *Language of Politics.* Cambridge: MIT Press.

Lasswell, H. D. & J. Z. Namenwirth, 1968, *The Lasswell Value Dictionary*, 3 vol. New Haven: Yale University. (mimeo)

McGraw, Kathleen, 1996, "Political Methodology: Research Design and Experimental Methods," in Robert E. Goodin & Hans-Dieter Klingemann ed., *A New Handbook of Political Science.* Oxford: Oxford University Press.

Moon, J. D., 1975, "The Logic of Political Inquiry: A Synthesis of Opposed Perspectives," in *Handbook of Political Science.* F. I.

Greenstein, Nelson W. Polsby & Fred I. Greenstein ed., *Political Science: Scope and Theory*. Reading, Mass: Addison-Wesley Publishing Company, *Handbook of Political Science*, Volume 1, pp.131-228.

Ragin, Charles C., Dirk Berg-Schlosser & Gisele de Meur, 1996, "Political Methodology: Qualitative Methods," in Robert E. Goodin & Hans-Dieter Klingemann ed., *A New Handbook of Political Science*. Oxford: Oxford University Press.

Reason, Peter & John Rowan ed., 1994, *Human Inquiry: A Sourcebook of New Paradigm Research*. New York: John Wiley & Sons.

Riker, William H., 1990, "Political Science and Rational Choice" in James E. Alt & Kenneth A. Shepsle ed., *Perspectives on Positive Political Economy*. Cambridge: Cambridge University Press.

Ryan, Marie-Laure ed., 1999, *Cyberspace Textuality: Computer Technology and Literary Theory*. Bloomington and Indianapolis: Indiana University Press.

Silverman, Hugh J., 1994, *Textualities*: *Between Hermeneutics and Deconstruction*. New York and London: Routledge.

van Dijk, Teun A., 1997. "The Study of Discourse", in Teun A. van Dijk ed., *Discourse as Structure and Process*. Sage Publications: London.

附錄

查詢關鍵語詞的相關處理問題

郭豐州教授（東吳大學資訊系）

　　本計畫主要目的在於研究如何將使用者所描述的資訊需求，擴展成為最適切的查詢句，使得查詢結果能夠尋獲最相關的資訊，而不論這些文件的用語是否一致。先前有關文件處理的研究，常由文件內容中抽取重要的特徵（feature）來代表這個文件，而特徵抽取的來源包羅萬象，可以簡單地從文件作者、出版機構著手（Blosseville et al., 1992; May, 1997），或是由蘊含豐富資訊的語言結構：語彙（lexical）、語法（syntactic）或是語意（semantic）等資訊來作為抽取文件特徵的依據。

　　文件的語彙資訊是語言結構中最容易抽取的特徵內容，常見的有字、詞、片語等單位，有些研究利用語詞出現在文件中的頻率值做為文件的特徵（Salton & McGill, 1983），較常見的是除了頻率值外，再加上語詞本身的重要性這個考量，即是以各語詞的相對權重值（Witten, Moffat & Bell, 1994）所組成的向量做為文件的特徵（Salton & Buckley, 1988）。另外，有些研究人員認為所有的語詞都併入特徵值的處理並不恰當，他們建議以統計方法來選取重要的語詞當作文件的特徵（Watanabe et al., 1996; Ng et al., 1997）。上述以語詞為單位粹取文件特徵的研究方法，很明顯地都存在著下述缺點：(1)同義字（synonymy）問題：不同的語詞可能代表同一概念（concept），如：make、produce 及 manufacture 皆代表生產的概念。相同的意義，被分散、稀釋到不同的特徵維度表

示。(2)一詞多義字（polysemy）問題：同一語詞可能具有多種不同的意義，如：bank 可以是銀行，一種商業機構，也可能是河岸，一種地理區域。兩種相去很遠的意義，卻匯整成同一特徵維度表示。(3)參數太多問題：以語詞為特徵抽取單位，所構成的特徵向量維度非常龐大，是所有語詞的數目。因此，在文件分類的過程中需耗費相當的記憶空間，以及冗長的計算時間。(4)多字詞問題：多字詞包含片語、搭配（collocation）等，若將多字詞切割成個別的單字後，所代表的意義往往會改變。

在文獻中以語詞所含的語意代替語詞本身來設定文件特徵的作法有下列幾個，Liddy 等提出的 DR-LINK 系統（Liddy, Paik & Yu, 1994）利用朗文機讀字典將文件中的每個語詞轉換成主題碼，若有歧義情形發生時再依句子中語詞的周邊資訊等，設定出合適的主題碼。最後，以經正規化後的主題向量來表示文件特徵。另外，Schütze 等人提出的隱含語意索引，將文件看成為空間上的一個特徵向量，藉著分析語詞共生模式（word co-occurrence pattern），再利用數學方法，將高維度的向量轉化成為一個較低維度的向量（Schütze, Hull & Pedersen, 1995），他們的實驗證實了這個方法的有效性，尤其是在減少計算量的部分。

另外，在 Yang 和 Chute 的研究中，他們發現以同義詞典為主的處理方法，往往因為一般的同義詞典所涵蓋的字不足以應付各種不同應用領域需求（Yang & Chute, 1994），因此，利用同義詞典將語詞轉化成為主題（subject）的有關研究，相較於直接用語詞當作文件特徵的作法，並無法得到較佳的精確度。他們認為存在於文件中的自由文體與同義詞典中的控制詞彙間的詞彙漏洞（vocabulary gap），可以利用人類知識來加以彌補。一者是利用先前由人工對應過的訓練資料，或者由相關性回饋（relevance feedback）的技巧來蒐集資訊。

資料探勘技術於政治學研究之應用
：以民意調查資料的智慧型分析為例

駱至中
佛光人文社會學院資訊學系助理教授

林錦昌
佛光人文社會學院資訊學系碩士

一、緒論

在社會科學及許多其他科學學門的研究中，廣泛地蒐集資料，進而藉由對資料的分析來探索研究及掌握問題的真相，是最普遍的量化研究手法，在這其中與政治學相關的研究也不例外。近年來，在國內外均被廣泛地用來分析和探查政治性議題的「民意調查」，即是最明顯的例證。在台灣全面走向民主化之後，上從位居國家最高領導階層的總統，下至代表各地區民意的民意代表、縣市長乃至於最基層的村里長，各項公職選舉項次非常頻繁。正確而有效的「民意調查」，因確能提供各公職候選人們及其政黨重要的決策支援依據，並發揮選情風向球的作用，而伴隨著人民的地位提升一起蓬勃發展。除了各大傳播媒體之外，許多從事政治學研究的學校及其他學術單位也紛紛成立民意調查中心。

在以「民意調查」、「市場調查」、「科學實驗」等這些資料分析處理為實證工具之研究過程裏，蒐集適當、充足而且具有代表性的資料以及正確有效的資料分析與解讀，當然是影響研究成果好壞的最重要因素。早期完全倚賴人工作業來進行的這些繁瑣作業，大大地限制了此類實證工具的能力及揮灑空間。所幸，資訊和傳播通訊科技的快速發達，給各類科學研究者們帶來了更方便、更有效的自動化或智慧型實證資料蒐集及分析工具。民意調查或市場調查可改由透過電話調查訪問或網路問卷填答，作為快速而且方便資料蒐集的方式。近年來在資訊科技中有非常顯著突破與進步的「巨量資料處理」、「高速運算」和「智慧型資料分析」等，被統稱為「資料探勘」或「資料採礦」（data mining）的知識工程相關技術，也已經被證明將可讓吾人透過對資料的更

通透瞭解，進而充分掌握且有效地解決所面對的各種問題，甚至於更進一步地擷取出藏匿於其中的知識樣模（knowledge patterns），以供後用。對於旨在扮演「智庫」或「智囊團」角色的民意調查機制而言，資料探勘作業不僅能掌握涵蓋面更廣的資料，更能透過其優異的資料處理與運算能力，在所掌握到的巨量資料中進行搜尋、比對及智慧型資料分析，來提供民意歸向的預測情況和其他相關指標。就一般媒體公布之民意調查結果中，常為人所詬病的在某信賴水準（95%）下樣本數不夠高或抽樣誤差過高的現象，在新一代知識工程的協助下也能得以舒緩。另外，在民意調查的過程中，比例上常占有 30%以上之「中間選民」，他們令人頭疼的「不知道、無意見、拒答」等反應，向來是民意調查分析者所面臨的最大挑戰（盛杏湲，1998）。而如何去消弭這些「雜訊」的負面影響，來預測或找出有關選舉投票行為等民意動向的知識，也可能可以透過知識工程及其資料探勘技術尋得解決的途徑。

　　本論文的主要目的，便在於探討如何利用資訊學中的知識工程，來為政治學研究建置完整的智慧型資料分析系統，並嘗試利用資料探勘技術來處理與分析有關選舉民意調查內含的知識樣模為例，說明資料探勘如何能協助政治學研究進行相關研究探討，亦即如何能在民意調查的資料中，明顯觀測到顯著的民意趨勢，進而以各類的資料交叉分析擷取出藏匿於其中的知識樣模，以提供適當的決策支援。

二、有關台灣地區之民意調查

　　台灣在宣布解嚴之後，開始加快民主化的腳步，各項公職選

舉的數目之多，也已經到了讓選民們感到麻木的地步。但是，台灣地區大多數的選民至今仍不願意公開地、明確地表達自己的政治乃至於投票意向，而常傾向以「無意見」作為面對民調訪問時的反應。因此，在要依據民意調查所得資料來預測選舉結果時，勢必得對這些回答「無意見」的所謂「中間選民」之可能動向，作深入的分析、探究與預測。國內有關選舉民意調查預測之研究，始自張紘炬，爾後陸續有學者提出了數種不同的選舉預測模型，希望能透過這些模型準確地預測選舉結果（梁世武，1994；張紘炬，1984）。以下即針對與本研究相關之台灣地區民意調查文獻作一探討。

「如果明天就要選舉，請問您會投給誰？」這是選舉民意調查最常用來量測受訪者投票意向的問題。將「已表態」選民們支持各候選人之比率，直接用來推估其他未表態選民們之投票意向，亦即假設未表態選民們與已表態選民們有相同的投票意向；這種雜訊資料處理方法非但不能修正未表態選民過多時之可能預測誤差，反將此一誤差更再擴大。在張紘炬所建立的 SE 預測模型中，將選民分為甲、乙、丙、丁、戊五類，以選民結構作為估測投票率之基本概念，並以性別、年齡、政黨、教育程度、籍貫等資料為自變項，與選民分類交叉分析得到估計值，進而推算得票率（張紘炬，1984）。但此理論的確有主觀性太高，選民分類之基礎也缺乏客觀指標的問題（何金銘，1994；吳統雄，1994）。謝邦昌等學者所提出的「區辨分析預測」模式，主要概念則是將民調中已表態資料依投票意向分為若干互斥群組，然後利用其他問項找出可區別這些群組的變數，再透過此一變數之線性組合，使各群組的特性可以清楚區辨，爾後將未表態資料利用此一函數來計算被指配區辨至每一群組之機率，即可獲得各候選人之得票率（謝邦昌，1995）。此種模式又因為必須考慮預測變數之多重

共線性等問題，而使重要區辨變數的選擇變成另一個模式使用上的難題（周玫芳，1996）。在陳義彥所提出之預測模式中，則先依受訪者之特性進行分群，再與直接詢問進行交叉分析，藉此發現各集群的投票意向，並依此預測各集群的投票傾向（陳義彥，1996）。這種方法中因為涉及如何分群之界定困難，又可能會有群體對象不明之現象，使得其預測力降低許多。周隆山運用基於過去的選舉結果可能影響現今的投票行為的「振盪法則」觀念，再將時間因素納入考量後，連結政黨各次得票率形成動態趨勢線圖，並據以預測其投票意向（周隆山，1995）。從其他相關研究文獻中，常發現候選人取向相較於政黨取向大得多，亦即選民們多見之「選人不選黨」的現象，故此法是否能有效預測仍值得深思（梁世武，1994；陳世敏，1992）。李錦河等則認為，候選人之屬性（特質）越能滿足選民需求，則越能獲得支持，依候選人之屬性設計問卷，再詢問受訪者對每位候選人各項條件之看法，採「選多」為原則，依此建立「選民需求指標」，用來判定每位候選人被支持的程度。再依選民需求指標初步調查結果，與直接詢問法交叉分析而得各候選人票源流進流出之狀況，調整推估得票率（李錦河，1998）。但此法在用以判定各候選人被支持程度的項目選定方式，仍有過於主觀之嫌。

由以上的文獻探討我們發現：隨著國內政治的民主化，選民表達意見的意願也逐漸提高的情況下，在與選舉的民意調查研究方面有關之選舉預測模式越來越受到重視，國內學者對於這類選舉研究方法、變數建構等等，已有相當的貢獻。但是選舉預測模式並非一朝一夕即可得，雖然各個模式在一些固定的選舉當中已展現相當程度的預測能力，但是否適用於每一個選舉的調查資料，仍有待驗證（吳祥輝，1998；盛杏湲，1998）。如何截長補短地整合各個模式，進而發展出能正確有效地提供有關選舉策略

決策分析的智慧型機制，也因此深受期待。

三、資料探勘與知識工程

資料探勘（data mining）的基本定義是：「在已擁有的資料中搜尋出有價值的隱藏事件，並且加以分析，使能從資料中獲取更有意義的資訊或是歸納出具結構化的形式，以作為決策時之參考依據」（Thuraisingham, 2000）。此外，資料探勘所著重的是資料的再分析，而其知識工程活動中尚包括模式的建構或是資料樣式的決定，主要目的在於發現資料擁有者關心卻未曾知悉的重要資訊或知識（Chen, 1996; Han, 1999）。簡單來說，資料探勘是指找尋隱藏在資料（庫）中如趨勢（trend）、特徵（pattern）及相關性（relationship）等資訊或知識的過程，它也因而被稱之為 knowledge discovery in databases（簡稱 KDD）。此外，「資料考古學」（data archaeology）、「資料樣型分析」（data pattern analysis）、「功能相依分析」（functional dependency analysis）等名稱，也都是資料探勘與知識工程的同義字（Feelders, 2000）。從一九九〇年代起，資料探勘與知識工程不僅成為一個結合資料庫管理與人工智慧技術的重要領域，也已廣泛而且成功地被用在市場調查、行銷分析研究、經營決策分析、製造工程控制、生物科技研究等領域，它更被許多工商業界人士視為是一項推動知識管理、提升企業競爭力的重要工具（Hui, 2000; Poe, 1998; Spiliopoulou, 2001）。

根據資料分析的方式與目的，資料探勘作業可區分為以下五種類型：

1.群集分析（clustering analysis）：將資料根據其間的相似性

分成若干個群集，使得每個群集內的資料具有高度的同質性。其目的除了可以找出群集間的差異之外，更可做為之後處理分類分析的屬性依據（陳威志，2001；Rasmussen, 1992）。

2.分類分析（classification）：分類分析是從已知的物件集合中，依據屬性來建立類別（class），再根據各類別資料特徵，對於其他未分類或者新的資料來做預測。

3.關聯式法則分析（association rule analysis）：先收集一組事件記錄，每一事件記錄包含若干資料項目；再利用連結分析的方法在各記錄中找出資料項目的關聯法則（association rule）。即是要找出在某一事件或是資料中會同時出現的東西。主要是要找出下面這樣的資訊：如果 item A 是某一事件的一部分，則 item B 也出現在該事件中的機率有多少百分比率（Agrawal, 1993; Borgelt, 2000）。

4.預測（prediction）：預測技術乃依據某一特定對象屬性，觀察其過去的行為或歷史資料，藉以推估其未來的值會是多少（蔡至榮，1995；Sigitani, 1999）。

5.推估（estimation）：根據既有連續性數值之相關屬性資料，以獲致某一屬性未知之值。例如，按照信用卡申請者之教育程度、行為別來推估其信用卡消費額度。

根據 Fayyad 等人的描述，資料探勘與知識工程的完整過程與架構可以整理如**圖一**所示，並說明如下：

1.資料蒐集與資料倉儲之建置（data collection & data warehousing）：資料倉儲基本上是依主題導向而建的整合性資料庫實體。由於資料探勘與知識工程講究「大」與「快」，也就是要求能從大量的資料中快速獲取用來支援

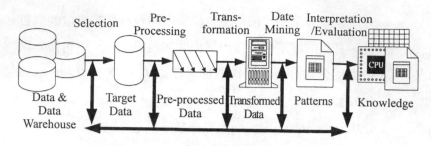

圖一 資料探勘與知識工程之完整過程與架構（Poe, 1998）

決策的資訊，資料倉儲技術乃應運而生。資料倉儲實為資料探勘架構的核心，針對特定主題規劃及建構的資料倉儲系統能將所有內、外部資訊匯集在一起，經由系統內部轉換，將資料形式規格化，並且建立一個統一介面、多維度儲放且採開放式的架構，來將這些巨量資料依主題、時間序列整合起來儲存與管理。資料倉儲的目的在提供快速的、整合的、具分析性的資訊服務，讓使用者能夠快速且有效地在龐大的資料中分析及追蹤異常資訊，並可提供資料採擷及多維度線上分析。以民意調查資料為例，資料倉儲的規劃和設計者，必須先充分認識所有系統使用者的可能需求和觀點，以明確規範出資料倉儲分析主題所涵蓋的範圍，進而知道從哪些地方抓取哪些資料，以建立合用的資料倉儲系統。

2.資料選擇與前處理（data selection & pre-processing）：從技術面來看，資料倉儲是一個集中儲存來源紛歧之電子資訊的所在地。而大部分的資料匯集作業都會碰到資料遺漏、資料重複、資料不一致等問題。因此，不同來源、不同形態的資料在進行資料移轉到資料倉儲之前，必須先經過清洗（cleansing）、轉換（transformation）等資料重整之後，以整齊的形態，有組織的結構，儲存於資料倉儲內，以避免「垃

圾進、垃圾出」的窘境。經過以上處理之後，使用者依特定之應用領域及使用者需求，由資料倉儲系統中篩選合適的資料，再加以特定的前置加工處理之後，形成規模較小、為特定主題量身訂做的資料超市（data mart），以供後用。

3. 資料轉換（data transformation）：在前處理的過程中，對於資料重整的策略仍可能會與使用者的特定資料使用方式和目的有所出入。因此，吾人在進行資料探勘工作前，常需將資料超市中之缺漏資料（missing data）與雜訊（noisy data）依其所需情況再處理與淨化，並將不同的資料格式依特定主題或某些資料探勘技術運作之需求，來做必要的轉換處理。

4. 資料探勘（data mining）：根據所處理問題之特性，選用適當之資料探勘技術進行智慧型資料分析、尋找巨量資料內隱含之邏輯規則與知識樣模。從技術面來看，資料探勘並非一種全新技術，而是一種結合傳統統計、計量分析、決策樹理論和人工智慧等技術的資料分析應用。舉凡統計學內所含之敘述統計、機率論、迴歸分析、類別資料分析、變量分析中用來精簡變數量的因素分析（factor analysis）、用來分類的判別分析（discriminant analysis），以及用來區隔群體的分群分析（cluster analysis）等等，皆屬於基本而且常用之資料探勘技術（Feelders, 2000; Giudici, 2001; Hui, 2000; Spiliopoulou, 2001; Thuraisingham, 2000）。此外，人工智慧領域中普遍應用的有決策樹理論，例如：CART(classification and regression trees)、CHAID(chi-square automatic interaction detector)等，各式類神經網路（artificial neural networks）、遺傳演算法（genetic algorithms）、模糊邏輯（fuzzy logic）、蟻群系統（ant colony systems）等各種軟式計算法則，以及規則歸納法（rules induction）、資料庫分析、資料工程……

均為資料探勘及知識工程提供了智慧型資料分析中的邏輯推論機制(Chen, 1996; Fukuda, 1992; Lu, 1996; Mitra, 2000)。

5.結果之詮釋與評估（result interpretation & evaluation）：資料探勘的前四項工作雖以資訊技術的部分居多，但使用者的專業知識（domain knowledge）亦得充分融入。而在資料探勘過程的最後，更必須由領域專家（domain experts）共同參與決定所擷取到的規則及知識樣模之呈現方式，並予以正確解讀，方能得到供後續決策支援之用的正確知識。此外，在以其提供決策支援之前，亦應有適當且充分的檢測程序來評估與驗證其真確性。

根據上述之過程與架構（參考**圖一**）及說明可以看出：成功而且完整的資料探勘與知識工程必須仰賴充分的科際知識整合，而有效的智慧型民意調查資料分析機制，勢必需要藉由政治學與資訊學兩學門的專業知識統整來建立。

四、研究架構與方法

受限於所取得的民意調查資料不夠充足，本論文之研究重心在於引入資料探勘技術所提供的智慧型資料分析方式，來為以選舉為主的民意調查資料建構各類的資料分析模型。參照在**圖一**所示之資料探勘與知識工程的完整過程與架構，本研究在內容與範疇上，尚未將提供民意調查之智慧型資料分析所需要的資料倉儲部分納入。

本研究中所使用的資料，乃是匯集本校民意調查中心所提供之數次針對民國九十年立法委員及縣市長選舉所作的全國性民意

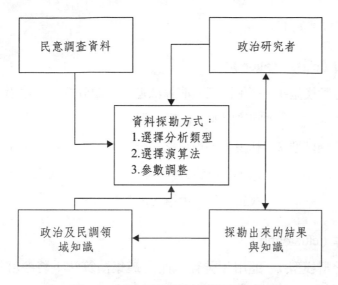

圖二 選舉民調資料探勘研究架構

調查資料，而建置之小型資料庫（有效樣本1083個，其中正式樣本671個，替代樣本412個，信賴水準95%，抽樣誤差2.98%）。與圖一所示之資料探勘與知識工程的完整過程與架構相比，它可被視為一由資料倉儲系統內資料經過格式轉換與淨化等處理後，所得到的特定資料超市（data mart）。在資訊系統方面，我們使用由IBM公司所提供的DB2資料庫系統及Intelligent Miner for Data資料探勘系統共組之主從式（client-server）系統運作環境，來支應圖二所示之研究架構。

　　IBM 公司的 Intelligent Miner for Data 可提供預測（prediction）、發掘群聚特性（clusters）、關聯性（association）、次序樣模（sequential patterns）、時序樣模（time sequences）等功能，並提供 neural network、tree-induction、demographic clustering等技術與方法，幫助使用者定義所要探勘之問題，並選擇適當的演算法。本研究依據所得之「民意調查資料超市」的內容與問題特性，設計了四種資料探勘類型的六種智慧型分析模式，其內容

之詳細描述如下：

■分類（classification）

分類模型-1　利用決策樹演算法進行分類分析，來建構選民回答問題的邏輯規則。

分類模型-2　利用類神經網路之分類演算法，建構選舉意向之人口特質分類模型，並嘗試依此模型預測該次立法委員選舉的投票傾向。

■分群（clustering）

分群模型-1　運用類神經網路之叢集演算法，將各群組間的差異辨識出來，並對個別群組內之相似樣本進行挑選，即對各個群組進行區隔化（segmentations）。

分群模型-2　利用人口統計叢集化的技術，建構政黨的選民模式，爾後利用二元變異分析來分析中間選民對該政黨的變異程度。

■關聯（association）

關聯模型　運用關聯式法則分析，來找出選民回答各問題及選民各人口特質之間的關聯。

■預測（prediction）

預測模型　利用半徑基底函數類神經網路（radial basis function network, RBFN）預測分析，先以替代樣本建構輻射基底預測模型，再利用正式樣本來檢驗模型，爾後調整參數，以作為選民投票意向的預測。

五、研究結果

本研究中所使用之民意調查的各個問題及其選項，請參閱**表一**所示內容。本研究對所掌握到的民意調查資料，依據上節中所設計六種資料探勘類型進行智慧型資料分析後，的確分別從資料中擷取出隱匿於其中的知識樣模。茲將這六個資料探勘模型所得結果分別在本節中依序討論。

(一)分類模型-1

此模型之資料探勘作業乃是利用傳統之決策樹演算法進行分類分析，並依所得之決策樹來建構選民回答問題的邏輯規則。**圖三**至**圖五**所示為由 IBM Intelligent Miner for Data 的決策樹演算法分類分析所得之決策樹，其中每個決策點在內部節點及外部節點均有視覺化的強度呈現及 If-Then 的邏輯規則描述。本模式所用的民意調查資料內並不含民調資料中的人口特質項目，**表二**所示即為從本分類模型所歸納出的五條「選民回答問題之邏輯規則」。

表二中透過資料探勘作業所擷取到的五項規則（顯著程度為：由上而下依序遞減），經政治學學者研判後，認為結果及其顯著程度均與民國九十年年底立委選舉所反映出之民意動向相當符合。

(二)分類模型-2

本模式利用直傳式類神經網路技術來訓練並建構推測選舉意向之人口特質分類模型，而本模型的使用者應可依此分類模型預測該屆立法委員選舉某地區的投票傾向。透過 IBM Intelligent

表一 第四屆立法委員選舉的民意調查問卷

項目	題目	選項
Q1	年底的立委選舉,在國民黨和民進黨【黨名隨機出現】哪一黨最可能成為國會第一大黨?	1.國民黨;2.民進黨;98.不知道
Q2	年底的立委選舉,在國民黨和民進黨【黨名隨機出現】希望哪一黨成為國會第一大黨?	1.國民黨;2.民進黨;98.不知道
Q3	台灣過去一年半以來的經濟不好,有人說是因為執政的民進黨沒有能力,有人說是因為在野黨扯後腿?	1.執政黨沒能力;2.在野黨扯後腿;98.不知道
Q4	要救台灣的經濟,請問您認為哪一黨比較〈台語:卡〉有辦法?【不提示選項】	1.國民黨;2.民進黨;3.新黨;4.親民黨;5.台聯;98.不知道
Q5	年底立委選舉之後,請問您認為哪幾個政黨合作組織聯合政府,比較〈台語:卡〉有辦法挽救台灣經濟?	1.國民黨和民進黨;2.國民黨、親民黨和新黨;3.民進黨和親民黨;98.不知道
Q6	有人說:「年底立委選舉之後,陳水扁總統要尊重新民意,由立法院過半政黨組聯合政府」,請問您同不同意?	1.非常同意;2.有點同意;3.不太同意;4.非常不同意;98.不知道
Q7	有人說:「在野黨為反對而反對,亂刪(台語:亂殺)中央政府的預算」,請問您同不同意?	1.非常同意;2.有點同意;3.不太同意;4.非常不同意;98.不知道
Q8	有人說:「年底的立委選舉,國民黨和親民黨的選票重疊(台語:票源相同),親民黨當選越多,民進黨成第一大黨機會越大」,請問您同不同意?	1.非常同意;2.有點同意;3.不太同意;4.非常不同意;98.不知道
Q9	如果明天就是投票日,請問您會把票投給哪一黨的立委候選人?	1.國民黨;2.民進黨;3.新黨;4.親民黨;5.台聯;6.建國黨;7.無黨籍;98.不知道
Q10	請問在國民黨、民進黨、新黨、親民黨、台聯,您支持哪一黨?	1.國民黨;2.民進黨;3.新黨;4.親民黨;5.台聯;6.選人不選黨;98.不知道

Q11	請問您的父親是本省客家人、本省閩南（河洛）人、大陸各省市人，還是原住民？	1.本省客家人；2.本省閩南人；3.大陸各省市人；4.原住民；98.不知道
Q12	請問您目前的職業是什麼？	1.主管人員（民代、政府行政主管、企業主管、公司負責人、經理人員）；2.專業人員（科學家、醫師、會計師、教師、律師、宗教工作者）；3.佐理、職員、買賣業務人員；4.服務、餐旅人員、攤販；5.農林漁牧；6.勞工；7.學生；8.軍警人員；9.家管；10.失業退休；98.拒答
Q13	請問您最高的學歷是什麼（讀到什麼學校）？	1.不識字及未入學；2.小學；3.國、初中；4.高中、職；5.專科；6.大學；7.研究所及以上；98.拒答
Q14	請問您是民國哪一年出生的？	
Q15	請問您的戶籍是在哪一個縣市？	1.台北縣；2.宜蘭縣；3.桃園縣；4.新竹縣；5.苗栗縣；6.台中縣；7.彰化縣；8.南投縣；9.雲林縣；10.嘉義縣；11.台南縣；12.高雄縣；13.屏東縣；14.台東縣；15.花蓮縣；16.澎湖縣；17.基隆市；18.新竹市；19.台中市；20.嘉義市；21.台南市；63.台北市；64.高雄市；95.拒答；98.不知道
sex	受訪者性別【訪員請自行輸入】	1.男性；2.女性
lang	訪問時使用語言	1.國語；2.台語；3.客家話；4.國、台語並用；5.國、客語並用

Miner for Data 的「類神經網路」工具選項來進行資料分類並建構選舉意向人口特質之分類模型，所得結果詳見如圖六至圖九。在此模型中可看出影響選民投票意向的人口特質因素，由大至小依次為政黨支持度（q10，31.6%）、職業（q12，21.8%）、省籍（q11，19.4%）、學歷（q13，15.4%）……等。此項藉由資料探勘所得訊息經過比對，也與大多數其他全國性民意調查的統計分析結果相同。

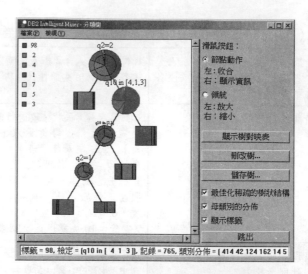

圖三　選舉民調問卷結果決策樹狀圖

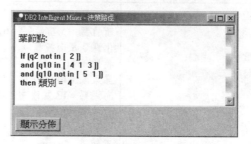

圖四、　決策樹節點邏輯規則

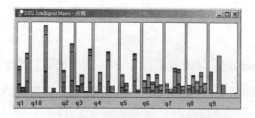

圖五　決策樹節點邏輯規則分布圖

表二　民調問卷決策樹邏輯規則總表

順序	邏輯規則	規則內容之闡述
1	If (q2 in [2]) then q9 = 2	如果您希望民進黨成為國會第一大黨，則您將會投票給民進黨。
2	If (q2 not in [2]) and (q10 not in [4, 1, 3]) then q9 = 98	如果不希望民進黨成為國會第一大黨，且您的政黨支持傾向不為親民黨、國民黨、新黨時，目前無投票意向（中間選民）。
3	If (q2 not in [2]) and (q10 in [4, 1, 3]) and (q10 not in [5, 1]) then q9 = 4	如果不希望民進黨成為國會第一大黨，且您的政黨支持傾向為親民黨或國民黨或新黨時，且不為台聯，則將會投票給親民黨。
4	If (q2 not in [2]) and (q10 in [4, 1, 3]) and (q10 in [5, 1]) and (q2 not in [1]) then q9 = 98	如果不希望民進黨成為國會第一大黨，且您的政黨支持傾向為親民黨、國民黨、新黨、台聯，且不希望國民黨成為國會第一大黨時，目前無投票意向。
5	If (q2 not in [2]) and (q10 in [4, 1, 3]) and (q10 in [5, 1]) and (q2 in [1]) then q9 = 1	如果不希望民進黨成為國會第一大黨，且您的政黨支持傾向為親民黨、國民黨、新黨、台聯，且希望國民黨成為國會第一大黨時，則將會投票給國民黨。

圖六　民調問卷人口特質類神經網路分類結果

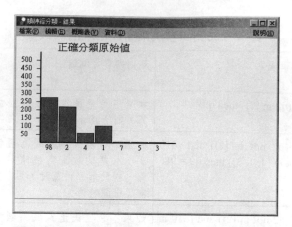

圖七　民調問卷類神經網路分類原始值分布

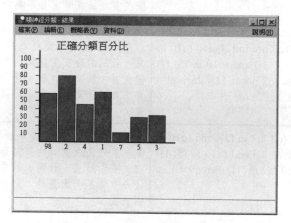

圖八　民調問卷類神經網路分類百分比分布圖

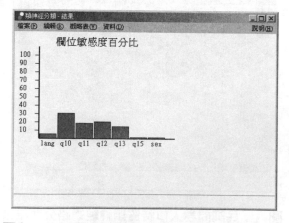

圖九　民調問卷類神經網路分類敏感度百分比

(三)分群模型-1

本模式首先運用自組織特徵圖類神經網路（self-organized feature map，簡稱 SOM）為產生分群效果的叢集機制，再將各群組之間的差異辨識出來，並對個別群組內之相似性高的樣本進行挑選，即對各群組作區隔化（segmentation）的動作，使得各個群集之間具有高度的差異性。由圖十和圖十一中可看出群組 2 和群組 5 屬於所謂的泛藍陣營，群組 0 和群組 8 為泛綠陣營，而群組 6、群組 3 和群組 4 則應為中間選民。民調資料使用者可根據此分群結果，將民調中已表態之選民資料依其投票意向分為若干互斥群組，然後找出可區別這些群組的變數，再透過此一變數之線性組合，使各群組的特性可清楚的區辨，爾後將未表態資料利用此一函數計算被指配區辨至每一群組之機率，即可預估推判各政黨之最終可能得票率。

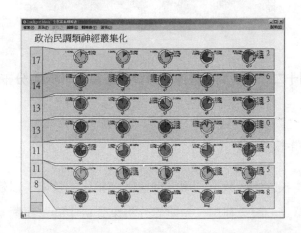

圖十　民調問卷類神經叢集（SOM）分布圖

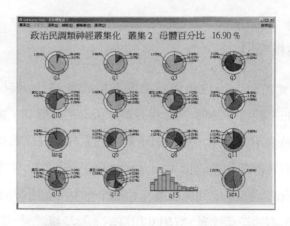

圖十一　類神經叢集（SOM）分布圖 2

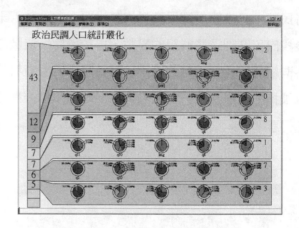

圖十二　民調問卷民進黨類神經叢集（SOM）分布圖

(四)分群模型-2

在本模式中，我們利用人口統計叢集化的技術，以建構政黨的選民模式，爾後利用二元變異分析來分析中間選民對某政黨的變異程度。如**圖十二**至**圖十五**所示，將民意調查資料中已表態投給民進黨的選民資料，先透過 IBM Intelligent Miner for Data 之類神經叢集（SOM）演算法，建構民進黨的選民模式；爾後再將未

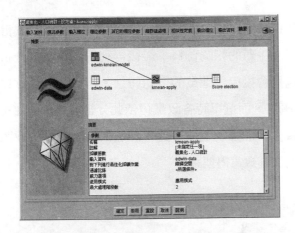

圖十三　民調問卷民進黨——中間選民應用模式

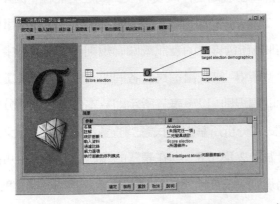

圖十四　民調民進黨——中間選民變異分析模式

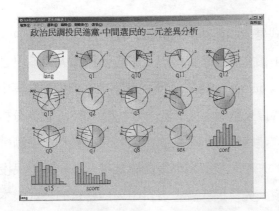

圖十五　民進黨——中間選民變異分析分布圖

表態的中間選民應用到此模式，之後對每筆資料計算其得分比率及信賴度而產生新的相關資料；最後再利用二元變異分析，找出這些中間選民會投給民進黨的群組特性。本研究將得分比率設為0.5（即 50%）。而選舉時各政黨可依此分析結果針對這些中間選民的群組特性，加強制定符合此中間選民群組特性的政策及宣傳手法，以增加其政黨得票率。

(五)關聯模型

本模式運用關聯式法則分析，透過關聯式法則分析，找出在某一事件中會同時出現的物件或資料及其間之可能性。例如，假設物件 A 是某一事件的一部分表徵，則物件 B 也出現在該事件中的機率值 X%，即為所欲獲悉的資訊或關聯規則。在本模型中，使用者應可依此模型所得，來找出選民對各問題回應之答案及選民各人口特質之間的關聯規則。以下表三所示即為本研究之關聯分析所得的結果。本模式在分析所掌握的民意調查資料時，將最小支持值和信賴度分別設為 0.2 與 0.8，則在表三的關聯分析結果中可找出五條較具意義的規則，表四所示即為這些規則及其內容闡述的整理。

(六)預測模型

本模式是以半徑基底函數類神經網路（RBFN）為演算的核心機制，藉由類經神網路直接從資料去模擬輸入與輸出之間的應對關係（input-output mapping），在此實際案例中則為經由民調中選民的人口特質來預測其投票意向。利用 RBFN 預測分析時，先以替代樣本來建構根據半徑基底函數的類神經網路預測模型，再利用正式樣本來檢驗模型，爾後調整參數，以作為選民投票意向的預測。本模式先以民意調查資料中人口特質的替代樣本建構半徑基底函數預測模型，接著利用正式樣本來檢驗此一模型，而後調

表三　關聯模型所得之關聯規則

```
Minimum support: 0.2
Minimum metric <confidence>: 0.8
Number of cycles performed: 4
Generated sets of large itemsets:
Size of set of large itemsets L(1): 35
Size of set of large itemsets L(2): 57
Size of set of large itemsets L(3): 15
Best rules found:
 1. Q2=98 Q4=98 261 ==> Q1=98 238      conf:(0.91)
 2. Q2=98 Q9=98 311 ==> Q1=98 274      conf:(0.88)
 3. Q5=2 262 ==> Q17=1 227      conf:(0.87)
 4. Q10=2 291 ==> Q11=2 250      conf:(0.86)
 5. Q9=2 275 ==> Q11=2 235      conf:(0.85)
 6. Q3=1 281 ==> Q17=1 240      conf:(0.85)
 7. Q9=2 275 ==> Q2=2 233      conf:(0.85)
 8. Q14=2 302 ==> Q17=1 255      conf:(0.84)
 9. Q4=98 Q9=98 276 ==> Q1=98 233      conf:(0.84)
10. Q1=1 297 ==> Q17=1 249      conf:(0.84)
11. Q2=2 318 ==> Q11=2 266      conf:(0.84)
12. Q2=98 414 ==> Q1=98 346      conf:(0.84)
13. Q2=1 351 ==> Q17=1 293      conf:(0.83)
14. Q2=98 Q4=98 261 ==> Q9=98 217      conf:(0.83)
15. Q4=1 415 ==> Q17=1 343      conf:(0.83)
16. Q5=1 363 ==> Q11=2 300      conf:(0.83)
17. Q1=98 Q9=98 333 ==> Q2=98 274      conf:(0.82)
18. Q2=98 Q11=2 320 ==> Q1=98 263      conf:(0.82)
19. Q6=2 275 ==> Q17=1 224      conf:(0.81)
20. Q13=4 342 ==> Q17=1 275      conf:(0.8)
```

整參數，以作為選民投票意向的預測。由此模式的研究結果（圖十六和圖十七）可看出選民在投票意向的表態與否恰和年齡高低呈反比例。此一探勘所得現象可以合理的解讀為：中青年的選民比較敢於表態，而年長的選民可能仍有些許還活在白色恐怖的陰影之中，因而對政治性問題較為敏感並產生排斥，所以不願意對民調的訪查員誠實作答，而以「不知道、無意見、拒答」作為反應。

表四　重要之關聯規則及其解讀

編號	關聯規則	規則內容之闡述
4	Q10=2 291 ==> Q11=2 250 conf:(0.86)	政黨支持為民進黨（291人），其省籍為本省閩南人（250人）
5	Q9=2 275 ==> Q11=2 235 conf:(0.85)	會投給民進黨的選民（275人），其省籍為本省閩南人（235人）
7	Q9=2 275 ==> Q2=2 233 conf:(0.85)	會投給民進黨的選民（275人），希望民進黨成為國會第一大黨的選民（233人）
11	Q2=2 318 ==> Q11=2 266 conf:(0.84)	希望民進黨成為國會第一大黨的選民（318人），其省籍為本省閩南人（266人）
16	Q5=1 363 ==> Q11=2 300 conf:(0.83)	認為國民黨及民進黨組聯合內閣能挽救台灣經濟（363人），其省籍為本省閩南人（266人）

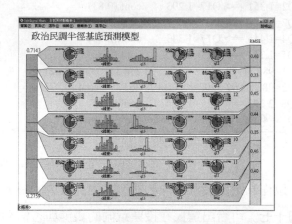

圖十六　民調問卷之半徑基底函數類神經網路預測模型

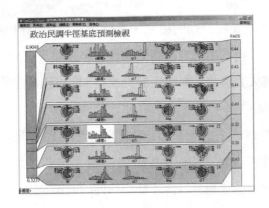

圖十七　民調問卷之半徑基底函數類神經網路檢視結果

六、結論與建議

　　資料探勘與知識工程已被確認為從巨量資料中發掘有用、有價值之資訊或知識的有效工具。如資料倉儲（data warehousing）、資料塑模（data modeling）、資料工程（data engineering）、軟式計算（soft computing）等，這些與資料探勘與知識工程有關的各種研究與技術，近年來被與資訊科技有關的學術領域與實務界熱烈地研究討論以及廣泛使用，預計在未來的十數年此股資料探勘熱潮也仍將持續。於此，我們也同樣相信資料探勘與知識工程所能提供的智慧型資料分析，會對政治學的研究產生正面幫助。

　　在本研究中，我們嘗試著從選舉民調資料的智慧型資料分析，來探討資料探勘與知識工程應用於政治學研究的可行性。以本研究的六個資料探勘模型來分析民調資料的實證為例，資料探勘這項資訊科技為政治學研究的心得與結論，可簡要地歸納為以下幾點：

1. 可應用決策樹分類的模式，來歸納在民調資料中的邏輯規則。另外可利用已表態的問卷資料來分類規則，建構分類模型，將未表態的資料應用於此模型，即可預測中間選民的投票意向。

2. 應用分群的技術將各群組之間的差異找出來，同時也要將群組之中的成員之相似性找出來。可依此分析結果針對特定群組特性，加強制定符合該群組特性的政策及宣傳，以增加其政黨得票率。

3. 應用關聯演算法來分析各變項之間的關係，進而瞭解各變項的相依特性，以知悉選民結構。

4. 可利用預測的技術，即可根據政黨屬性之過去觀察值來預測該政黨的得票率。

5. 運用類神經網路的特性，來學習資料中隱含的特性，以便解決非線性的問題，跳脫統計技術只能解決線性問題的限制。

經由本研究的實證顯示，資料探勘這項資訊科技確實能成為政治學研究的有效工具。從事政治學研究為主的民調中心，不妨考慮從建置民意調查資料的資料倉儲系統為起端，將歷年來多次累積所得資料彙總並整理，採用資料探勘機制，進而進行智慧型資料分析，來探索隱藏在龐雜資料中的政治學知識樣模和新理論。

致謝

本研究承蒙本校民意調查中心提供資料，以及美國 IBM 總公司 Scholar Program 所贊助提供的 Intelligent Miner for Data 及 DB2 等軟體方得順利進行，特此致謝。

參考書目

■中文部分

何金銘，1994，〈候選人勝選因素分析模型再探：高雄縣省議員選舉的個案分析〉，《中山社會科學學報》，第 8 卷，第 4 期，頁 53-105。

吳祥輝，1998，〈候選人支持度可預測的戲劇性變化——選舉預測與選舉策略〉，世新大學《民調、策略、廣告與選舉研究研討會論文集》。

吳統雄，1994，〈形象投票預測模式在台北市實施的效果研究〉，《民意研究季刊》，第 189 期，頁 41-44。

李錦河、溫敏杰，1998，〈從行銷學「產品屬性」角度建構「選民需求指標」之選舉預測模式——以一九九七年台南市市長選舉為例〉，《選舉研究》，第 1 卷，第 2 期，頁 1-33。

周玫芳、王旭，1996，〈用區辨分析法預測結果——以民國八十四年嘉義市立委選舉為例〉，梁世武主編，《民意調查：一九九六年總統選舉預測》，台北：華泰書局，頁 103-137。

周隆山，1995，〈「三黨不過半在哪裏？」——以趨勢線探討〉，《中山人文社會科學期刊》，第 4 卷，第 2 期。

梁世武，1994，〈一九九四年台北市市長選舉之預測：「候選人形象指標」預測模式之驗證〉，《選舉研究》，第 1 卷，第 2 期。

陳世敏，1992，〈候選人形象與選民投票行為〉，《新聞學研究》，第 46 期，頁 149-168。

陳威志，2001，《改良式類神經網路應用於群聚分析之研究》，

私立淡江大學電機工程學研究所碩士論文。

陳義彥，1994，〈我國選民的集群分析及其投票傾向的預測——從民國八十一年之立委選舉探討〉，《選舉研究》，第 1 卷，第 1 期，頁 1-37。

盛杏湲，1998，〈選民的投票決定與選舉預測〉，《選舉研究》，第 5 卷，第 1 期，頁 37-76。

張紘炬，1984，〈七十二年台北市區域立法委員選舉民意調查〉，《中國統計學報》，第 22 卷，第 12 期。

蔡至榮，1995，《輻射函數神經網路之強韌構建》，國立成功大學碩士論文。

謝邦昌、王旭、周玫芳，1995，《民意調查——一九九六年總統選舉預測》，台北：華泰書局，頁 97-138。

■英文部分

Agrawal, R., T. Imielinski & A. Swarmi, 1993, "Mining association rules between sets of items in large database," *Proceedings of the 1993 ACM SIGMID*, Washington, pp.207-216.

Borgelt, C., 2000, *Apriori - Find Association Rules / Hyperedges with Apriori Algorithm*, Springer, Germany.

Chen, M. S., J. Han & P. S. Yu, 1996, "Data mining: An overview from a database perspective," *IEEE Transactions on Knowledge and Data Engineering*, Vol.8, No.6, pp.866-883.

Feelders, A., H. Daniels & M. Holsheimer, 2000, "Methodological and practical aspects of data mining," *Information & Management*, Vol.37, No.3, pp.271-281.

Fukuda, T. & T. Shibata, 1992, "Theory and application of neural networks for industrial control systems", *IEEE Transactions on*

Industrial Electronics, Vol.39, No.6, pp.3-20.

Giudici, P., D. Heckerman & J. Whittaker, 2001, "Statistical models for data mining," *Data Mining and Knowledge Discovery*, Vol.5, No.3, pp.163-165.

Han, J., 1999, "Data Mining", in J. Urban & P. Dasgupta (eds.), *Encyclopedia of Distributed Computing*, Kluwer Academic Publishers.

Hogg, L. M. J. & R. J. Nicholas, 2001, "Socially intelligent reasoning for autonomous agents", *IEEE Transactions on System, Man, and Cybernetics - Part A*, Vol.31, No.5, pp.381-393.

Hui, S. C. & G. Jha, 2000, "Data mining for customer service support," *Information & Management*, Vol.38, No.1, pp.1-13.

Lu, H., R. Setiono & H. Liu, 1996, "Effective data mining using neural networks," *IEEE Transactions on Knowledge & Data Engineering*, Vol.8, No.6, pp.957-961.

Mitra, S. & Y. Hayashi, 2000, "Neuro-fuzzy rule generation: Survey in soft computing framework", *IEEE Transactions on Neural Networks*, Vol.11, No.3, pp.748-768.

Poe, V., P. Klauer & S. Brobust, 1998, *Building a Data Warehouse for Decision Support*, 2nd ed., PTR, Boston.

Rasmussen, E., 1992, "Clustering algorithms," *Information Retrieval: Data Structures and Algorithms*, Prentice Hall, pp.419-442.

Sigitani, T., Y. Iiguni, & H. Maeda, 1999, "Image interpolation for progressive transmission by using radial basis function networks," *IEEE Transactions on Neural Networks*, Vol.10, No.2, pp.381-390.

Spiliopoulou, M. & C. Pohle, 2001, "Data mining for measuring and improving the success of web sites," *Data Mining and Knowledge Discovery*, Vol.5, No.1/2, pp.85-114.

Thuraisingham, B., 2000, "A primer for understanding and applying data mining," *IT Professional*, pp.28-31.

第二篇

網路政治行銷和直接參與

網際網路時代公民直接參與
的機會與挑戰
：台北市「市長電子信箱」的個案研究

黃東益
世新大學行政管理學系助理教授

蕭乃沂
世新大學行政管理學系助理教授

陳敦源
世新大學行政管理學系副教授

*本文原刊載於《東吳政治學報》，第十七期，2003年，頁121-151。

一、前　言

　　平等與參與是民主政治追求的理想，也是衡量一個國家民主程度的兩個重要指標。然而，西方所發展出來的代議民主制度的實際運作當中，參與通常僅止於社會的優勢團體，呈現高度不平等的現象，造成了前任美國政治學會會長 Arend Lijphart（1997）所指出的「民主政治無法解決的窘境（democracy's unsolved dilemma）」。為了解決此種困境，許多學者投注心力，提出諸如「直接民主」（direct democracy）（Cronin, 1989）、「論辯民主」（discursive democracy）（Dryzek, 1990）或「審議民主」（deliberative democracy）（Elster, 1998）等替代方案，試圖匡正代議制度運作上的弊病。在此同時，公共行政學界及實務界積極推動的政府再造運動（Osborne & Gaebler, 1992）與此潮流互相呼應，這個運動強調公民導向、參與導向及學習導向的行政（林水波，1999: 366-368），這些主張與政治學界所提倡的直接參與不謀而合。

　　正當學術界及實務界苦思如何落實民眾的直接參與，資訊與傳播科技（information and communication technology, ICTs）的快速發展，促使電子化政府（E-Government）的興起。ICTs 廣泛地被用在跨政府間的聯繫與合作，提供市民及企業更快速而有效的服務，以及所謂的數位民主（digital democracy）（Moon, 2002: 425），特別是網際網路（internet）的盛行，正重新塑造市民以及政府之間的關係（Ho, 2002: 435），Lawrence Grossman（1995: 33）在《電子共和國》（*The Electronic Republic*）一書中指出，在資訊科技的衝擊之下，代議制度下的政府治理正面臨政治發展上的第

三個轉型期[1]，當前運作的政治系統因為資訊傳播科技快速發展之賜，而有可能重回雅典式直接民主的可能。資訊傳播科技的快速便捷似乎為市民的平等參與打開了一扇機會之窗，同時也是提倡政府再造的公共管理者落實民眾直接參與決策，達到授權灌能（empowerment）的一個契機。

　　就我國而言，自一九八〇年代以來，民主改革進程快速，程序性的民主機制（procedural democracy），如公平的選舉與競爭性的政黨政治，已逐步建立。而議會政治的運作也有相當歷史，其弊端在民主日趨成熟的過程已逐漸顯現，學者亟思提出強化以及補充民主代議的可能途徑（陳愛娥，1999），在不同的選項當中，直接參與是最常被學者提出的一個補強代議制度的良方（陳俊宏，1998；林水波、石振國，1999；黃東益，2000）。而這些補強方案或因成本過高，或因牽涉體制變更等複雜問題而無法實施。為了突破此種困境，已有許多學者轉向研究如何強化網際網路及電子化政府來促進民眾參與（項靖，1999，2000；徐千偉，2000；周繼祥、周祖誠、莊伯仲，2001；陳敦源、蕭乃沂，2002）。這些研究提供吾人對於台灣地方政府網站運作的豐富資料，但他們較強調靜態的分析以及外部顧客對網際網路所提供參與功能的評估，鮮少從政府內部公共管理者的角度，探討民眾參與管理的問題。在這些研究的基礎上，本文試圖從理論與實務去瞭解資訊科技的發展與應用，其對於政府的治理有何影響，到底是為代議制度的平等與參與不可得兼的困境提供了機會之窗，或將使得此種窘境更為惡化？而對於公共管理者而言，借用資訊及傳播科技，如何促進市民的直接參與？在這過程中又產生了何種問題？

---

[1] 根據 Grossman（1995: ch.2）的說法，民主的第一種形式為雅典式的直接民主，第二種形式為代議民主，由於科技的發展，代議民主逐漸轉向所謂的「電子共和」（electronic republic）。

在實務上又該如何解決？

　　為了對這些問題有更深入的瞭解，本研究在台北市政府研考會以及資訊中心的協助之下，以中華民國各級政府中最早設立的電子信箱——前身為「阿扁信箱」的台北市「市長信箱」為個案，分析並詮釋作者過去兩年接受台北市政府研考會委託所蒐集的資料（陳敦源、蕭乃沂，2001；蕭乃沂、陳敦源、黃東益，2002），以嘗試對公民直接參與的問題提出初步的解答。雖然政治參與泛指「一般公民影響政府人事或施政的各種合法活動」（郭秋永，1993: 39），而且根據 Verba 和 Nie 的分類，政治參與可分成：公民主動接觸（citizen-initiated contact）、合作活動（cooperative activity）、投票（voting）及競選活動（campaign activity），本文則將焦點置於以公民個人為主體，與政府接觸的主動行為，排除利益團體代表、議員及特殊關說人士。其接觸內容可能涉及普遍的政治社會問題，也可能涉及公民本人或其家庭鄰里的特殊問題。相對於選舉及民意調查，民眾對於日常政府施政作為的意見反映，更可視為積極直接政治參與的一環，台北市有許多利用網際網路的科技提供市民直接參與的管道，如「市民論壇」、「市容查報」，但其中以市長信箱最廣為人知（周繼祥、周祖誠、莊伯仲，2001），市長信箱處理機制也最為完善。而且台北市「市長電子信箱」不論以案件數（已超越意見反映總數的三分之一）或是伴隨網路族群增加的未來成長趨勢，都已足以作為網路時代台北市政府最具代表性的市民直接參與機制。

　　本文下一部分將從理論探討資訊與傳播科技對公共參與所帶來的機會與挑戰，接著將呈現台北市政府市長信箱的設立過程與運作實況，第四部分將探討市長信箱的運作效益，第五部分則呈現市長信箱所面臨的挑戰，最後將從「效率」、「成本」及「平

等」等面向嘗試回答本文所提出的研究問題，並提出具體的建議。

二、相關理論探討

近年來資訊與傳播科技的蓬勃發展，似乎為直接參與的落實
展露了一絲曙光，這其中又以網際網路本質上成本低、超越人為
的疆域、直通個人的特性，似乎為直接民主的具體實踐，找到了
一條新的出路（比爾・蓋茲，1999；迪克・摩利，2000），學界
正審慎地評估這個發展對於民主治理活動所可能帶來的影響，並
且有樂觀與悲觀的兩種看法（Tsagarousianou, 1998; Norris,
2000），一方面，學界對於網際網路的興起能夠改善統治者與人
民、人民與人民之間的溝通品質的提升充滿了期待（Etzioni, 1993;
Grossman, 1995; Hague & Loader, 1999）；但另一方面，學者也對
於網際網路所可能帶來的結果，提出了懷疑與憂慮（Wallace, 1999;
Margolis & Resnick, 2000; Putnam, 2000）。

對於網際網路較為樂觀的學者主要從網際網路對直接參與的
擴大以及政府效率的強化來探討其價值。Roze Tsagarouianoa（1998:
42）指出，自一九八〇年以來，ICTs 的興起，對於工業先進國家
市民逐漸惡化的政治疏離感，提出了一個解決良方，這個疏離感
的產生，根據 Bryan、Tsagerousiauou 和 Tawbiui（1998: 4）的說
法，主要是缺乏一個自由討論的公共空間，這個自由的空間得以
免於國家及政黨的宰制，並且跳脫商業化及商品化邏輯，因此他
們認為資訊傳播科技的興起，創造了一個自由的公共領域，使得
社會行動者得以發現並且形成共同的利益，強化公民參與的動
機。同樣地，Barber（1984: 274）也強調這個公共空間對於民主的

積極意義，雖然 ICTs 的發展對直接民主可能造成「歐威爾式」的恐怖社會及對精英操控有所顧忌，但 Barber 相信科技可被用來創造一種強健民主（strong democracy）的形式，因為資訊及傳播科技可以強化公民教育、確保資訊的公平取得，以及將個人及機構結合成一個網路，促成跨區域的公共討論及辯論。

除了市民之間「水平討論社區」的形成，Korac-Kakabadse 和 Korac-Kakabadse（1999: 216）則認為藉由這些科技，公民得以跨越利益團體、政黨、媒體以及其他非民主的意見形成管道，直接與政府接觸。電子網路使得政府、企業、團體及公民間的資訊流通更具彈性。這些彈性賦予組織與公民在取得、散播與交換資訊時更具自主性。植基於電子網路社會所具備的這些能力，Bellamy 和 Taylor（1996: 29）認為資訊傳播科技可被應用到政府部門中包括市民陳情等諸種創新。

公共領域的形成提高了民眾參與的動機，網際網路促成民眾自主掌握資訊流通以及大幅降低溝通成本，也擴大民眾的公共參與。Bryan、Tsagarousianou 和 Damian（1998: 6）則從參與成本的角度，探討資訊科技對於民眾直接參與政府施政效能的貢獻。他們指出網際網路等傳播科技的興起，大幅降低溝通成本，增加了資訊提供的速度與規模，使民眾取得資料更加便利，因此較易具備參與政府決策所需的資訊。Neu、Anderson 和 Bikson（1999: 5-7）更具體地舉電子郵件為例，指出電子傳輸不僅可以節省民眾郵資、印刷及紙張等成本，更可方便而快速地傳輸檔案給政府相關部門，尋求協助及建議。對於政府而言，電子傳輸同樣可以節省內部處理成本，增加便利，並且改進對市民的服務。例如，藉由自動化資料處理及回覆系統，政府得以延長對市民服務時間。由於網際網路的這些功能與特性，讓民眾更方便與政府溝通，對政

府的施政適時地表達偏好。相對地，政府能有效地針對民眾的需求調整政策，更具回應性。

　　雖然學者普遍認為網際網路等新傳播科技的應用，能降低溝通及參與成本、促進平等參與、提高參與品質，使政府施政更具效率及效能。另有一些學者則對網際網路對公民參與所可能造成的問題提出警告，學者最常提到的關於資訊傳播科技所產生的問題，最主要是所謂數位落差（digital divide）（陳佳君，2001; Dijk, 2000; Compaine, 2001; Norris, 2001）的問題，泛指擁有及使用資訊與傳播科技不平等的問題。就公民而言，參與的能力並非與生俱來，而必須經由社會化與學習的過程，培養參與的能力，參與的能力在公民之間本非平等的分配，而資訊傳播科技的發展將無法解決此種分配不均的問題。相反的，資訊傳播科技的日新月異將惡化參與能力不均的問題，例如 Francissen 和 Brants（1998: 35）指出在荷蘭首都阿姆斯特丹的數位城市（digital city）的計畫，短短四年當中，軟體的介面已經歷過文字版（text version）到全球資訊網路版本（world wide web version, 簡稱 WWW）到三度空間版本，隨著這些版本的更新，市民必須購買更新穎、功能更強的電腦，才能透過這些科技有效參與政府過程。由於種種科技設備的需求與門檻，使得利益團體得以利用其資源來從事遊說活動。和個別市民比較起來，利益團體往往擁有較多的資訊與科技，他們可能透過這些資訊及高新科技的優勢，更有效地進行遊說工作，使得公民參與更不平等（劉淑惠，1995）。

　　從公共管理者的角度而言，資訊傳播科技的發展雖然可能降低民眾參與的成本，卻可能提高官僚內部的業務負擔，Neu、Anderson 和 Bikson（1999: 27）指出政府的預算和人員都是有限的，為了要提供便捷的參與管道，政府必須隨著資訊與傳播科技

的不斷更新以及參與數量的增加，購置設備與軟體，並且訓練員工維修及使用這些科技。除了設備相關的成本，公民因為傳播科技的便利所減少的成本及提供的誘因，增加參與頻率，勢必加重政府對這些要求及抱怨的處理成本，並擔負更多的壓力。

而在政府內部處理成本加重的同時，公民透過直接政治參與對政府的期待也提高了，其所表達的需求若未被滿足，將使公民大失所望而失去政治效能感[2]（Francissen & Brants, 1998: 38; Crosby, 2000: 13）及對政府的信心（Neu, Anderson & Bikson, 1999: 27），兩者都將降低民眾參與的意願（Petterson, 1990）。因此公共管理者一方面藉由資訊傳播科技發達來促進民眾的參與，一方面也需顧及官僚本身處理這些公民需求的能力和資源（Crosby, 2000: 10）。

從理論的層次來看，ICTs 的發展對公民直接參與的影響是兩面的，一方面提供公民一個公共的論述空間，公民不需透過民意代表或利益團體的仲介，更直接有效率的表達政策偏好，使政府決策施政更具效能。但資訊傳播科技的應用於直接參與，可能擴大原已存在的參與不平等。同時，對公共管理者而言，參與的便利反而將加重其處理成本，而且參與本身將擴大民眾的期待與政府實際處理結果的落差，民眾的期待若無法獲得滿足，將對政治體系更為疏離。

本文接下來將以台北市政府所設立的「市長信箱」為例，探討應用 ICTs 於公民直接參與所產生的效益以及所潛在的問題，希望藉由個案的研究，與理論進行初步的對話，並提供實務界建言。除了分析相關文獻之外，主要資料來自於作者接受市政府委託的

---

[2] 政治效能感分為「內部效能感」及「外部效能感」，前者指一個人相信他能影響政治的信念，後者則指政治系統對他有所回應的信念（Peterson, 1990: 20）。

兩個研究中的問卷資料：一是二○○一年七月針對台北市政府四十二個一級局處處理市長信箱的「業務承辦人」所進行的自填式問卷調查；其二是分別在二○○一年第二季、二○○二年第二季及二○○二年第三季針對「市長信箱使用者」所進行的電子郵件問卷滿意度調查[3]。

三、民主化與台北市政府「市長信箱」的設立與運作

隨著台灣的民主化，民意與公民的自主參與逐漸受到重視，各級政府也設計種種機制與管道，提供公民直接參與政治過程的機會。台北市長在一九九四年開放自升格為院轄市以來的首次民選，並且經歷了前所未有的政黨輪替，為了提供民眾便捷的參與管道，並瞭解民眾對市政議題的偏好，建立民主的形象，陳水扁市長在一九九五年十月以電子布告欄（bulletin board system，簡稱BBS）的模式建立了電子郵件信箱——「阿扁信箱」，這是中華民國各級政府最早設立的電子信箱。隨著全球資訊網的興起，在

---

[3] 首先，就二○○一年第二季的問卷而言，臺北市政府資訊中心於二○○一年十一月中旬發出一封電子郵件格式的知會同意書（informed consent）給同年第二季（四到六月）曾使用市長信箱反映意見的民眾，總共詢問 1999 位民眾，徵求其同意參與此調查研究。等待約一個星期後，明確表示同意受訪的民眾有 371 位，扣除因無效的電子郵件位址而遭退回的 170 封，同意受訪比率為 20.3％，其他則包括明確表示拒絕受訪（39 位）及兩星期內未回覆者（1,419 位）。研究團隊立即於十一月底發出電子郵件問卷予此 371 位同意受訪的民眾，至十二月底止共回收 285 份問卷，剔除重複填答與無法辨識電子郵件編號的件數後，有效問卷共 255 份，有效回覆率 69％。二○○二年第二季及第三季的問卷採取類似的程序進行，回收樣本分別為 707 及 444 份，有效回覆率為 66％及 51％。

一九九八年三月台北市政府將阿扁信箱改為網路版,一九九八年馬英九當選市長後,延續市長信箱的功能,但為了淡化個人色彩,因此將原來的阿扁信箱改為「市長信箱」。

為了方便市民使用,市長信箱以最簡單、易於操作的方式呈現,一旦市民進入市長信箱網址(http://www.mayor.taipei.gov.tw),即被引導填上使用者的電子郵件信箱、主旨以及陳情內容。在填完上述資料後,只要按「送出」的按鈕,使用者很快的就會收到一封由市府寄來的確認信函,民眾點選確認,回覆信件後,其陳情才真正進入市府內部正式處理程序,市府的這個動作主要在確認寄信者的電子郵件住址是合法的,以避免浪費人民的納稅錢來處理一些來路不明的信件。

在市府內部也發展出一套處理市長信箱陳情的機制。民眾寄到市長信箱的信件首先由資訊中心從技術層面作一初步的篩選與處理,如剔除重複的信件或轉寄的信件。資訊中心接著將篩選後的信件轉由秘書處第四科二位專人,就內容將信件分給各相關局處。而在每一局處,至少都有一專人負責收信,並將信件交由各業務單位處理。根據市府內規,相關業務單位在六個工作天內必須對市長信箱人民陳情案件正式回覆。對於市長信箱的陳情事由,以及各相關局處回覆市長信箱陳情案件的情形,由市府研究發展暨考核委員會進行追蹤列管工作,在每一季統計回覆情形,作為考核的依據。除了內部對於回覆工作的控管,在回覆市民陳情的信件後,市府研考會也附上一封由市民填答的問卷,來表達該單位回覆及處理情形的滿意度,問卷由研考會彙整呈報。

四、台北市政府「市長電子信箱」的運作效益

如前所述，學者認為網際網路的興起將促進民眾的參與，並且提高政府的效率與回應性，以下將從這兩部分探討台北市政府「市長電子信箱」的運作效益：

(一)市長電子信箱與市民直接參與

首先必須瞭解 ICTs 的發展是否促成民眾更頻繁的參與，台北市的「市長電子信箱」自從其前身「阿扁信箱」於一九九五年十月十二日開辦以來，並於一九九八年三月二十四日起由原來的 BBS 版面改為現今介面更友善的 Web 版，透過市府的大力宣導與逐漸成長的上網族群的雙重助力[4]，是否使更多民眾透過這個管道直接與市府接觸？

如表一及圖一所示，一九九六年阿扁信箱建立之初，每一季約有一千左右郵件，五年以來，市長信箱的信件逐季大幅增加，到一九九八年每季已超過七千件，自一九九九年的四月份起至二〇〇一年六月止近兩年多，每一季的總件數均在八千件以上，二〇〇一年第二季更高達 12,508 件，亦即近兩年多以來，平均每個月市府接受了 3,118 件「市長電子信箱」民眾陳情案，自一九九六年到二〇〇一年短短五年間，每季市長信箱民眾陳情案件增加十倍左右。

---

[4] 根據台北市政府資訊中心委託民間進行的「台北市民眾使用網際網路情形調查」，從二〇〇〇年到二〇〇一年三月間，居住在台北市的民眾家中擁有一台以上電腦的比例從 75.1%增加到 89.3%；曾使用過政府機關網站的比例從 35.6%增加到 36.8%；曾使用過電子郵件的比例從 50%增加到 55%（黃河，2001: ch3）。

表一 「市長電子信箱」陳情案件歷年統計表

市 長 信 箱 電 子 郵 件	第一二類 電子郵件	第三類 電子郵件	合 計	第三類 比 例
1996 年第 2 季	594	133	727	18%
1996 年第 3 季	868	212	1,080	20%
1996 年第 4 季	1,116	227	1,343	17%
1997 年第 1 季	1,074	251	1,325	19%
1997 年第 2 季	1,534	327	1,861	18%
1997 年 7~8 月	1,095	213	1,308	16%
1997 年 9~11 月	1,891	642	2,533	25%
1997 年 12 月~1998 年 2 月	1,492	597	2,089	29%
1998 年 3 月~5 月	3,546	1,341	4,887	27%
1998 年 6 月~8 月	3,706	1,505	5,211	29%
1998 年 9~11 月	3,424	2,219	5,643	39%
1998 年 12 月~1999 年 3 月	5,014	1,105	6,119	18%
1999 年第 2 季	6,258	1,817	8,075	23%
1999 年第 3 季	6,887	2,076	8,963	23%
1999 年第 4 季	5,867	2,212	8,079	27%
2000 年第 1 季	7,032	1,303	8,335	16%
2000 年第 2 季	8,406	827	9,233	9%
2000 年第 3 季	10,217	567	10,784	5%
2000 年第 4 季	9,342	668	10,010	7%
2001 年第 1 季	7,632	562	8,194	7%
2001 年第 2 季	10,863	1,645	12,508	13%

資料來源：市府研考會

說明：依據市府頒布的「市長信箱標準作業程序」，第一類郵件為「需由各
機關答覆之信件，如陳情書、革新建言、施政諮詢、索取可公開之
市政資料等」；第二類郵件為「請各機關參考答覆之信件，如個人理
念之陳述、自薦函等」；第三類郵件為「不具建設性之批評、個人情
緒抒發之意見、其他 BBS 轉入之信件等」，自動由市長電子信箱回函
答覆。

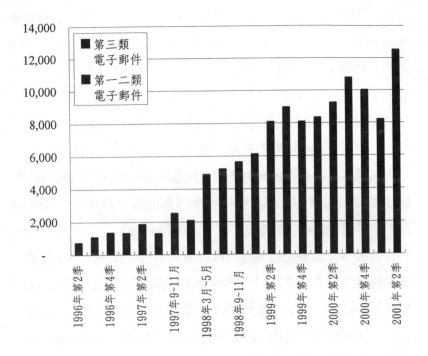

圖一 「市長電子信箱」陳情案件歷年統計圖

資料來源：市府研考會

除了歷年成長的趨勢之外，市長信箱作為公民直接參與市政的重要性，也可以由陳敦源、蕭乃沂（2001）在二〇〇一年六月對於市府各一級局處自填式問卷的分析結果得知，**表二**是這個問卷有關民眾陳情案件之反映管道與媒體的統計，在二〇〇一年六月全部的 12,242 件陳情案中，有 7,245 件為列管案件（列管率 59.18％），而市長信箱陳情案件的列管比例高達 95％（3879／4080），遠超過其他管道的列管比例，足見其所受內部的重視。以陳情案進入市府的管道與層級而言，依序為市長電子信箱（三分之一，33.33％）、各局處本身（約五分之一，21.12％）、聯合服務中心

（14.54％）、市長室交辦的秘機案（15.61％）、局處長電子信箱（10.54％）、市長與民有約（3.95％），及局處長與民有約（0.92％）。也就是說約共有三分之一（33.33％）的陳情案係由各局處的層級（含各局處書信、傳真、電話、報章投書、局處長與民有約、及局處長電子信箱）進入市政府體系，其餘的三分之二（67.42％）的陳情案皆由市府的各種「單一窗口」管道（含市長電子信箱、秘機案、市長與民有約及聯合服務中心）流入，再透過分件程序轉交至相關的實際承辦單位處理與回覆。特別值得注意的是，市長信箱的陳情案件是所有管道中最多的。

如以民眾反映施政意見的媒體而言，電子郵件（市長電子信箱與局處長電子信箱）就占了全部案件數的 43.87％（分別為 33.33％與 10.54％），而且由於網際網路使用人口的成長，也可以預見電子郵件媒體作為民意反映的角色將日益重要。其次是傳統陳情媒體，如書信／傳真、與電話，合計共占了總件數的 44.96％（分別為 24.55％與 20.41％）。最後，透過面晤（7.65％）及報章投書（3.53％）則屬少數。

就整體的趨勢而言，公民透過市長信箱向市府陳情的數量正隨著網路科技的日漸普及而大幅增加，此種趨勢大致符合前述學者對於資訊傳播科技發展得以促進公民直接參與的預期。

(二)市長電子信箱、效率與使用者評價

除了統計資料的分析以瞭解資訊科技使用的趨勢及現況，蕭乃沂、陳敦源（2001）從程序（市長信箱作為一種有效的反映機制）與實質（實際解決問題程度、處理效率、回覆語氣）及整體滿意度等三個面向，以電子郵寄問卷詢問市長信箱使用者對於該市民參與機制的評價。**表三**的統計顯示，不論其個人對本次陳情

表二 二○○一年六月民眾陳情案件之反映管道與媒體統計

管道/層級 ＼ 媒體	書信/傳真	電話	面晤	電子郵件	報章投書	總數(列管)	總數%(列管%)
市府一級局處	1,156 (1,034)	1,236 (51)	111 (5)		82 (5)	2,585 (1,095)	21.12% (15.11%)
局處長與民有約			113 (33)			113 (33)	0.92% (0.46%)
局處長電子信箱				1,290 (605)		1,290 (605)	10.54% (8.35%)
市長電子信箱				4,080 (3,879)		4,080 (3,879)	33.33% (53.54%)
市長室秘機案	1,169 (740)	571 (113)	94 (18)		77 (1)	1,911 (872)	15.61% (12.04%)
市長與民有約			483 (32)			483 (32)	3.95% (0.44%)
聯合服務中心	680 (246)	691 (243)	136 (60)		273 (180)	1,780 (729)	14.54% (10.06%)
總數(列管)	3,005 (2,020)	2,498 (407)	937 (148)	5,370 (4,484)	432 (186)	12,242 (7,245)	100% (100%)
總數%(列管%)	24.55% (27.88%)	20.41% (5.62%)	7.65% (2.04%)	43.87% (61.89%)	3.53% (2.57%)	100% (100%)	列管率 59.18%

資料來源：市長信箱業務承辦人問卷調查（陳敦源、蕭乃沂，2001）。

表三　「市長電子信箱」各項滿意度指標

「市長電子信箱」各項滿意度指標	滿意及非常滿意	不滿意及非常不滿意	普通、尚可
1.作為一種有效的民意反映途徑	82.2% (208)	8.7% (22)	9.1% (23)
2.對反映事由回覆或處理的整體評價	32.8% (83)	41.1% (104)	26.1% (66)
3.實際解決問題程度	32.9% (79)	55.4% (133)	11.7% (28)
4.處理效率	59.4% (149)	22.3% (46)	18.3% (56)
5.回覆語氣	64.7% (163)	19.5% (49)	15.8% (40)

資料來源：二○○一年第二季市長信箱使用者調查（陳敦源、蕭乃沂，2001）。

事由的回覆或處理評價高低，82.2%（208 人）的回覆民眾肯定（包括肯定及非常肯定）「市長電子信箱」作為一種有效的民意反映途徑，僅有 23 人（9.1%）否定（包括不肯定及非常不肯定）其功能，而其餘的 22 人（8.7%）表示普通或尚可。

　　但是當民眾論及對本次反映事由的回覆或處理的整體評價時，其結果就較令人省思：僅有 32.8%（83 人）偏向滿意（包括滿意及非常滿意），而有 41.1%（104 人）偏向不滿意（包括不滿意及非常不滿意），其餘 26.1%（66 人）表示普通或尚可。而在實質的面向方面，由**表三**可以很清楚地看出：已有六成以上民眾皆肯定市長信箱的處理效率與回覆語氣，這顯示市府以六天為期限並持續列管追蹤市長信箱陳情案，與強調親切自然回覆語氣的做法，已經獲致基本的成效。對於這些有關處理效率與回覆語氣的調查結果，也與市府內部在一九九一年第二季進行的評估結果

相近。不過，在實際解決問題方面，只有 32.9%（79 人）的受訪者表示滿意，有 55.4%（133 人）表示不滿意，顯示市府在實際解決問題程度上仍有很大的努力空間。

更重要的是，嚴重降低民眾整體評價的來源應該可以歸結是民眾對實際解決問題程度感到不滿。進一步的相關分析（correlation analysis）顯示：實際解決問題程度、處理效率、回覆語氣與整體滿意度評價的相關係數（Pearson bivariate correlation coefficient）各自為 0.786、0.388 與 0.437，並皆達到 1% 的統計顯著水準。由線性迴歸分析（linear regression analysis）更肯定，三者對整體滿意度評價的貢獻程度（beta weights，以 100% 為總和）分別為 76%、15% 與 8%，皆達到 1% 的統計顯著水準，且總共解釋了 64.1% 的變異程度（adjusted R^2）。這些分析結果產生一項政策建議：目前改善「市長電子信箱」整體滿意度的重點之一應該是加強市政府實際解決問題的能力。

這一點政策建議在民眾對「市長信箱最應改善的地方」的回覆中再度受到肯定：51.1% 的填答民眾指出「處理結果與期望有差距」，12.1% 則認為「回覆內容與實際處理情形不符」；另外認為「相關市府單位推諉責任」為最應改善者的 15.9% 的民眾，也可視為民眾對處理結果不滿的主觀印象，而此三項總合已達到 79.1% 的回覆民眾。而認為「處理效率太差」及「回覆內容為制式例稿或語氣冷淡」者，則分別為 6.6% 及 14.3%。

可見市長信箱所提供的直接參與的有效管道雖然受到使用者的肯定，但是民眾除了重視參與本身之外，更在乎的是在於政府能否滿足其所提出之需求或解決其生活上實質的問題。此結果與近年來政府再造所強調的「顧客導向」一致，也就是讓民眾滿意的因素除了服務態度之外，更重要的是對實質問題的解決。這個

問題不僅與政府解決問題的能力有關，更涉及下一部分即將討論的官僚內部處理成本的問題。

五、市長電子信箱的挑戰：業務負擔、期待落空與平等參與

以下就台北市政府「市長電子信箱」的運作來探討網際網路所可能導致的處理成本增加、民眾的過度期待與資訊落差等問題進行探討：

(一)業務負擔

就市府內部的運作而言，市長信箱的運作雖然促進了民眾與市府的直接接觸，同時也增加市府的處理成本，這結果顯現在市府一級局處自填式的問卷統計結果。首先是市長信箱占市府所有公文總數的比例，如**表二**所示，市長信箱已經占陳情案件總數的三分之一，而從**表四**的直接估計，也可看出已有十一個局處認為，市長信箱已經占總公文處理量的四分之一以上。也就是市府中有四分之一的局處其公文的四分之一來自於市長信箱，特別是有些陳情案件必須要業務人員親自到現場查證，必須要花費更多的時間及精力，如環保及建管單位的業務，因此市長信箱提供公民便利的參與管道，不可避免地增加了陳情數量，此龐大的陳情數量將加重業務人員工作負擔。

雖然從參與的角度而言，市府樂見民眾普遍使用市長信箱，但無可置疑的是，參與的擴大必然增加處理的人力與資源。這可從處理市長信箱陳情案件的人力配置略見端倪。**表五**是各一級局

表四 各局處市長信箱案件占總公文的比例

比例間距	局處計數	百分比
1%以下	6	13%
1-5%	10	22%
5.1-10%	5	11%
10.1-25%	5	11%
25.1-50%	7	16%
50%以上	2	4%
100%	2	4%
未填	8	17%

資料來源：二○○一年第二季市長信箱使用者調查（陳敦源、蕭乃沂，2001）。

表五 各局處回覆市長信箱的人數統計

人數間距	計 數	百分比
1人	8	17%
2至5人	8	17%
6至10人	3	12%
11至25人	9	20%
26至50人	5	11%
50人以上	5	11%
未填	8	17%

資料來源：二○○一年第二季市長信箱使用者調查（陳敦源、蕭乃沂，2001）。

處處理市長信箱人民陳情案的人數，其中各有五個單位必須花費二十五到五十個人力以及五十個以上人力，來負責市長信箱陳情的回覆工作，有九個局處必須花費十個到二十五個人力來處理及回覆市長信箱信件。雖然**表五**的問題無法精確估計人次及工作時間，但進一步瞭解市府處理陳情案件的程序，將有助於我們預估參與擴大所增加的處理成本，目前市府承辦人員的回覆方式主要以下列兩種為主：(1)依據事由，分派業務人員直接線上回覆；(2)依據事由，分派業務人員蒐集資料，再由專人線上回覆。在受訪的局處中，約有 40%（17／42）的單位應用第一種授權的方式處理，但也有 60%（25／42）的單位應用第二種專業分工的方式處理，有三個單位（主計、教育、中正區公所）還特別強調回覆時「呈核」上級的需要，可見市府在回覆人民陳情案件過程的慎重，不僅要有專業的考量，有的局處已出現初步的分工，更有的局處在回覆之前必須獲得主管的同意。

　　雖然市府在回覆人民陳情案件過程慎重，可能花費可觀的人力，但如果各相關業務單位能發展一套標準程序，並累積處理經驗，行諸文字，應可大幅減輕工作負擔，對此，陳敦源、蕭乃沂（2001）的研究更進一步詢問各局處對於市長信箱的陳情案件，處理過程遇到困難或經驗不足時的解決方法，大部分單位都以「詢問其他承辦人員」（91%; 39／43）與「調出舊案，參考前案回覆內容」（94%; 36／43）的處理方式，但是只有五個單位（11%）有歸納應對方式，並製作手冊。可見，陳情件數隨著網路普及化的急速增加，陳情案件處理過程的繁複與慎重，以及對於如何處理陳情案件所呈現的問題缺乏經驗的傳承，成為市府相關承辦人員對於處理市長信箱人民陳情工作負擔的一個挑戰。

(二)參與者的期待與處理結果的落差

　　如前所述，公民參與的擴大往往導致參與者對政府的正面或負面的過度期待，此種期待將與實際處理結果呈現相當落差，進而影響其對參與機制的評估與後續的使用頻率。就台北市政府市長信箱而言，這個落差表現在市長信箱使用者對意見內容難易度與預期市府處理滿意度之間的差異，以及對於問題認知的落差。

　　就意見內容難易度與預期處理滿意度之間的差距而言，在陳敦源、蕭乃沂（2001）的電子郵件問卷中，請民眾就其本次意見反映內容的難易度，預期市府是否可回覆令人滿意的內容進行評估，其結果為 46.5%（107 人）預期會收到不滿意或不太滿意的回覆或處理，而 53.5%（123 人）預期會收到滿意或有些滿意的回覆或處理。首先，此比例與前述**表三**實際回覆或處理滿意度（32.8%）可以看出，民眾對市府回覆的期待顯然高過實際的處理結果，其間的落差自然成為民眾對市長信箱不滿意的重要來源。另外對市府而言，探究造成此落差的原因，盡力確實改善在職權範圍之內可以改善的（如實際處理成效與回覆內容不符合），並且開誠佈公地向民眾解釋無法有效處理民眾意見的原因（如無法單獨由市府解決需要他政府機構配合，或法令規定不周全等），此應該是提升其滿意度的做法之一。進一步的相關分析確定，「反映意見的預期困難度」顯著地與各項「市長電子信箱」滿意度指標相關。其中「反映意見的預期困難度」與整體滿意度（r = - 0.273, p < 0.01）及實際解決問題的程度（r = - 0.319, p < 0.01）皆高度相關，意即民眾如預期將收到不滿意的回覆（預期困難度高），則結果也易傾向不滿意的回覆。

　　存在於民眾與官僚之間對於問題認知的落差，也可能影響其

對參與機制評價。電子郵寄問卷也請民眾圈選一項最能描述本次反映事由的動機或原因,而選項包含市長信箱陳情案件第一、二、三類內容。受訪民眾的回覆顯示,絕大部分(213 人,91.8%)表示其反映意見屬第一、二類陳情內容,即針對特定不滿意個案的陳述(137 人,59.1%)、台北市政的具體革新建言(42 人,18.1%)、台北市政的特定問題諮詢(25 人,10.8%)、索取可公開的市政資料(5 人,2.2%)、與市政相關的個人理念陳述(4 人,1.7%)。而第三類內容(包括無特定事由的批評、謾罵、個人感受的抒發)的比例僅占 8.2%(19 人),此比例與北市府認定的第三類意見的比例(二○○一年第二季約 13%)略低,此差距代表民眾認為合理而非謾罵的意見對承辦人員可能不盡認同,此認知差距也可能是民眾不滿意的原因之一。

對政府過度期待而導致的失望,將影響民眾使用該參與機制。如前**表一**及**表二**所示,依據市府頒布的「市長信箱標準作業程序」,陳情信件可分為三類,第一類郵件為「需由各機關答覆之信件,如陳情書、革新建言、施政諮詢、索取可公開之市政資料等」;第二類郵件為「請各機關參考答覆之信件,如個人理念之陳述、自薦函等」;第三類郵件為「不具建設性之批評、個人情緒抒發之意見、其他 BBS 轉入之信件等」,自動由市長電子信箱回函答覆。隨著市長信箱案件數目的穩定增加及未來可以預見的持續成長,不具建設性陳情內容的第三類郵件的比例,大體而言有逐漸下降的趨勢。這一方面代表有越來越多對市長信箱有極高期待的民眾,可能由市府的自動回覆信件中看出此類意見市府無從回覆,失望之餘,而不再將此類信件寄到市長信箱。

(三)參與平等

　　除了處理成本與參與者過度期待等挑戰之外，藉由網際網路促進直接參與是否將加劇網際網路使用者與非使用者之間的參與鴻溝，也是一個重要的議題，陳敦源、蕭乃沂（2001）及蕭乃沂、陳敦源、黃東益（2002）於二〇〇一年及二〇〇二年進行的三波電子郵件問卷中，對於市長信箱使用者基本資料的分析顯示此一鴻溝存在。如**表六**所示，在三波的受訪民眾中，約有超過六成的受訪者為男性，不到四成為女性，年齡層以三十一至四十歲占最多，將近四成，其次為二十一至三十歲的受訪者，兩者共占七成。就學歷而言，大學及研究所以上的受訪者共占九成，這些統計數字皆與一般所謂的網際網路活躍人口（internet active population）頗為一致。但與台北市的一般人口資料作一對照，則顯示這個族群的學歷較一般民眾為高，而且以男性居多（台北市大專及以上人口約占 21.8%，女性人口約占 50.7%）。加上在所有管道的陳情案件中，市長信箱陳情案列管比例是最高的，可見市長信箱的使用雖然越趨普遍，但對於參與平等不但沒有助益，反而使其更為惡化。

　　本研究也針對另一個可能加劇參與鴻溝的問題——「利益團體的過度使用」—— 進行探索，當被問及陳情事由反映的立場為何的時候，絕大部分（195 人，89.5%）的回覆民眾指出是代表自己發言，另合計約有 10.5%（23 人）代表特定的他人或團體反映意見。此結果顯示使用市長信箱的民眾，至目前為止大部分仍屬個別民眾的意見反映為主，這與當初市長信箱設定的目標頗為符合。雖然如此，市府資訊中心的確在接受研究小組的訪談中也指出，已發現有所謂的「代表陳情」的中介組織出現，此組織以轉

表六　市長信箱使用者特性

性別	男	女
2001q2	62.0%(155)	38.0%(95)
2002q2	63.1%(442)	36.9%(258)
2002q3	61.7%(271)	38.2%(168)

年齡	20 以下	21~30	31~40	41~50	51~60	60 以上
2001q2	2%(5)	31.6%(77)	39.0%(95)	20.5%(50)	6.6%(16)	0.4%(1)
2002q2	5%(35)	32.4%(229)	37.9%(268)	16.3%(115)	5.9%(42)	1.1%(8)
2002q3	7.1%(31)	34.4%(150)	36.7%(160)	16.1%(70)	4.6%(20)	1.1%(5)

學歷	高中(職)以下	大學或專科	研究所
2001q2	6%(15)	70.6%(175)	23.4%(58)
2002q2	10.9%(77)	66.1%(467)	23.0%(163)
2002q3	9.7%(43)	67.3%(297)	22.9%(101)

台北關係(複選)	居住	設籍	上班工作	就學
2001q2	70.2%(179)	58.4%(149)	59.2%(151)	9.0%(23)
2002q2	67.5%(477)	56.0%(396)	50.9%(360)	10.0%(71)
2002q3	65.3%(290)	51.4(228)	55.0%(244)	10.8%(48)

資料來源：二○○一年第二季、2002 年第二、三季市長信箱使用者調查（蕭乃沂、陳敦源、黃東益，2002）。

手整批送出電子郵件方式投書，雖然目前占市長信箱總件數的比例很低，但是對於參與平等將是一個潛在的威脅，其後續發展值得觀察。

我們的分析也發現網際網路超越人為疆界的特性，在台北市政府市長信箱的運作中也展露無疑，如**表六**所示，曾使用過市長信箱的民眾有超過三成並不住在台北市，有五成到六成之間的受訪者在台北市工作或設籍於台北市，如以較傳統的「台北市政府的施政主要的服務對象為台北市民」的角度來看，有將近一半的市長信箱使用者其實並非台北市的選民，這些非台北市籍的市長信箱使用者的陳情，在法理上應該受到何種待遇，將是未來市民權（citizenship）研究的重要課題。

六、結論與建議

本研究有關於台北市政府市長信箱的運作及其使用者的滿意度資料分析，大致符合學者有關資訊傳播科技對於公民直接參與可能所造成影響的預測。雖然這些結論可能因台北市所處的政治及人文的系絡而無法完全概化到其他的政府單位，如中央政府或其他的地方政府，透過個案研究的初步的發現無法確定能否推論到其他透過ICTs所建立的參與機制，但這些初探性的結論對於有關於「電子化政府」或「數位民主」等領域後續通則性的研究有奠基的作用，而且當實務界人士如火如荼地應用ICTs於公司部門的運作時，本文的發現也值得在推動中深思。

首先，資訊傳播科技直接、快速、無疆界的特性打破地域及各種社會的藩籬，形式上提供了一種直接而便利的參與途徑，的

確得以跨越代議士、政黨、利益團體而直接與行政部門接觸，對於公民的直接參與有促進的效果。台北市政府市長信箱運作的統計資料顯示，有愈來愈多的民眾利用市長信箱來反映對政府施政的意見，和其他的市民直接參與方式（如電話或信件）相比，透過市長信箱表達施政意見已成為最頻繁的管道。而這些市長信箱的使用者並非僅限於台北市民，可見網際網路降低民眾直接參與的成本，也模糊了人為的行政界限。我們對市長信箱使用者的滿意度調查也發現，整體而言，大部分受訪者滿意市長信箱作為一種有效的反應機制。

另一方面，我們的研究結果也呼應前述學者對於應用網際網路於公民的直接參與可能造成的負面影響。首先，雖然民眾頗為肯定透過電子郵件傳遞的臺北市「市長電子信箱」作為意見反映管道的功能，而且也有約 60% 的民眾對其回覆至少有「尚可」以上的整體滿意度。而在整體滿意度的三個面向：實際解決問題程度、處理效率、回覆語氣之中，後兩者都有八成左右的民眾至少有尚可以上的滿意度，惟仍有一半以上（55.4%）的民眾對實際解決問題程度表達不滿意。這顯示政府滿足人民需求、解決人民實際問題的能力，與人民藉由直接參與所表達需求有所落差。此種落差部分肇因於人民對於參與過高的期望，以及公民與官僚對於問題的界定不一所致。其次，公民對於政府處理實際問題的不滿，也可能是政府相關業務單位業務因參與增加所造成業務負荷過重所致。更多公民的參與雖符合當初設立公民直接參與機制的目標，但參與的擴大已大幅增加政府機關處理人民需求的成本。我們的研究顯示，隨著市長信箱陳情案件的大幅增加，處理程序的繁複，以及欠缺一套有系統的知識管理機制迅速有效的回覆民眾的需求，將無法有效減輕政府內部的業務負擔。

最後，回到參與平等的問題，如前所述，部分學者認為資訊傳播科技的興起為代議制度的改革打開了一個機會之窗，但也有學者認為資訊鴻溝的存在將加深參與的不平等。在我們的有關台北市政府市長信箱的資料分析顯示，與台北市人口結構相比，使用市長信箱的人口中，男性、受較高教育者、年紀較輕者為多數，而且已經有利益團體開始使用市長信箱作為影響決策的工具，此結果為網際網路發展對於民主改革所燃起的希望蒙上陰影。

不過，我們認為政府利用網際網路科技作為直接參與的途徑已是一股不可抵擋的潮流，我們認為以上的問題可以藉由下列作為予以減輕：

為了降低官僚內部處理成本，避免過多民眾參與而癱瘓，並減低民眾不切實際的期待，在實務上，官僚內部應善用知識管理，建立問題集錦（frequently asked questions, FAQ），要求民眾在鍵入反映意見主題時，同時選擇一個由市府內部事先分類的主題。此項建議一方面可以導引民眾進入常見問題集錦，另一方面也可蒐集由民眾的觀點提出的問題類型，以作為未來修正常見問題集錦的參考，而且在推動上一項建議的同時，加強宣導民眾使用 FAQ 的習慣，必須同步進行。

另外，政府也應善用民眾藉由直接參與所表達的需求，進一步轉換民意為施政知識（蕭乃沂，2001）。可藉由問題集錦所建立的基礎，利用許多大型企業的客戶關係管理系統中成熟運用的資料採礦（data mining）技術，在妥善的規劃下，把民眾意見作進一步的粹取及應用。

最後，為了減輕參與不平等的問題，我們認為台北市政府對於各種參與媒體與管道所陳情的案件應一視同仁（目前市長信箱的陳情案件列管比例高於其他管道的陳情案件），除了藉由網際

網路的應用鼓勵民眾參與，一方面也應將使用的門檻設為最低，讓速度最慢、最老舊的電腦也能使用。最後市府應持續推行免費學習上網的政策，並廣設專為市政參與的上網中心，教導一般民眾如何透過網站表達需求，縮小「資訊富有者」及「資訊貧窮者」之間的鴻溝。

參考書目

■中文部分

比爾・蓋茲（Bill Gates）著，樂為良譯，1999，《數位神經系統》
（*Business @ The Speed of Thought: Using a Digital Nervous
System*），台北：商周。

迪克・摩利（Dick Morris）著，張志偉譯，2000，《網路民主》
（*vote.com*），台北：商周。

林水波編，1999，《政府再造》，台北：智勝。

林水波、石振國，1999，〈以直接民主改革間接民主的論述與評
估〉，《立法院院聞月刊》，27 卷，3 期，頁 33-44。

周繼祥、周祖誠、莊伯仲，2001，《台北市網路族市政參與行為之
研究》，市府專題研究報告，台北市政府研究發展考核委員會
委託。

徐千偉，2000，《網際網路與公民參與：台北市政府網路個案分
析》，國立政治大學公共行政學系碩士論文。

黃河，2001，《台北市政府資訊調查──台北市民眾使用網際網路
情形調查》，台北市政府資訊中心委託調查計畫。

郭秋永，1993，《政治參與》，台北：幼獅。

陳佳君，2001，〈提升資訊素養消弭數位落差──資訊社會與數位
落差研討會活動紀實〉，《研考雙月刊》，25 卷，4 期，頁 8-9。

陳俊宏，1998，〈永續發展與民主：審議式民主理論初探〉，《東吳
政治學報》，9 期，頁 85-122。

陳敦源、蕭乃沂，2001，《台北市政府接受人民施政意見反映機制

之研究》，市府專題研究報告，台北市政府研究發展考核委員會委託。

陳愛娥，1999，〈代議民主體制是民主原則的不完美形式？——加強、補充代議民主體制的可能途徑〉，《警大法學論集》，4 期，頁 17-47。

黃東益，2000，〈審慎思辯民調——研究方法的探討與可行性評估〉，《民意研究》，211 期，頁 123-143。

項靖，1999，〈理想與現實：民主行政之實踐與地方政府網路公共論壇〉，《東海社會科學學報》，18 期，頁 149-177。

項靖，2000，〈線上政府：我國地方政府 WWW 網站之內涵與演變〉，《行政暨政策學報》，2 期，頁 41-95。

劉淑惠，1995，〈科技的發展與直接民主〉，《國家政策雙週刊》，117 期，頁 14-15。

蕭乃沂，2001，〈化民意為施政知識：智慧型政府必備能力〉，國家政策研究基金會知識經濟與政府施政研討會。

蕭乃沂、陳敦源、黃東益，2002，《轉換民眾意見為施政知識：知識管理與資料採礦的觀點》，市府專題研究報告，台北市政府研究發展考核委員會委託。

■英文部分

Barber, Benjamin, 1984, *Strong Democracy: Participatory Politics for a New Age.* Berkeley: University of California Press.

Bellamy, Christine & John A. Taylor, 1998, *Governing in the Information Age.* Bristol, PA: Open University Press.

Bryan, Cathy, Roza Tsagarousianou & Damian Tambini, 1998, "Electronic Democracy and the Civic Networking Movement in Context." in Tsagarousianou Roza, Damian Tambini & Cathy

Bryan eds., *Cyberdemocracy: Technology, Cities and Civic Networks*. New York: Routledge.

Compaine, Benjamin ed., 2001, *The Digital Divide: Facing a Crisis or Creating a Myth*. Cambridge: The MIT Press.

Crosby, Benjamin, 2000, "Participation Revisited: A Managerial Perspective". Monograph. Center for Democracy and Governance, United States Agency for International Development. Project # 936-5470.

Cronin, Thomas E., 1989, *Direct Democracy*. Harvard University Press.

Dijk, Jan van, 2000, "Digital Democracy: Widening Information Gaps and Policies of Prevention." in Kenneth L. Hacker & Jan van Dijk eds., *Digital Democracy: Issues of Theory and Practice*. London, Thousand Oaks: SAGE Publications.

Dryzek, John, 1990, *Discursive Democracy: Politics, Policy and Political Science*. Cambridge: Cambridge University Press.

Elster, Jon ed., 1998, *Deliberative Democracy*. New York: Cambridge University Press.

Etzioni, Amitai, 1993, *The Spirit of Community*. New York: Crown Publications.

Francissen, Letty & Kees Brants, 1998, "Virtually Going Places." in Tsagarousianou Roza, Damian Tambini & Cathy Bryan eds., *Cyberdemocracy: Technology, Cities and Civic Networks*. New York: Routledg.

Grossman, Lawrence, 1995, *The Electronic Republic: Reshaping Democracy in the Information Age*. New York: Penguin Books.

Heeks, Richard ed., 1999, *Reinventing Government in the Information Age-International Practice in IT-enabled Public Sector Reform*. London: Routledge.

Hague, Barry N. & Brian D. Loader, 1999, *Digital Democracy: Discourse and Decision-making in the Information Age*. London: Routledge.

Ho, Tat-Kei A., 2002, "Reinventing Loval Governments and the E-Government Initiative." *Public Administration Review*, Vol.62, No.4, pp.434-443.

Korac-Kakabadse, Andrew & Nada Korac-Kakabadse, 1999, "Information Technology's Impact on the Quality of Democracy" in Richard Heeks ed., *Reinventing Government in the Information Age*. London & New York: Routledge.

Lenk, Klaus, 1999, "Electronic Support of Citizen Participation in Planning" in Hague Barry N. & Brian D. Loader eds., *Digital Democracy: Discourse and Decision-making in the Information Age*. London: Routledge.

Lijphart, Arend, 1997, "Unequal Participation: Democracy's Unresolved Dilemma Presidential Address, American Political Science Association, 1996." *American Political Science Review*, Vol.91, No.1, pp.1-14.

Margolis, Michael & David Resnick, 2000, *Politics as Usual: The Cyberspace Revolution*. Thousand Oaks: Sage.

Moon, Jae M., 2002, "The Evolution of E-Government among Municipallities: Rhetoric or Reality?" *Public Administration Review*, Vol.62, No.4, pp.424-433.

Neu, Richard C., Rober H. Anderson & Tora K. Bikson, 1999, *Sending Your Government a Message: E-mail Communication between Citizens and Government.* Santa Monica, CA: Rand.

Norris, Pippa, 2000, "Democratic Divide? The Impact of the Internet on Parliamentary Worldwide." Paper for presentation at the American Political Science Association annual meeting. 31 August-2 September 2000. Washington D.C.

Norris, Pippa, 2001, *Digital Divide? Civic Engagement, Information Poverty, and the Internet Worldwide.* Cambridge University Press.

Osborne, David & Ted Gaebler, 1992, *Reinventing Government: How the Entreprenerial Spirit Is Transforming the Public Sector.* MA: Addison-Wesley.

Peterson, Steven A., 1990, *Political Behavior: Patterns in Everyday Life.* CA: Sage.

Putnam, Robert, 2000, *Bowling Along: The Collapse and Revival of American Community.* New York: Simon & Schuster.

Tsagarousianou, Roza, 1998, "Electronic Democracy and the Public Sphere." in Tsagarousianou Roza, Damian Tambini & Cathy Bryan eds., *Cyberdemocracy: Technology, Cities and Civic Networks.* New York: Routledg.

Wallace, Patricia, 1999, *The Psychology of the Internet.* New York: Cambridge University Press.

競選策略與整合行銷傳播
：以二○○一年選舉民進黨為例

鈕則勳
文化大學廣告學系助理教授

一、前言

　　政黨輪替後後首次縣市長及立委選舉,終於在二○○一年十二月一日晚八時許落幕。以縣市長方面來看,總投票率接近七成(66.45%),標榜全面執政的民進黨囊括九席的縣市長寶座,國民黨則取回了台中以北的大部分縣市,從一九九七年的八席提升至九席,與民進黨分庭抗禮,初試啼聲的親民黨則獲得台東及馬祖兩個縣份,無黨籍兩席,新黨則攻克金門。在國會議席方面,國民黨則遠不及縣市長的表現,席次甚至從上屆的過半滑落至六十八席,不僅遠落後於民進黨的八十七席,就連和親民黨的四十六席之差距都不到三十席。回顧這次的地方執政權及國會議席之爭,可以清楚地發現各個政黨及候選人在競選期間透過媒體傳播管道進行文宣廣告及造勢活動之頻率及作為日益增加,倘配合二○○○年總統選舉來看,透過不同管道面向來呈現競選策略,已成為了選戰中之主流趨勢。

　　政治與選舉的相關訊息要如何才能讓選民或受眾瞭解,這就有賴於媒體之傳播;一九五○、六○年代,當傳播科技發展使媒體逐漸在現代社會中扮演重要角色的時候,Nimmo 即指出先進的傳播工具(如電視)在說服選民參與政治活動的角色將越來越重要[1]。一九五二年,美國共和黨總統候選人艾森豪(Dwight Eisenhower)第一次使用電視競選廣告來從事競選,使電視不僅成為選民獲取政治消息的來源,也是最值得相信的一種政治傳播利

---

[1] Dan Nimmo, 1970, *The Political Persuader: The Techniques of Modern Campaigns*, Prentice-Hall, Inc. pp.192-193.

器，而政治人物對它的依賴也與日俱增[2]。至此，候選人在選舉中已會開始針對訊息及媒體的特性進行配合，期望能發揮更大的競選效果。

在現今科技進步的網路世紀中，候選人能利用更多的傳播管道與技巧來塑造形象、宣傳理念，甚至是攻擊對手；凡此種種，更使傳播科技在選舉中之重要性益形提高。大約是從一九九二年的美國開始，柯林頓政府開始透過網際網路來散發新聞稿或是相關的消息；一九九四年的選舉中已有候選人透過 e-mail 或者是設計獨立網站開始從事競選[3]。及至網際網路普遍化之後，競選方式也隨之產生了重大的變革。以台灣而言，一九九四年的台北市長選舉可說是濫觴，各候選人爭相成立「BBS 站」，希望與選民產生進一步的互動行為；一九九六年的總統選舉，各候選人競選總部皆成立了直屬於競選總部的網站。其後，網際網路在選戰中之運用更形重要，一九九八年的台北市長選舉，馬英九及陳水扁兩陣營早已在網路上透過「小馬哥全球資訊網」及「阿扁網路競選總部」打得不可開交；二〇〇〇年的總統大選，三個主要陣營不論是陣營自己架構的或是支持者獨力建置的網站，其數目之多、功能之強，則更為新形態的選戰建構了新的互動攻防模式。

本文即欲以此為立論基礎，探討傳播管道及競選策略間之關係，特別是廣告或文宣訊息於網站、電視及報紙上展現的部分；同時試圖將商業行銷中運用頗為廣泛的「整合行銷傳播」（integrated marketing communication, IMC）相關之原理原則套用於政治競選傳播中，將其中所討論的「事件行銷」、「促銷」等烘

---

[2] Dennis Kavanagh, 1998, *Election Campaigning - The New Marketing of Politics*, Blackwell Publishers Ltd. p.14, 40.

[3] Robert E. Denton, Jr. ed., 1998, *The 1996 Presidential Campaign: a Communication Perspective*, Westport Conn.: Praeger. p.179.

競選策略與整合行銷傳播：以二〇〇一年選舉民進黨為例　99

托主題的其他傳播面向納入討論；一方面為求擴大「整合行銷傳播」理論適用之範圍，另方面也為競選傳播策略之擬定開闢另一面向的思考。本文即是以此相關理論策略作為分析之基礎，探討民進黨在二〇〇一年縣市長及立委選戰中使用之傳播管道（包括網路、電視廣告及報紙廣告、事件行銷及促銷等）間之相互關係，並配合「整合行銷傳播」加以分析，以求窺得民進黨在執政後整體之文宣廣告策略，最後則提出一己研究之心得。

二、理論基礎及文獻檢閱──整合行銷傳播

(一)理論基礎

　　整合行銷傳播的觀念出現於一九七〇年代中期，以整合廣告、宣傳活動等與促銷的相關要素，用數據和科學的方式來發揮傳播功能，將過去廣告主和廣告代理商上對下之垂直的客戶和業務代表關係，轉變為平行的合夥人或工作團隊，以建立起兩造雙方的長期關係、創造長期利益、分享長期效果為目標[4]。關於整合行銷傳播的概念及定義有許多種，從 Schultz、Tannenbaum 和 Lauterborn（1993），Duncan 和 Moriarty（1997），以及許安琪（2001）對於整合行銷傳播的定義綜合整理的分析來看，整合行銷傳播包括了以下幾項重點：

　　(1)形象整合，聲音一致：Duncan 和 Moriarty（1997）認為對消費者而言，所接觸到的企業訊息會對其有影響，而訊息

---

[4] 許安琪，2001，《整合行銷傳播引論：全球化與在地化行銷大趨勢》，台北：學富文化事業有限公司，頁 10-14。

則來自四個方向，包括產品訊息、服務訊息、新聞報導等未經設計的訊息，及廣告活動等經過設計的訊息。而所謂的品牌一致性就是要將此四大品牌訊息加以整合，確保品牌訊息朝向「創造品牌資產的有效關係」目標前進[5]。故整合行銷傳播是將所有行銷傳播的技術和工具，採取同一聲音、同一做法、同一概念傳播與目標受眾溝通，主要目的在建立強而有力的品牌形象，並希望透過整合，影響目標受眾的行為，並對其品牌產生良好的態度，以達成行銷目標。

(2)使用所有工具接觸：使用傳播策略前，必須先決定「如何」和「何時」與消費者接觸：企業或品牌訴求的主題以何種管道傳遞給消費者。以整合傳播而言，企業和消費者有三種溝通途徑：產品使用經驗、通路接觸的印象，以及透過傳播工具的傳達，如何掌握最大效益、最低成本的溝通工具，是目前廣告主尋求的競爭武器[6]。

(3)達成綜效：整合行銷傳播的重要目標是希望透過整合傳播工具的一致訊息，傳達企業或品牌的一致形象予消費者，進而促使消費行為發生，並建立永續關係，此為整合行銷傳播達成綜效的關鍵。此即 Duncan（1993）所稱策略性的整合效果，將大於廣告、公關、促銷等個別規劃和執行的結果，同時避免這些個別規劃執行的行銷工具會彼此競爭預算，或傳遞相互衝突的訊息。

(4)由現有及潛在消費者出發並建立（長期）關係：以消費者

---

[5] T. Duncan & Sandra Moriatry 著，廖宜怡譯，1999，《品牌至尊——利用整合行銷創造極終價值》（*Driving Brand Value: Using Integrated Marketing to Manage Profitable Stakeholder Relationship*），台北：美商麥格羅‧希爾國際股份有限公司。

[6] 許安琪，2001，前揭書，頁 26。

導向的由外而內的互動過程，依消費者的需求、動機情報，量身打造適合的溝通模式，進而達成促購行為並建立品牌忠誠度。Schultz、Tannenbaum 和 Lauterborn（1993）指出，整合行銷傳播的真正價值在於運用長期資料庫的傳播計畫所發揮的效果；透過資料庫之運用可發現整合行銷傳播的另一重要觀點，即以消費者及潛在消費者的行為資訊作為市場區隔之工具[7]。將整合企劃模式的焦點置於現有或潛在消費者身上，亦能窺見其雙向溝通的本質，藉此傳播者並與消費者建立長期之良好關係。

整合行銷傳播的發展和以下幾個概念的發展有密切的關係，首先是行銷觀念從產品導向到消費者導向的轉變，從過去注重「行銷 4P」——產品（production）、價格（price）、通路計畫（place）、推廣（promotion），到注重「行銷 4C」——消費者（consumer）、成本（cost）、便利（convenience）和溝通（communication）觀念的轉變。以消費者作為產品行銷的思考出發點，正是整合行銷傳播思考的首要主軸。而晚近學者更提出了以「行銷 4V」——變通性（versatility）、價值觀（value）、多變性（variation）及共鳴感（vibration），將商品或服務與消費者兩項主要變數由簡單的個別互動昇華為能同時考量市場面與技術面的雙贏策略，其觀念在發展上由「滿足需求」提升至「提供更完善、更有效率的商品或服務」[8]。

其次是策略管理思考的發展，在企業管理上目標管理的思考模式已經擴大成為策略管理的思考模式，目標—戰略—戰術的思

---

[7] Don E. Schulz 等著，吳怡國、錢大慧、林建宏譯，1999，《整合行銷傳播》（*Integrated Marketing Communications: Pulling It together and Make It Work*），台北：滾石文化。

[8] 許安琪，前揭書，頁 17。

考模式從軍事上發展到政治上發展已經逐步發展到商業行為上。策略管理及定位行銷的觀念強調的是追求經營上的最大有效性及形象一致性，也就是整合行銷傳播企劃的重點。

　　然後，知識經濟時代知識管理的出現使組織管理產生重大的變革，以更為彈性、溝通更加順暢、扁平式網路組織來取代較為僵化、溝通不順暢的金字塔層級式的組織，以功能組合的方式進行組織運作，在企業當中常常可見。而強調靈活、彈性、平行溝通正是整合行銷傳播最大的功能取向。

　　所以整合行銷傳播要注意的重點是：

(1)所有傳播工具的統合運用，將過去各自獨立的工作項目或部門整合起來進行統一規劃。

(2)統一的指揮事權，傳播工具的統合運用最終的關鍵在於統一的事權，單一的領導管理體系，才能進行跨部門的溝通合作。

(3)資源及管道的有效運用，各項傳播工具或部門功能不能再被看作是必須存在的，而是因為任務的需要而存在。過去有效的傳播工具或傳播管道，未來不見得有效。預算的擬定及經費的使用必須依照消費群的走向以及產品的定位來進行規劃，以期產生最大的總體效益。

Ester Thorson 和 Jeri Moore 認為系統的整合行銷計畫必須包括以下幾個步驟[9]：

(1)使用一種廣泛的市場層次的分析，以便決定所有對於達成行銷的目標的對象。

---

[9] Easter Thorson & Jeri Moore 著，李素卿、吳宜蓁譯，1999，《整合行銷傳播》（ *Integrated Marketing Communication: Synergy of Persuasive* ），台北：五南出版社。

(2)運用適當的消費者行為模式，來確認購買的各個階段。

(3)瞭解在購買過程的特殊階段中，會對消費者產生影響的議題和動機。

(4)決定最佳的資源分配方式[10]。

以策略面向而言，整合行銷之策略發想過程需發展的策略有下列四項[11]：

(1)消費者行為策略：包括消費者需求、精確區隔消費者並加以分類（已存在的消費者——忠誠使用者、潛在消費者——新品類消費者、他品牌忠誠者、他品牌游離者）。

(2)行銷策略：包括依據產品之相對優勢、劣勢、機會及威脅進行開發與定位，同時經營品牌。

(3)傳播策略：整合行銷傳播主題設定。

(4)執行策略：以「基本行銷策略工具」（行銷 4P）、「支援性行銷工具」（資料庫行銷、建立關係行銷、行銷話術，將通路的整合性思維貫穿其中）和「說服性傳播工具」（廣告行銷、直效行銷、公關行銷、事件行銷、促銷及網際網路）[12]為三大方向思考如何接觸到各種會影響銷售的族群。「公關行銷」著眼於企業和消費者及一切與行銷攸關事務的互動關係，包括新聞報導、聯絡及宣傳等基本公關工作；協同廣告行銷加乘效果；更甚而為之，以行銷目標為主的積極作為——事前公關管理，和問題解決的事後危機處理。「事件行銷」是指企業整合本身資源，透過具有企業力和創意

---

[10] 陳鈺婷，2000，《整合行銷傳播（IMC）在台灣行動通訊系統服務之應用——以遠傳電信為例》，淡江大學大眾傳播系傳播碩士班碩士論文，頁 26-27。

[11] 許安琪，前揭書，頁 235。

[12] 詳見許安琪，前揭書，頁 182-230。

性的活動或事件，使之成為大眾關心的話題、議題，因而
吸引媒體的報導與消費者參與，進而達到提升企業形象，
及銷售商品之目的。「直效行銷」是透過各種非人媒體，如
信件、網際網路等，直接和消費者接觸，並賣給消費者商
品的方式。「促銷」是在短期內，利用商品以外之刺激物，
刺激商品銷售的一種活動。

　　在本文的分析中，將著墨於廣告、公關、事件行銷、直效行
銷及促銷等「說服性傳播工具」進行分析，探究其關聯之程度及
是否與主軸有其一致性。

　　倘將其各面項策略發展過程加以彙整，則如圖一。

　　這種整合行銷傳播的模式同樣地在某種程度上也可以應用在
政治行銷的運作中，在越來越重視選民需求的民主政治社會中，
行銷傳播在政治競選當中的地位已經越來越重要了。Philip 與 Neil
（2000）以政治行銷之觀點勾勒出了候選人行銷策略之概念流程，

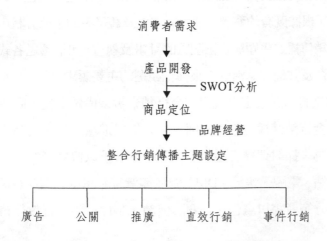

圖一　整合行銷傳播策略發展過程

資料來源：許安琪，2001，《整合行銷傳播引論》，台北：學富文化，頁 235。

以較全面之觀點將商業行銷的概念套用於政治上來進行整合分析。首先，選民結構等人文區位分析（選民之年齡、教育、收入等）、選舉制度及其關心之議題是整盤策略擬定之基礎；其次，候選人的優劣勢及機會、威脅也是左右其行銷策略不可或缺之元素。在前兩項基礎工作完備之後，就要開始區隔各類選民、設定目標群眾、做形象定位，並依此風格及形象建構傳播訊息，亦包括議題及解決問題之方案，同時選擇各式媒介進行傳播，以求達成最初設定之目標及可欲之結果[13]。

由相關論述約略可知，候選人形象的塑造以及政見的主軸核心，往往都是透過傳播來進入選民的心目中，而平面媒體、電子媒體、網際網路更是成為散播政治訊息的主要管道。倘將上述整合行銷傳播的理論與模型運用配合 Philip 與 Neil 的政治行銷流程，可以建構出政治競選當中的整合行銷傳播企劃（如圖二）：第一步，進行影響選民投票行為的環境因素分析，同時考量選民需求；第二步，進行競爭者整合行銷傳播的戰略評估，分析主要競爭者在整合行銷傳播上的優劣勢，進而設定政黨在選舉中之定位及區隔選民；第三步，根據既有的資源、選民需求以及競爭者的戰略分析，決定整合行銷傳播之主題與資源配置的計畫及執行，包括透過各式媒體間之配合及其他促銷活動，來強化競選的主要訴求。

本文將以此設定之競選整合行銷分析架構做出發，同時配合相關整合行銷傳播之原理原則，來分析民進黨此次的競選傳播策略及行為，探討架構之適用性；同時擬著重以傳播管道間（包括競選網站、電視、報紙、DM）對於競選策略訊息之相互關係。以下的部分筆者將以廣告、公關、促銷、事件行銷、直效行銷及網

---

[13] Philip Kotler & Neil Kotler, 2000, "Political Marketing: Generating Effective Candidates, Campaigns and Causes" in Bruce I. Newman ed., *Handbook of Political Marketing*, London, Sage Publication, Inc., p.8.

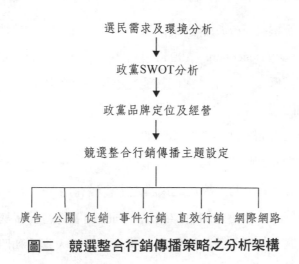

圖二　競選整合行銷傳播策略之分析架構

際網路在競選上之運用加以分析，並簡述大眾傳播媒介作為競選
管道的功能。

■廣告與大眾傳播媒介

　　絕大多數的媒體顧問皆認為廣告透過電視這個媒介來進行說
服是頗好的宣傳方式，廣告訊息透過付費的方式於電視中展現，
能夠如同獨立的新聞事件般在選民心中保持較久的印象。此外，
在電視上刊播廣告會有幾方面的效益：首先，它較他種媒介更能
夠滿足受眾視覺及聽覺方面的需求，且傳遞更多訊息。其次，電
視能夠創造最大接觸面的受眾；最後，它能創造一種選民對候選
人的信任感，同時也有某程度設定目標選民的效果[14]。Devlin（1986）
則認為競選廣告在電視中呈現，所能展現的政治功效最為顯著，
較大者如下：(1)對新手而言可以提高知名度；(2)可向游離選民及
低政治參與度的選民做訴求；(3)強化黨員及支持者的立場；(4)攻
擊對手；(5)議題設定；(6)形象塑造；(7)部分的募款功能；(8)鎖定

---

[14]　Judith　S.Trent　&　Robert　Friedenberg,　1995,　*Political　Campaign Communication: Principles and Practices*, 3rd ed. Westport, CT: Praeger, p.279.

特定族群及選區;(9)順應選戰潮流;(10)選戰的必要元素[15]。

Trent 與 Friedenberg（1995）指出在廣告訊息透過報紙及雜誌上展現有其優點:首先,它們較能夠不受時間的影響,同時也較能快速地回應對手的攻擊;其次,此類型的廣告較其他付費媒介能提供候選人充分地表達其論點的機會,相對地,在目標群眾設定及成本方面則較不易掌控;但他們也認為,較小型的報紙,因為其流通會受到限制,故在選民設定上會較有用[16]。

廣播較能接近特定的目標選民,同時藉著聲音、音樂及音量的混合,能有效地傳達政治訊息;而許多候選人喜歡利用廣播的原因就是它比電視廣告便宜,也因為它缺少視覺上的力量,故許多的攻擊廣告也是透過廣播來呈現。此外,在內容中也可不斷地重複候選人的名字以強化選民對他的認知。特別是在鄉村地區或是層次較低的選舉,廣播更是一種頗佳的選擇[17]。

■直效行銷

如前所述,「直效行銷」是透過各種非人媒體,如信件、網際網路等,直接和消費者接觸,並賣給消費者商品的方式。套用於競選中則包括了平面郵寄文宣（direct mail）、競選錄影帶或光碟等,而某種程度上網際網路亦可算為一種（如 e-mail）。

平面郵寄文宣（direct mail）則提供了政治競選廣告較無法達到的效果,如它能夠針對目標群眾不同之屬性而設計相關的區隔文宣,同時較多的訊息較能夠容納於其中。故在競選中常會利用平面郵寄文宣以達到多重的目的,包括籌募資金等。此外,郵寄

---

[15] L. P. Devlin, "An Analysis of Presidential Television Commercials, 1952-1984" in L. Kaid, D. Nimmo & K. Saders, 1986, *New Perspective on Political Advertising*, S. Illinois University Press, pp.22-24.

[16] Judith S. Trent & Robert Friedenberg, *op.cit.*, p.275.

[17] Judith S. Trent & Robert Friedenberg, *op.cit.*, p.278.

平面文宣也有指導原則：(1)儘量避免使用信封；(2)給選民一個閱讀理由；(3)使訊息內容儘量地方化；(4)讓受眾能在二十秒內將標題、訴求及圖片等主要訊息讀完；(5)要找一個專業的寄件機構以簡省平面文宣寄送之繁複事宜[18]。

另外，以錄影帶來記錄候選人影音然後寄送給選民也是一項傳播管道，傳統上，透過這樣的方式來傳遞候選人的訊息，在價格上比較昂貴且比較無效，但是現今科技日新月異，以導致它在儲存及寄送上有其便利性。研究文獻也指出，倘以收到競選錄影帶的人來估算，其中約百分之四十的人會將它打開來收看。更甚者，競選錄影帶也提供了候選人更多的時間去說服選民，其可能產生的效益也可能比透過三十或六十秒的廣告訊息藉電視呈現要來得大[19]。

Holdren（1995）指出，以網路作為競選媒介和其他媒介相比，有四大特色：(1)進入此媒介之費用比電視廣告低廉；(2)上網人數增加亦不會影響費用；(3)候選人可利用此互動過程，吸引選民討論；(4)與競選活動相關之利益團體原本就已存在網上[20]。而 Balz（1995）則指出，網路在傳輸大型圖檔較遲緩費時，同時候選人的網頁要具備把訊息組織成網上訊息的能力，所以或許就如許多研究者所說的一般，候選人的網頁只是為了要彰顯其競選陣營而已，並沒有獲得從新媒介帶來的什麼益處[21]。即使如此，網路運用在競選傳播之研究可謂方興未艾，候選人製作網站因應選舉的趨勢更為明顯。Greer（2001）在觀察二○○一年美國參議員和州長的選舉網站後指出，候選人的經歷自述、政見議題立場及競選新

---

[18] Judith S. Trent & Robert Friedenberg, *op.cit.*, pp.273-275.

[19] Trent & Friedenberg, *op.cit.*, p.282.

[20] J. Holdren, 1995, "Cyber Soapbox", *Internet World*, pp.50-52.

[21] Gary W. Selnow, 1998, *ElEctronic Whistle-Stops: The Impact of the Internet on American Politics*, Westport, Conn.: Praeger.

聞是最普遍的資訊內容，形象建立則是首要之目的[22]。

■公關、事件行銷及促銷

　　除了將競選廣告訊息透過電視展現外，Mark R. Weaver（1996）在說明候選人可利用的傳播通道時又進一步指出，公關活動也能吸引媒體注意；此外，候選人亦可利用平面文宣等直接函件或各種競選宣傳附屬品（campaign collateral）為自己造勢[23]。以公關來說，候選人無不期望與媒體記者建立良好關係，是以其會透過例行新聞稿希望能在媒體上曝光以建立正面形象，亦會與媒體記者定期聯絡，建立與選民的和諧關係等，此些動作皆著眼於候選人和選民及一切與行銷攸關事務的良性互動關係；更甚者，在競選過程中亦有以行銷目標為主的積極作為──事前公關管理，和問題解決的事後危機處理。「事件行銷」在此是指候選人整合本身資源，透過具有創意性及配合主軸訴求的活動或事件，使之成為大眾關心的話題、議題，因而吸引媒體的報導與選民參與或認同，進而達到提升候選人形象，及吸納選票之目的。最後，「促銷」是在短期內，利用商品以外之刺激物，刺激商品銷售的一種活動；在競選中而言，則可類比為「非候選人本身的知名人士對候選人所進行的推捧、拉抬，對選情可能造成加分效果的相關造勢行為」。

　　總之，隨著行銷傳播觀念之發展，候選人及政黨企圖藉相關概念塑造形象、宣傳政見、說服選民已成為了一種必然之趨勢；至此，傳播媒介或管道之整合使用已使競選過程產生了頗大的改變。

---

[22] Jennifer Greer, 2001, *Cyber-Campaigning Grow up: A Comparative Content Analysis of Senatorial and Gubernatorial Candidate' Web Sites, 1998-2000*. Paper for delivery at the 2001 Annual Meeting of the American Political Science Association.

[23] Mark R. Weaver, "Paid Media", in Daniel M. Shea, *op.cit.*, pp.206-212.

■文獻檢閱

　　將商業上行銷「4P」──產品（product）、價錢（price）、通路（place）、促銷（promotion）的觀念運用於政治競選之策略擬定上之「政治行銷」，近年來也成為國外及國內競選傳播策略探討的一個可能方向，如 Trent 和 Friedenberg（1995）、Daial M. Shea（1996）、Friedenberg（1997）、Johnson-Cartee 和 Copeland（1997）、Philip 和 Neil（2000）等。其中對市場區隔、產品定位、目標群眾、戰略及戰術擬定及執行皆有著墨。

　　國內學界如任宜誠（1989）、賴東明（1992）及黃圳陞（1995）皆以行銷傳播觀點分析政黨競選傳播策略之擬訂。陳鴻基（1995）針對一九九三年縣市長選舉為內容而著的《選舉行銷戰》中就將國內大、中、小三政黨──國民黨、民進黨及新黨類比成行銷戰爭中的大、中、小型公司，戰略上各依本身屬性而採取「防禦戰」、「攻擊戰」及「側翼戰」來相互進行攻防，並依此衍生出相關（包括文宣廣告）的戰術步驟。陳秋旭（1998）亦是從政治行銷之觀點出發，同時配合形象定位、議題規劃、電視媒體使用、幕僚組織等方面的策略規劃與執行，來探討柯林頓的競選策略及勝選之原因。周敏鴻（2000）也透過行銷觀點，將形象定位、攻擊等主動的文宣策略及針對負面文宣攻擊的被動反應策略，來探討選舉候選人對選舉議題的回應方式及其策略。

　　近年整合行銷傳播的概念出現之後，對於整合行銷傳播的探討與分析開始出現，國外的研究如 Schultz、Tannenbaum 和 Lauterborn（1993）、Duncan 和 Moriarty（1997）、Ester Thorson 和 Jeri Moore 等。而國內學者許安琪（2001）從行銷觀念的演變、整合行銷傳播的趨勢，針對消費者行為、品牌行銷、整合行銷傳播支援性行銷工具、整合行銷傳播說服性傳播工具、企劃與效果評

估來對整合行銷傳播進行整體的分析；除此之外，相關學術論文如余逸玫（1995）探討消費性產品，洪淑宜（1996）及曹偉玲（1999）探討媒體整合行銷，邱怡佳（1998）探討信用卡產品，郭瓊隆（1999）探討網路行銷，陳鈺婷（2000）以企業的個案進行整合行銷傳播的分析研究，陳瑩霜（2001）從網路廣告的角度來探討整合行銷傳播的應用問題。

　　至於從整合行銷傳播來分析競選策略之專文則頗少見，基於此，本文試著將整合行銷傳播套用於競選策略及其過程研究中，期望能對競選策略之研究開闢另一個研究視窗。

三、研究方法、範圍、問題及限制

(一)研究方法

　　本文使用的研究方法主要是深入訪談法，期望透過深入訪談來瞭解民進黨的文宣廣告策略，進而配合廣告呈現及相關理論來研究；本次訪談的對象為國民黨文傳會發言人周守訓（90.12.7）及民進黨當時的文宣部副主任張雅琴（91.3.15），針對策略及廣告呈現部分進行訪談，並透過訪談相互印證民進黨文宣廣告策略。

(二)研究範圍

　　為使本研究的分析能更精確，因此限定了研究的範圍，而在研究上的劃分是依照時間、內容及對象等項目來區分，茲敘述如下：

■時間範圍

筆者將以二○○一年大選前三個月（即九月）選戰氣氛開始加溫，作為分析開始之時間點，而以二○○一年十二月一日選舉結果揭曉時作為分析之結束點。

■內容範圍

筆者將透過對民進黨之網站選舉文宣、電視及報紙競選廣告為主，進行內容之分析，歸納分析其脈絡，進而配合整合行銷傳播之相關原理原則進行檢證，並對提出的問題進行驗證及回答。在分析之過程中，報紙部分則取材民進黨中央的廣告，各縣市黨部及候選人之個別廣告則不納入；電視廣告部分亦是如此。

■對象範圍

本研究所探討之主題是以民進黨的相關策略及行銷傳播作為之呈現為研究之對象。

(三)研究問題

本研究筆者將以民進黨在二○○一年選舉期間之文宣廣告之研究分析為主，茲將研究問題臚列如下：

1. 民進黨在政黨輪替後，其文宣廣告如何呈現？
2. 這些相關文宣廣告之呈現與整合行銷傳播策略相關理論間之關係如何？整合行銷傳播運用在競選傳播策略上其適用性如何？

(四)研究架構

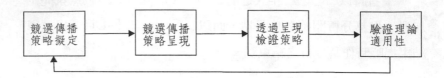

競選傳播策略擬定 → 競選傳播策略呈現 → 透過呈現檢證策略 → 驗證理論適用性

(五)研究限制

1.將商業中整合行銷傳播之觀念理論來檢證文宣廣告是一項新的嘗試，其是否能完整地解釋政治廣告或選舉策略，或許有不足之處。

2.深入訪談於選後進行，仍有其無法避免的盲點，如訪談者是否有「合理化」論點之問題。另訪談人員本欲鎖定黨中央秘書長吳乃仁，惟聯繫困難因此洽商文宣部副主任。是否會因決策層級之關係而無法窺得全盤策略核心，則是可能的另一限制。

四、環境因素與民進黨競選傳播策略之擬定

本部分筆者擬先針對可能影響民進黨本次選舉文宣及廣告之相關環境因素加以敘述，進而配合深入訪談之內容及媒體相關之報導內容（包括陳水扁總統及民進黨高層之講話內容），初步歸納其競選傳播策略。

(一)競選傳播策略之環境因素分析

二〇〇一年選舉是民進黨取得執政權後第一次的重要選舉，

縣市長選舉部分則考驗著民進黨能否鞏固地方半壁江山，立委選舉部分更是陳水扁及民進黨能否全面執政的關鍵，是以民進黨卯足了力不敢絲毫懈怠。然在陳水扁執政後，國內及國際政經情勢丕變，為了較能夠清晰地理出民進黨此次的競選傳播策略，筆者歸納了可能影響之環境因素，包括了國內政治、經濟、社會及兩岸關係等面向，先行加以論述，而從其中多少亦能窺知民進黨在此次選舉中應強化之優勢及欲防堵之劣勢。

■國內政治面向

就此面向而言，足以影響大選之相關變數包括了掃除黑金的動作、政黨合作或政黨對決、《世紀首航》的出書。黑金問題向來是國內政治議題的焦點，民進黨於二〇〇〇年總統大選時提出的「政黨輪替」主張，其中掃除黑金是項重點。陳水扁政府在上台後，不斷宣示掃除黑金、杜絕賄選的決心，但是在如拉法葉案的偵查沒有明顯的進展時，在選舉時，掃蕩黑金、杜絕賄選事件，便是掃除黑金主要的方向。

在陳水扁政府宣布停止續建核四，以及在野聯盟推動總統副總統罷免案的氣氛下，國內的政治氣氛儼然形成泛藍軍與泛綠軍的政黨對決形態，國、親、新的政黨整合一直在嘗試，但是其中仍有不少的問題，親民黨張昭雄的「爛蘋果」說，新黨郁慕明的「三合一」主張，國民黨陳鴻基、陳雪芬的「國民合作」說，使泛藍軍的整合充滿了變數。在縣市長選舉的提名過程中，可以看出泛藍軍整合的困難度。另一方面，台灣團結聯盟的加入選舉，使泛綠軍的陣營產生一些變化，陳水扁總統提出的「國家安定聯盟」構想，更替選舉期間政黨對決以及政黨整合投下了一項變數，「本土」、「非本土」，「愛台灣」、「不愛台灣」，「統派」、「獨派」的二分法更加重了政黨對決的味道。

陳水扁總統於十月底出了《世紀首航》一書，之後民進黨的輔選便進行了一連串「世紀首航」的競選造勢活動。《世紀首航》一書在內容上多為政治性的議題，並藉著書的出版，打響了「世紀首航助選團」造勢活動的順利推出，書中的論點更成為政治上討論的焦點，對於選舉選情形成了衝擊。

■經濟面向

就此而言，足以影響大選的相關因素包括了經濟衰退、失業率攀升。陳水扁政府執政之後，經濟的一直衰退是項明顯的事實，從陳水扁就職到選舉前一個禮拜，股市的市值縮水了將近新台幣五兆元（二〇〇〇年五月十九日指數 9119 點市值 13.2 兆元，二〇〇一年十一月二十三日指數 4519 點市值 8.25 兆元）[24]。二〇〇〇年的經濟成長率是 5.86%，二〇〇一年的經濟成長率是-1.91%[25]。二〇〇〇年的失業率是 2.99%，二〇〇一年的失業率是 4.57%[26]。經濟成長率在二〇〇一年出現了負成長，創下一九九三年以來的新低；失業率在二〇〇一年已經到達了 4%以上，創下一九九三年以來的新高。台灣的經濟發展在二〇〇一年的時候可以說是出現嚴重的衰退現象。倘從前幾項數據來做分析，以某種程度來說，這樣的數據也替執政的民進黨帶來了負面之影響；TVBS 民調中心在二〇〇一年二月二十六至二十七日所做的「內閣聲望調查」中指出，內閣團隊滿意度降至 25%新低，比就職滿月時的 36%及就職三個月的 45%都來得低[27]。政黨輪替一周年時 TVBS 所做的「政黨形象調查」，結果亦顯示有 65%的人認為民進黨執政表現不好

---

[24] 「每日一比」，《中央日報》，二〇〇一年十一月三十日，第二版。
[25] http://www.dgbasey.gov.tw/dgbas03/bs4/econdexa.xls
[26] 同前註。
[27] TVBS 民調中心，「內閣聲望調查」研究資料，調查日期：二〇〇一年二月二十六至二十七日。

[28]。甚至連原來在總統大選投票給陳水扁的人，高達三成的原支持者後悔當初的選擇[29]。

此外，民眾亦認為在經濟發展、溝通能力及危機處理上，新政府都比舊政府差，特別是經濟方面，超過六成（63%）的人認為新政府在促進經濟發展方面的表現比舊政府差[30]。對民進黨執政後的政策執行表現，多數（66%）民眾不滿意，持肯定態度的比例只有四分之一（26%）[31]。根據聯合報民意調查中心於七月二十五至二十六日所做的民調中指出，在政黨表現方面，從二〇〇〇年六月到現在，民眾對民進黨的執政表現評價轉變最大，滿意比率由五成一降到二成三，不滿意比率由二成一增加到六成四[32]。

■社會面向

就此而言，足以影響大選的相關因素包括了 WTO 入關問題所帶來的米酒衝擊、土石流以及天然災害、社會治安、福利等問題。米酒問題可以說是攸關家計民生的問題，在台灣加入 WTO 之後，米酒的價格將會開始飆漲，使得在入關之前米酒在民間的銷售一度出現搶購的現象，二〇〇一年十一月底政府開始實施米酒配給制，宣布以戶口名簿來登記配給米酒，引起社會高度的重視、在野黨強烈的批評[33]。米酒的配售制度，成為一個重要的選舉議題。

土石流及天然災害的不斷發生，使台灣的生態環境遭受到很

---

[28] 「政黨輪替一周年政黨形象調查」研究資料，TVBS 民調中心，調查日期：二〇〇一年三月十二至十四日。

[29] 「總統選舉周年」研究資料，TVBS 民調中心，調查日期：二〇〇一年三月十五日。

[30] 同前註。

[31] 「民進黨執政周年政黨形象調查」研究資料，TVBS 民調中心，調查日期：二〇〇一年五月十四至十五日。

[32] 「九十年政黨形象與政黨滿意度調查」，聯合報民意調查中心，二〇〇一年七月二十五及二十六日。

[33] 「連米酒都買不到，民進黨自打嘴巴」，《聯合報》，二〇〇一年十一月二十一日，第二版。

大的影響，民眾的身家性命遭受到很大的威脅。納莉風災使得台灣地區受到嚴重的水災威脅，也突顯了台灣在環保、社會急救體系方面需要加強改善之處，如何避免土石流等天然災害，是相當重要的議題。在台灣經濟衰退的同時，社會治安及社會信心也出現了惡化的情況，陳水扁政府社會福利政策的支票，無法有效兌現，工時案的爭議的延續，都是會影響選民投票行為的社會層面的環境因素。

■兩岸關係面向

就此而言，足以影響大選的相關因素包括了民進黨台灣問題決議文位階的提升、戒急用忍政策的鬆綁、上海 APEC 會議的爭議等問題。民進黨於二〇〇一年十月的全代會上通過將「台灣問題決議文」的位階提升至黨綱，等於將台獨黨綱進行了一番修正，是民進黨在國家定位政策路線上的一大轉變，這項重大路線的修正，象徵了民進黨在國家定位方向的形式上更向中間靠攏一步，這種正名的行動可以當作驗證社會上對於台獨疑慮是否真正消除、檢驗中國大陸是否對民進黨會比較友善的指標[34]。

「積極開放、有效管理」的提出更是象徵了「戒急用忍」政策的修正與鬆綁，雖然在實際運作上的具體成效還有待檢證，但是無疑將兩岸經貿交流的實質限制解除了一些，讓產業的發展以及與大陸之間的互動關係得到了改善的機會。然而相對於兩岸關係在經濟方面的尋求改善之際，一些政治上的問題仍然不斷發生。二〇〇一年十月於上海舉行的 APEC 會議所發生的大陸方面拒絕我國派遣現任總統府資政、前副總統李元簇先生代表出席 APEC 非正式領袖會議的事件，更將兩岸之間長久以來存在的衝突

---

[34] 吳釗燮，「台獨黨綱退位，民進黨路線正名」，《聯合報》，二〇〇一年十月二十一日，第十五版。

點再一次進行了引爆，並在選舉前成為統獨爭議檯面代理議題的角色，使統獨爭議透過大陸方面拒絕李元簇出席 APEC 非正式領袖會議事件，找到了發揮的空間，成為選舉爭辯的重要議題。

由上觀之，民進黨最能強化之優勢應仍是改革之特質，包括掃除黑金之持續推動；而國內經濟惡化導致失業率攀升等負面因素，著實為民進黨執政的最大絆腳石，是以要如何說服選民這些都是「在野黨掣肘」，要如何要求選民「再給民進黨一次機會」，是民進黨欲求勝選之當務之急。

(二)民進黨競選傳播策略之擬定

■戰略目標──國會最大黨

民進黨執政，達成了其「變天三部曲」的極終目標，雖然掌握了中央及地方大部分的執政權，但是左右法案制定的立法部門，民進黨仍處於劣勢，過半的泛藍席次，仍然足以將民進黨陳水扁的行政部門「跛腳化」。是以國會的劣勢似乎成為了民進黨在擬定相關選舉策略的重要發想，「國會最大黨」很自然地成為了此次選舉的最高戰略目標。如陳水扁於二〇〇一年十一月九日到宜蘭助選時便明白說出：「……政黨輪替後，應該完成國會輪替，讓民進黨成為國會第一大黨。」[35]

由此概念作出發，民進黨很自然地可以將國內政局不穩及經濟惡化的原因，推給掌控立院多數的泛藍集團，進一步地，「國家要進步，台灣不走回頭路」的競選主軸及「綠色腳向前走，藍色腳向後退」的競選識別系統，亦成為了支持讓民進黨全面且真正執政的合理化論述。民進黨文宣部副主任張雅琴指出，從對比觀念來看民進黨這次的主軸及識別系統，可發現國家現今是處於進

---

[35] 「扁疾呼，國會也應輪替」，《聯合報》，二〇〇一年十一月十日，第二版。

步或退步的交叉點上，若民進黨成為最大黨則國家往前走，輸了則台灣往後走，呈現正反意涵，而標誌中兩隻腳綠色向前，藍色向後，政黨對決的意圖亦在其中；此外，民進黨主導行政及立法部門的概念亦隱含於其中，以建構「國家要進步」的合理邏輯[36]。

■策略基礎（戰略部分）

‧攻擊策略

行銷理論指出，「第一品牌通常使用防禦戰，第二品牌則是透過攻擊戰來尋求生存空間」，倘以此項論述對比民進黨在立法院的態勢，應能為其攻擊戰略下個頗為合理之註腳。張雅琴認為，民進黨在國會中不是最大黨，故不會在執政黨的框架中去思考文宣戰，因為那可能會是一種包袱，況且民進黨此時並沒有完全像一般執政黨有相同的條件[37]。故民進黨則將攻擊的炮火大致集中在立法院上，針對泛藍聯盟提出猛攻，如陳水扁批評在野黨扯後腿的「國會輪替論」。

‧分化策略

「三強鼎立」一直是民進黨或是陳水扁能夠異軍突起的關鍵性原因，亦即以團結的民進黨對抗分裂的泛藍軍，民進黨勝選的機率則會較高；一九九四年的台北市長及二〇〇〇年的總統選舉皆可為明證。基於這樣的邏輯，分化泛藍軍就成了民進黨為求勝選的配套策略。在此次的選舉中，類似的策略仍可從相關的報導中窺知；陳水扁與媒體茶敘中指出國民黨若選後席次較少三分之一，連戰應負起責任下台[38]，又如扁宋會消息曝光或企圖拉攏國民

---

[36] 深入訪談——民進黨文宣部副主任張雅琴，二〇〇二年三月十五日，14:30-15:30。

[37] 同前註。

[38] 「倒數兩天，阿扁『一石二鳥』」，《聯合報》，二〇〇一年十一月二十九日，第三版。

黨本土派另立黨中央等，以及選戰後期陳水扁拋出的「國家安定聯盟」議題等。

　　民進黨分化策略當然是針對泛藍政黨合作的反制，而唯有弱化泛藍團結之濃度，民進黨才能成為國會最大黨或掌控國會的多數；基於此，分化泛藍的另一面向則是與李登輝前總統一手拉拔的台灣團結聯盟結合成緊密的「泛綠軍」，以收「團結的泛綠對抗分裂的泛藍」之效果。

■策略作為（戰術部分）

・策略擬定之機制

　　根據筆者以往從事相關研究之瞭解，民進黨皆會依據民調部所做的各式民調結果，來作為競選傳播策略擬定之參考，而本次選舉亦不例外。張雅琴指出這次的文宣廣告作為一直有和民調部配合，機制間之橫向聯繫頗為頻繁，選戰越到後期，下對上、上對下的縱向聯繫會議亦隨之增加，文宣部亦會配合九人小組的決策配合辦理文宣廣告，如國安聯盟即是[39]。

・文宣廣告訊息及各式媒體間之配套

　　張雅琴指出，各式傳播管道包括平面郵寄文宣（direct mail）或小冊、電視、報紙、網站等皆是在本次選戰中有考慮到的媒體，透過該些媒體將所欲傳達之訊息傳達給選民：選前半年開始做印製 DM 形式的即時報紙，直到臨全會後開記者會公布競選主軸「國家要進步，台灣不走回頭路」搶攻媒體報導，同時配合電視廣告強化主軸鎖定國會改革，在電視廣告禁播後，則以報紙廣告為主，打到投票當天[40]。初步看來，民進黨在擬定競選傳播策略之時，由於資源經費有限，故各種媒體間的配合運用傳遞相關資訊，發揮

---

[39] 同註 28。
[40] 同前註。

整合效果的企圖是存在的。

· 階段性策略

　　根據一般的競選模式流程，最先是強調政黨或候選人的形象及建立競選主軸，之後則是根據本身是執政或在野來決定是攻擊或防守，最後則是強化認同與告急。本次選舉中，民進黨初步的階段性策略大致如此。張雅琴指出，首先是提出競選主軸，進而以國會並非執政的觀念來擬定攻擊步驟，至選戰後期，不能再談負面攻擊，應要強調正面認同，故透過議題進行搶攻選票，同時再呼應主軸[41]。

· 優勢點之強化

1. 「總統牌」及行政資源：政權輪替，民進黨掌控中央政府資源，「陳水扁光環」無疑是執政後的民進黨最大的一張牌，就如同以往國民黨的「主席牌」及「總統牌」般，有銳不可擋之趨勢。先是出版《世紀首航》新書、「阿扁總統電子報」，繼之以巡迴全台輔選兼造勢的「世紀首航助選團」，陳水扁不斷地在醞釀「總統牌」，讓它發光發熱。在掌控了行政資源後，讓國民黨原本最有利的「組織牌」的發展受到空前的局限，法務部雷厲風行的「掃黑」行動持續進行，對民進黨此次選舉皆可謂利多。

2. 「議題設定」之主導權：從以往的選舉中，各政黨都希望能夠有主導議題之能力，通常來說，執政黨有較大的資源能夠主導議題，對別陣營所打出的議題，會依據其本身的考量選擇要或不要回應，本次選舉中，民進黨的考量亦然。張雅琴表示，對國民黨文宣或針對國民黨的廣告，我方多選擇不回應，主要考量是無必要被國民黨主導議題討論，

---

[41] 同前註。

而應該儘量爭取主導議題之機會[42]。

　3.配票：從一九九五年立委選舉開始，民進黨即開始使用「配
　　票戰術」，以求能夠選上最多的席次，而從歷次的選舉結果
　　來看，在現今單記非讓渡（SNTV）的投票制度中，配票多
　　能發揮一定之效果。而在本次爭取國會多數的關鍵選舉
　　上，民進黨從競選之初就決定了幾個縣市採取配票策略聯
　　合競選，以求全部當選，如台北市南區的「五虎平亂」及
　　北市北區的"give me five"。

・弱勢點之防堵

　　由於民進黨執政之初，國內經濟出現負成長、失業率創新高、
兩岸關係停滯不前，政績可說是乏善可陳，是以民進黨只能在掃
除黑金議題上強攻，期望有些加分效果。此外，經發會之後，更
以「積極開放、有效管理」取代行之有年的「戒急用忍」，企圖開
創新局，同時在二〇〇一年十月二十日第九屆第二次黨員代表大
會，又把「台灣前途決議文」的地位，提高到與黨綱等同，等於
是為「台獨黨綱」進行包裝，都是希望爭取中間選民支持，創造
些加分效果，彌補劣勢。

五、整合行銷傳播與民進黨競選傳播策略之　呈現

　　本部分筆者擬就民進黨網站與選舉有關之部分，配合電視廣
告及報紙廣告中的訊息進行研究，探討其間顯露之訊息與策略間
之相關性。進一步地，筆者也將兼論整合行銷傳播之其他面向，

---

[42] 同前註。

如造勢活動、事件行銷等。

(一)網站部分

張雅琴表示，此次選舉民進黨並無另闢網站進行選舉攻防，由候選人自開網站即可，以免造成中央地方分際不清及資源的浪費[43]。以民進黨此次選戰中的競選網站來看，主要是以中央黨部（全球資訊網）為主，有關選舉資訊皆納入「選戰最前線」項下，包括「選戰消息」、「選舉資料查詢」及「選舉結果」三部分，而有關競選文宣或廣告之相關論述皆納入「選戰消息」中。

細部分析則可發現「選戰消息」包括「選舉新聞」、「最新活動」、「選舉資料庫」及「選舉資料搜尋系統」等部分；其中「選舉資料搜尋系統」即為「選戰最前線」項下的「選舉資料查詢」，主要透過搜尋系統可瞭解個別候選人在相關選舉得票資訊、單屆選舉分析及歷次選舉統計等。「選舉資料庫」則除了將各主要政黨從一九八六年開始歷次選舉之得票數及得票率統計分析外，並將民進黨從一九八六年來歷次選舉政見主軸加以臚列，以供查詢。「最新活動」則是將黨部所辦活動之資訊透過網路公布。

筆者認為最具競選功能的則為「選舉新聞」部分，其不僅包括一般、中常會及中執會的相關新聞稿之外，有關本次選舉的競選主軸、識別系統及文宣，都在本部分有詳細資訊；除了有針對主軸及識別系統做細部說明的文字論述外，更包含了「為什麼要讓民進黨成為國會最大黨」、「作夥拼經濟」、「掃除黑金已經成功一半」等十六篇以文字為主的競選文宣。其內容大致可歸為三類：一是繼續主打掃除黑金之訴求強化優勢；二為對被國民黨強力攻擊之經濟衰敗議題進行澄清，及試圖提出振興經濟之政策；攻擊

---

[43] 同前註。

國會亂象歸咎於在野黨則為其三。

張雅琴表示，網站中的文宣主要是「國家要進步，台灣不走回頭路」小手冊之內容，手冊本以夾報進行宣傳，惟閱讀者不多，效果有限，又因為經費之考量，是以考慮上網配合多加宣傳[44]。

而於二○○○年三月成立的「民主進步黨奇摩黨部」網站，則是鎖定年輕族群且以互動式資訊交流為主的網站，其以「家族」形式招攬黨員並結合志同道合的夥伴來凝聚對民進黨的向心力。網站除了重大時事的「討論區」供網友張貼文章提供意見，相互進行辯論外，亦有有關家族相關情事的「公布欄」、「聊天室」。此網站雖無提供相關選舉文宣之論述，但其透過「酷連結」來與各相關網站（包括民進黨全球資訊網）連結，即可取得有關選舉之資訊，亦頗便利，而針對時事所進行之交叉討論，在選戰中多少能夠創造出「文宣」的效果；此外，「投票所」則是針對時下相關政治、經濟及社會議題進行投票以探詢民意之場域，相關之討論尚稱熱烈。

另外，根據筆者瞭解，民進黨青年部於選舉期間則時常會進入各大專院校的 BBS 站中與年輕人對話，討論相關時事，亦是黨部開闢年輕票源、進行文宣攻堅的一大利器。

從民進黨的網路文宣觀之，其文宣攻勢較以正面理性為主，有針對較弱勢的經濟部分提出澄清且開出藥方。

(二)廣告文宣部分

■報紙廣告

民進黨此次大選由中央所主導刊載的報紙廣告計有「開跑」、「東德共產黨」、「國家安定聯盟」、「配票動員令」及「吃選票吃

---

[44] 同前註。

鈔票」等五篇。其中「東德共產黨」及「吃選票吃鈔票」兩篇，很明顯的是「攻擊國民黨」的類型，「開跑」則是強化主訴求，同時暗批在野黨，「國家安定聯盟」著重在強化議題，而「配票動員令」則在落實民進黨選戰後期的策略。以下綜合敘述之。

在電視廣告禁止播出之後，選戰開跑日，民進黨隨即刊登第一篇報紙競選廣告「開跑篇」，除了呼應「國家要進步，台灣不走回頭路」的競選主訴求外，並將在野黨定位成拒絕改革的「反動保守力量」，以建構「國會輪替」的合理性。而為了達到此目標，民進黨亦提出了包括單一選區兩票制、整頓金融、促進產業升級等「拼經濟、改國會、掃黑金、救土地」的具體相關政見，期望進一步說服選民。

十一月二十三日民進黨配合了清查國民黨黨產的議題製作了「中國國民黨不如東德共產黨」廣告，其中列舉東德共產黨垮台後坦然面對國家調查黨產，並還財於民的具體論述，來諷刺國民黨對黨產處理遮遮掩掩，只說不做。其欲藉由對比來再次強化國民黨是不願改革的退步力量，以烘托競選主訴求之意圖頗為明顯。

隨著陳水扁拋出的「國家安定聯盟」議題，民進黨文宣部亦刊登了由一百二十一個以泛綠色調的人型所構築而成的大型聖誕樹，以「國家安定，台灣前進」來呼應。其中亦突顯了民進黨主張與堅持改革的政黨、個人組成聯盟的決心，以落實國會改革，完成立委席次減半，實施單一選區兩票制。在廣告最後則揭櫫了「國家安定聯盟」──支持國會改革、支持國家主權、推動社會福利及振興經濟發展等四大綱領。

為延續「國家安定聯盟」的火力，文宣部在選前刊登了「中央黨部配票動員令」，呼籲台北市及台南縣的民進黨支持者以身分證最後一位數字，台南市、南投縣及高雄市北區以出生月分，分別來進行配票。民進黨期望藉由配票來保證當選議席，進而落實

陳水扁「國家安定聯盟」的構想；此外，廣告中亦針對泛藍軍抵制該聯盟的相關論述來進行批評，欲再度強化泛藍「退步」的合理性。

選舉投票當天，民進黨一反過去催票之廣告，卻集中火力再批國民黨「今天吃選票，明天吃鈔票」；內文中彙整了黨產、弊案、杯葛法案等負面論述加諸於國民黨，欲強化其負面印象，讓選民不要投票給國民黨，進而削弱其在國會之力量。另一層面則仍是配合競選主軸的相關論述，呼籲讓民進黨成為國會最大黨，讓民進黨把進步的力量帶到國會，以終結國會亂象。

從民進黨的報紙廣告來看，其與競選主軸「國家要進步，台灣不走回頭路」及戰略目標「國會最大黨」的關聯性皆頗為密切；以國民黨的負面形象為出發來建構泛藍是退步保守之力量，進而強化攻擊之合理性，同時配合「國家安定聯盟」之議題作為攻堅之利器來分化泛藍軍，甚至是國民黨內部，來為國會最大力量提供選票基礎，民進黨的報紙廣告雖少，但是其與策略之關聯性則甚為緊密。茲將其報紙廣告表列如**表一**。

■電視廣告

民進黨在本次選舉中的電視廣告共有八篇，包括「把進步力量帶到國會」、「世界棒球賽」、「在怎麼野蠻I——兒童福利篇」、「在怎麼野蠻II——網路學習篇」、「在怎麼野蠻III——排水改善篇」、「在怎麼野蠻IV——地方建設篇」、「國會篇」及中選會政黨廣告。其中「把進步力量帶到國會」及「世界棒球賽」兩篇是正面訴求，「在怎麼野蠻」系列是純攻擊國民黨，「國會篇」除攻擊國會亂源之外，也提出具體國會改革政見。以下分述之。

九十年十月十七日第一波「把進步力量帶到國會」很明顯地是民進黨呼應競選主軸同時強化改革形象的作品。其中以主席謝

表一　民進黨報紙廣告（共五篇）

序號名稱	廣告表現形式	內容意義摘要	備註（來源、版面時間）
1.開跑篇	綠跑者前面藍向後面	1.要進步還是要走回頭路 2.批在野黨刪補助款、封殺民生法案、提錢坑法案等 3.強調政府撥老人津貼、整頓金融、掃黑金 4.拼經濟、改國會、掃黑金、救土地 5.國家要進步台灣不走回頭路加 logo 6.宣傳 1124 國會改革之夜	《中國時報》90.11.21十六版全版
2.東德共產篇	文字及紅藍顏色呈現	1.中國國民黨不如東德共產黨 2.對比國民黨不歸還黨產，東德共黨還黨產做公益 3.用國民黨連戰及胡志強言論佐證來呼籲請國民黨說到做不到 4.國家要進步台灣不走回頭路	《聯合報》90.11.23十六版全版
3.國家安定篇	人形構築的國安聯盟聖誕樹	1.國家安定台灣前進，歡迎加入安定改革陣營 2.健全政黨政治、尊憲政體制、改國會、依主流民意 3.一百二十席推出國家安定聯盟金三角 4.四綱領：國會改革、主權獨立、社會福利、振興經濟 5.國家要進步台灣不走回頭路 6.1124 國會改革之夜	《自由時報》90.11.24十六版全版
4.配票動員令	扁、長身分證說明	1.國家安定聯盟緊急動員通知 2.中央黨部配票動員令 3.北市及南縣依照身分證字號最後一位數字配票 4.南市、高市及投縣依照出身月分配票 5.最後仍以國安聯盟呼籲配票議席會多不會少	《聯合報》90.11.28十六版全版
5.吃選票吃鈔票	國民黨藍色鱷魚造型	1.批國民黨「今天吃選票明天吃鈔票」 2.批國民黨黨產、弊案及杯葛 3.呼籲民進黨第一大黨論述，期待將進步力量帶進國會	《聯合報》90.12.1十六版全版

＊筆者自行整理列表

長廷作為片中的主角,從他的論述中突顯出民進黨立委「把進步力量帶進國會」的責任感,亦以推動改革的實例(如國會全面改選)來呼籲選民支持改革的力量。很明顯地,廣告訴求讓民進黨成為第一大黨,才有機會改革國會、穩定政局;同時亦提出席次減半、單一選區兩票制的政見。而於十月二十九日播出的「世界棒球賽——台灣加油」,是以民進黨原住民立委提名人陳義信為主角,陳以其專業指導花蓮太巴塑國小少棒隊員,強調團隊合作、運動家精神,而呼籲「團結」的企圖,多少有「政黨停止內鬥」的考量。平心而論,此兩篇廣告皆屬「正面形象及政見」之廣告。

十一月七日民進黨在廣告上開始進入攻擊發起線,一系列的「在怎麼野蠻」廣告,為政壇掀起了一波波的驚濤駭浪。首先是攻擊桃園、宜蘭及台北縣的泛藍軍立委亂刪兒童福利預算的「兒童福利篇」,民進黨在其中指出了相關立委共刪除了五億九千四百萬元的相關經費,企圖建構國民黨不顧兒童福利的形象。其次「網路學習篇」亦是如法炮製,點名了台中縣市、南投、雲林、高市、屏東等泛藍立委刪除了十六億兩千萬中央政府補助中小學網路學習的經費,最後則強調出「在怎麼野蠻也不要阻礙學習的動力」來攻擊國民黨的蠻橫。「排水改善篇」批在野全數刪除各地排水改善之補助預算二十四億九千九百萬,造成縣市政府無法在風災、水災過後及時搶修該項系統;更特別的是其攻擊的幾乎皆是泛藍軍的縣市長候選人,包括新竹市林政則、台南市陳榮盛、花蓮縣張福興及桃園縣朱立倫,型塑國民黨縣市長候選人「根本不關心地方」的形象。「地方建設篇」中,民進黨則是攻擊在野黨拿地方建設當作人質,論述中批國民黨凍結中央補助地方基本建設經費牽制行政院,而且二十一縣市共凍結了一百九十四億,讓地方建設「動不了」、頭家「凍未條」。

這幾則廣告皆是用相同的拍攝手法,配合不同的內容畫面(如

兒童、網路學習、排水系統施工及地方建設）來鋪陳影像內容，配合類似的音樂及口白來強化效果。篇末皆有「在怎麼野蠻，也不要……」的字幕來強化主要訴求「在野黨野蠻，不顧民生疾苦」，以呼應主軸「國家要進步，台灣不走回頭路」及建構民進黨成為國會第一大黨「撥亂反正」的合理性；而「在野」這兩字則是以親民黨的橘色及國民黨的藍色來呈現。

張雅琴指出，該系列廣告以攻擊地方立法委員為出發，主要考量是這些地方立委勢必會形成一股壓力要求黨中央出面為其解決，而當黨中央出面反擊回應時，他們都說沒這回事，但是並未拿證據，似乎也不知道我們在說哪個法案，證明其應變能力（時效及整合能力）出了些問題。而從國民黨開始反擊之後，媒體則開始大肆報導，不僅國民黨追著民進黨的幾波廣告進行消毒，新聞議題似也成功地為我方主導[45]。國民黨文傳會發言人周守訓指出，民進黨剛推出在怎麼野蠻系列廣告時，國民黨覺得先請立委在第一線反駁就好，但是發現發酵很快，是以緊急製作澄清並無亂刪預算而是民進黨栽贓的「白賊篇」廣告及開記者會回應，但是感覺時效慢了一些[46]。

經檢證報紙對該系列廣告之報導似可發現，民國兩黨對該系列廣告之攻防，不論是廣告之回擊、記者會的召開，甚或是法院的按鈴申告及澄清，民進黨頗為成功地將廣告設定成議題，該議題亦確實在某種程度上發揮了主導議題之效果。此外，民進黨中央亦透露該系列廣告效果非常好，在黨中央所做的焦點團體研究中，許多受訪者立即的反應是「果真如此，不投國民黨了」[47]。

---

[45] 同前註。

[46] 深入訪談——國民黨文傳會發言人周守訓，國民黨文傳會，二〇〇一年十二月七日，14:30-15:30。

[47] 「民進黨：幾波廣告效果非常好」，《聯合報》，二〇〇一年十一月十六日，第四版。

學者鄭自隆亦指出，此類廣告主題訊息明確，立委刪預算是職責，但民進黨採取「議題簡化」策略，將它簡化為國民黨扯後腿，對不起人民，而且廣告指名道姓，項目金額及地區等「證據」俱全，訊息明白簡單，這才是有效果、具吸票功能的廣告。雖然國民黨隔數日以報紙、電視廣告回應，但從傳播理論的「先後效果」說來看，當選民印象形成後，這種事後的消毒恐怕無濟於事[48]。

在建構了在野黨野蠻及亂刪預算之後，「國會篇」接續著相關立院攻防的邏輯，先透過立法院吵鬧打架畫面配合字幕「審一個法案竟然要一千零七十三天」、「錢坑法案要花掉五兆七千億」等論述，來符合其「在野為國會亂源」的策略，進而提出民進黨政策立場「國會席次減半，單一選區兩票制」，朝國會最大黨目標邁進。

至於中選會政黨廣告部分，民進黨則是結合了黨主席謝長廷、作家平路、國策顧問婦女代表李元貞、陸委會副主委陳明通等產官學界代表，以不同的觀點來看民進黨的改革成就、政策立場、政黨屬性及未來發展方向等，其中型塑民進黨為「進步的改革力量」的企圖甚為明顯，期望民眾支持使其成為國會第一大黨之目標亦儼然浮現。

除此之外，為了增加與學校學生的互動，文宣部亦舉辦了「嗆聲世代」政黨廣告創意賽，並取了三名優勝作品「換手篇」、「掃到一半」及「綠巨人」；內容包括諷刺在野黨用不同方法杯葛政府、彼此爾虞我詐，及呼籲民眾支持民進黨讓其堅持改革等。該些得獎作品，民進黨亦將其播放於有線電台上，企圖以年輕的觀點進一步吸收年輕選票，擴大全民認同。

---

[48] 鄭自隆，「政黨廣告學，告訴我選你的理由」，《聯合報》，二○○一年十一月二十一日，第十五版。

表二　民進黨電視廣告（共十二篇）

序號名稱	廣告表現形式	內容意義摘要	備註（來源、版面時間）
1.兄妹篇	兄妹爭吵但最後仍和好之相關論述	1.心頭捉呼定，做夥向前行 2.呼籲國內政黨停止鬥爭 3.呼應五二〇就職周年	90.5.16 並非競選廣告
2.謝長廷篇	謝長廷自述配合問政相關畫面	1.把進步力量帶到國會 2.第一波競選廣告，謝長廷主角 3.讓民進黨成為第一大黨，才有機會改革國會、穩定政局 4.呼籲席次減半，單一選區	90.10.17
3.世界棒球賽	國小棒球隊練習加陳義信	1.為中華隊及台灣加油 2.陳以其專業指導花蓮太巴塑國小少棒隊員，強調團隊合作、運動家精神 3.呼應世界棒球賽在台灣	90.10.29
4.在怎麼野蠻I—兒童福利篇	小朋友為主題內容畫面	1.批在野黨立委刪除低收入家庭兒福預算，造成台北、桃園、宜蘭縣難以落實對兒童照顧 2.呼籲不要刪除兒童福利預算	90.11.7
5.在怎麼野蠻II—網路學習篇	學校網路學習相關影像	1.批在野黨刪除教育部主管之「教育及學術資訊管理與發展」補助預算 2.呼籲不要阻礙學生上網學習機會	90.11.9
6.在怎麼野蠻III—排水改善篇	排水系統施工影像	1.攻擊在野黨縣市長候選人刪除二十四億排水改善工程預算 2.呼籲不要阻斷防洪疏浚工程	90.11.11
7.在怎麼野蠻IV—地方建設篇	地方建設畫面；小朋友及瓦礫畫面	1.攻擊國民黨凍結二十一縣市一百九十四億基本建設經費 2.批國民黨凍結經費，建設動不了，頭家凍未條	90.11.16
8.國會改革篇	立院相關吵鬧畫面配合字幕	1.呼籲國會改革、單一選區兩票制及國會議席減半 2.以在野黨主導議事造成癱瘓為背景	

（續）表二　民進黨電視廣告（共十二篇）

序號名稱	廣告表現形式	內容意義摘要	備註（來源、版面時間）
9.政黨廣告—民進黨	人物專訪畫面	1.謝長廷、平路、陳明通等產官學人士口述 2.陳述民進黨貢獻、定位、政策及發展方向等 3.呼籲成為國會最大黨	90.11.21
10.換手篇	人物開車畫面	以駕駛換手卻緊抓方向盤，令新手無法開車；諷刺在野黨	比賽優勝作品
11.掃到一半	全家大掃除畫面	比喻台灣像掃到一半的房子，最亂的時刻更要堅持下去	比賽優勝作品
12.綠巨人	紅綠燈畫面	以交通號誌的意涵帶出在野爾虞我詐，犧牲全民福祉	比賽優勝作品

＊筆者自行整理列表；其中第一篇「兄妹篇」為因應就職的廣告，並不屬競選廣告，故內文不加以討論，後三篇為「嗆聲世代」比賽優勝作品。

■文宣 DM 部分

民進黨在本次選舉中，平面文宣亦有印製；包括針對主軸「國家要進步，台灣不走回頭路」的小冊說帖，和持續寄發給黨員同志的「綠色限時批」。以前項而論主要是以較理性且平鋪直敘之方式，將相關議題呈現，同時提出民進黨的政策、對當前時局之看法，亦有對在野黨提出批評。然因為發送頻率及效果之故，是以後來將其中相關文章配合網站進行複式宣傳。「綠色限時批」則包括「中央黨部內部重要消息」、「府院看板」、「國會觀察」及相關時事評論或專論等；其主要目的應是讓黨員同志瞭解黨中央對議題之相關立場，以便在進行口耳宣傳時能與黨中央同調，發揮統合戰力。

(三)其他傳播媒體及公關、事件行銷及促銷之配合

■公關行銷

民進黨在網站中每天皆有「新聞稿」之部分，可供民眾自由選取，由此看來，中央黨部每日必會針對相關議題或黨內相關重大事件、活動或新廣告主動發布新聞稿；很明顯地，民進黨期望透過將訊息提供給大眾傳播媒體，使其免費發布成為新聞報導，或持續維持與媒體之良好關係。

■事件行銷

民進黨各部門亦透過具有創意性的活動或事件，使之成為大眾關心的話題、議題，因而吸引媒體的報導與選民參與，期望藉「事件行銷」進而達到提升民進黨形象及贏得選戰之目的。如青年部舉辦邀請剛成年的年輕人共同參加的「民主成年禮」，及針對「立委席次減半能改善立院亂象」及「區域立委應採單一選區制」等與政策有關之議題進行辯論的「『嗆聲世代』──民進黨第一屆青年辯論大賽」。社會發展部結合民間團體召開的「刪我預算，不要『凍蒜』」記者會，婦女部以改善國會亂象為名的「讓仙子降臨，女人夢想成真」聯合記者會等，皆為事件行銷之例證。

■促銷活動──總統促銷

陳水扁總統於九十年十月十八日出版「阿扁總統電子報」，十月下旬出版《世紀首航》一書，十一月展開「世紀首航助選團」全省巡迴造勢，所到之處不但多少能吸引媒體之報導，同時在場合中，陳水扁多能適時地針對相關時事進行回應，或是又拋出另外的議題，企圖左右媒體報導。特別是總統府幕僚單位更與電視台洽談購買時段全程轉播「世紀首航助選團」造勢晚會，透過媒

體實況轉播強力競選，惟為避免對選罷法相關規定有所牴觸，故最後取消了相關全程轉播活動。即使如此，這樣的大型造勢活動仍是替選戰加溫、促銷民進黨、鞏固鐵票或傳輸競選主軸的良方，同時它在配合競選廣告文宣的面向上，亦多少能發揮相輔相成之效。而黨主席謝長廷領軍的「進步火車頭」中央加油團全省巡迴，並透過大型造勢活動推銷黨的候選人，應亦可將其歸入本項目。

■其他傳播科技之使用

更為特別的是，民進黨秘書長吳乃仁更進一步地想結合掌上型電腦（PDA）發展「數位戰情中心」，讓民進黨年底選戰更加「高科技」。承辦該項業務的新高山公關公司總經理林鳳飛表示，PDA可以傳送即時性的資訊，包括候選人演講時的題材、攻擊的要點，以及隨時掌握最新選情，這些對候選人幫助都很大。民進黨文宣部主任鄭運鵬指出，目前黨中央結合 PDA 手機所推動的「數位選戰中心」，主要是針對 call in 節目，因為立委候選人利用趕往電台的二、三十分鐘的車上時間，透過 PDA 手機上的重點提示資料，可以有不錯的事前準備工作[49]。

六、整合行銷傳播與競選策略適用性之評析

前文指出整合行銷傳播與「4P」、「4C」及「4V」觀念的發展有密切關係。以民進黨此次選舉來看，作為新執政的民進黨這項「產品」有其無法避免的劣勢，如經濟持續下滑、執政能力不彰，但最後卻能在國會選舉中大敗國民黨，達成國會最大黨的戰略目

---

[49] 〈數位選戰鳴槍起跑〉，《新新聞週報》，二○○一年九月十三日至九月十九日，頁 70-71。

標，筆者認為與這些相關的概念有著密切之關係。首先，民進黨宣傳的通路及造勢活動將觀念（國會最大黨或配票）做推廣，固然對勝選有影響，而更重要的是他似乎有注重到消費者（即選民）的需求——即希望安定，是以其可以先估算哪種組合是「成本最小、獲益最大」，是讓行政與立法由不同黨派分治能獲得安定，還是行政、立法皆為同黨較為安定？其邏輯當然是建構後者的合理性，因此透過「國會最大黨」的概念與選民溝通。當然要說服選民相信民進黨執政的政績是不容易的，是以它以「變通」的概念作出發，將現今政治經濟的問題歸咎於國民黨主導的立法院扯後腿，企圖重塑選民的價值觀，進而展開攻擊策略，強化正當性，期望透過多元化但卻立場一致的傳播管道，引發選民的共鳴，凡此種種都是希望將民進黨全面執政能夠「提供更完善、更有效率的施政或服務」給社會大眾。

而在以「國會最大黨」此戰略目標指導下，透過攻擊和分化的戰略，配合相關戰術的使用，使民進黨此次選戰的章法、步調，甚至議題拿捏仍可說恰到好處；如攻擊性的「在怎麼野蠻」系列廣告著實能建構「國會輪替」的概念來呼應「國會最大黨」，行政單位丟出的「清查黨產」亦多少有醜化國民黨的負面效果，甚至陳水扁主導的「國家安定聯盟」議題，亦為泛藍軍的團結投下了新的變數，此些皆在文宣廣告的作為上口徑一致。而相關的造勢場合，陳水扁及謝長廷亦緊鎖住建構的策略，鮮少另闢戰線，凡此種種似多能看出相關的競選作為與策略擬訂是能有某種程度之連貫。

更細部地歸納民進黨的戰略及戰術，並以之為基礎，似乎提供了各式傳媒一個擬定策略及呈現內容的方向，筆者先從前述相關理論部分的探討出發，再來進一步探討整合傳播行銷於選戰上適用的可能性。首先，以「形象整合，聲音一致」來看，民進黨

的主軸及基本攻防策略，如攻擊在野黨、民進黨拼最大黨等概念均能在各式媒體中出現，頗能符合此同一聲音，同一做法，同一概念傳播與目標受眾溝通的原則。其次，由「現有及潛在消費者出發」來討論則可發現民進黨有考量成本效益及針對選民結構，盡可能地統合運用所有傳播工具。如為達到「國會最大黨」及「國家安定聯盟」建構之理想，民進黨再度祭出爭論頗大的「配票」策略，甚至透過選前幾天以陳水扁喊話、報紙廣告企圖達到此項目的；深入分析則可推斷民進黨立委候選人的提名與選票支持結構間勢必做過精密的計算，此應可解釋為其依據「現有消費者」考量的結果。另外，一般社會大眾（潛在消費者，特別是中間選民）對政治安定、經濟復甦的期望（需求）似乎亦提供了民進黨在設定競選主軸的重要依據。據以民進黨透過適當之傳播管道，量身打造適合的溝通模式，期望達成促購行為（投票給民進黨）並建立對民進黨執政的信心。

再者，倘從「使用所有工具接觸」置焦，則從前節的分析約略可知，民進黨此次的選舉如同總統大選般，運用了許多先進的傳播科技來從事競選：從掌上型 PDA、網路競選、檔案下載、網上互動、電視廣告、報紙廣告、平面文宣小冊、造勢活動爭取媒體青睞等。除了掌上型 PDA 是供黨籍立委上 call in 時所使用及造勢活動爭取媒體版面無法自己控制之外，其他媒體幾乎都可以自己掌控且有很明顯地對民眾宣傳的功能；而從本文細部討論的網路、電視廣告及報紙廣告中，多少可以發現民進黨在這些較可以主控的傳播媒體中其攻守是有章法的。以報紙廣告來說，大約是以正面為主，如「開跑」、「國家安定聯盟」及「配票篇」；同時強調與議題之結合，如「國民黨黨產」及「國家安定聯盟」篇。中央黨部網站中「選戰最前線」中的文宣，較多是正面且理性的論述，如「掃除黑金的成就」、「讓民進黨成為最大黨的理由」等，

在其中亦可發現補強其經濟弱勢之企圖；至於電視廣告則大多是以攻擊為主，特別是以攻擊國民黨扯後腿的論據，進而將立法院「妖魔化」，以建構民進黨作為最大黨的合理性。

　　細部來看，在民進黨可以主控的傳播媒介上，整合行銷傳播之原則似能浮現。網站重正面理性的宣傳，且重說理，報紙廣告較重議題配合，電視廣告主攻國會，三種宣傳管道似乎各有重點，有時間序列之安排。如張雅琴亦指出九月開始使用以文字理性為調性的文宣小冊，其後電視廣告從十月中旬開始至十一月二十日，最後當電視廣告不能播時，則是以平面文宣加議題導向[50]。民進黨由於經費的關係，電視及報紙廣告並無在同時間呈現，而是電視廣告不能播之後，代之以報紙廣告，此舉不僅對經費不足的民進黨來說有節省資源之效果，亦符合整合行銷傳播之原則。

　　另外，民進黨在取得中央執政權後，文宣廣告並未如相關文獻中之討論般，以「執政者」常用的防禦策略來鋪陳，反而仍是以「挑戰者」慣用的攻擊策略來攻城掠地。究其原因則與戰略建構「國會最大黨」有關，蓋這次國會選舉民進黨仍是以「第二品牌」或「挑戰者」角色自居，唯有針對國民黨進行攻堅，戰略目標才能達成。故從電視廣告、報紙廣告及網路文宣中皆可清楚發現，攻擊廣告或文宣仍以一定之比例存在，特別是電視廣告幾乎占了三分之二強，報紙廣告幾乎占了一半（三比二）。此亦是針對本文所設立的第一個問題所進行的回答。周守訓指出，兩大政黨打廣告，執政黨不打安定而打攻擊牌，某種程度上多少會有些作用，即可能會讓民眾有「執政黨並非不行，而是在野杯葛它」的印象[51]。若由此觀點來看，民進黨的挑戰者攻擊策略在某種程度上是有其效果的。

---

[50] 同註 28。
[51] 同註 46。

最後，「統一事權」似乎是民進黨在選戰中頗明顯的策略作為。經訪談結果亦能窺見，文宣部在傳播工具的統合運用上，有統一的事權，建構出單一的對外宣傳體系，在做策略擬定之同時，跨部門（平行部門或垂直單位）的溝通合作亦頗密切。

進一步地，將整合行銷傳播的模式應用在此次民進黨的競選傳播策略中，筆者將以前面之架構圖來綜合評估，並探討這樣之架構在日後同型研究中的適用性。首先，進行影響選民投票行為的環境因素分析仍是必要之項目，策略擬定者仍必須考量可能影響選情之政經變數作為擬定之依據；如民進黨考量選民企求政治安定、經濟成長而祭出的「國家安定聯盟」；其次，進行競爭者整合行銷傳播的戰略評估，分析主要競爭者在整合行銷傳播上的優劣勢，如民進黨主攻行政及改革魄力的優勢，經濟弱勢並不隨敵人之攻擊而起舞；再者，以現今亂象均肇因於在野黨扯後腿，讓民進黨無法順利施政作為出發，建構民進黨成為國會最大黨即可穩定執政的主訴求，進而決定整合行銷傳播與資源配置的計畫及執行（如圖三）。

而從上項與理論及模式配合之相關論述中可以發現，民進黨此次透過傳播科技管道的宣傳作為及其呈現，基本上與整合行銷傳播應注意的重點有某程度之聯繫度。這亦是針對本文最初所設立的第二個問題所進行之回答。

即使民進黨在整體策略擬定及呈現上，似乎有整合行銷傳播之雛型，但是由前面章節的分析中亦能發現，其在策略執行的過程中仍有其問題。如民進黨在彌補劣勢上「反守為攻」，但是在「強化優勢」策略上，並無明顯可以說服選民的論據，是為其一。另外，文獻中的「執政者」策略，民進黨似乎並未使用，而是透過攻擊戰略對在野猛攻，而執政者一味透過攻擊戰略企圖主導選戰之進程，會否對台灣的選舉造成負面之影響，亦是值得商榷的。

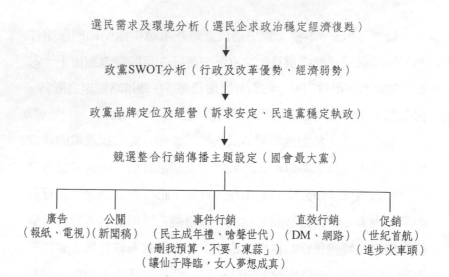

選民需求及環境分析（選民企求政治穩定經濟復甦）

政黨SWOT分析（行政及改革優勢、經濟弱勢）

政黨品牌定位及經營（訴求安定、民進黨穩定執政）

競選整合行銷傳播主題設定（國會最大黨）

廣告　　公關　　　　事件行銷　　　　直效行銷　　促銷
（報紙、電視）（新聞稿）　（民主成年禮、嗆聲世代）（DM、網路）（世紀首航）
　　　　　　　　　　（刪我預算，不要「凍蒜」）　　　　　（進步火車頭）
　　　　　　　　　　（讓仙子降臨，女人夢想成真）

圖三　民進黨二〇〇一年選舉競選整合行銷傳播策略

最後，一味將施政績效不彰的責任推給在野黨，而廣告中亦似乎見不到「反求諸己」的論述，並無針對「弱勢點防堵」的積極作為。

七、結論與建議

本文以傳播科技作為出發，進而將「整合行銷傳播」之相關原理原則納入討論，除了欲探討政黨在選舉過程中使用傳播科技從事宣傳是否能依據戰略指導進行相互配合發揮整合效果外，並希望能將商業中運用頗為廣泛的「整合行銷傳播」納入選戰使用中。基於前文之討論，筆者將先歸納提出本文的結論，並對日後選舉「整合行銷傳播」的適用提出一己之建議。

(一)對競選之整合行銷傳播策略之總結

1. 競選整合行銷策略必須依照總體戰略為基礎來規劃：民進黨在確立戰略目標——國會最大黨之後，採取攻擊及分化策略，團結綠營、分化藍營，而且各式行銷方式亦能鎖定主軸，不致偏離，故較能發生效果。

2. 競選整合行銷策略之貫徹應注重機制間縱向及橫向之聯繫：整合行銷傳播首重資源整合，亦即在有限的資源下從事最有效之利用；從前面章節之分析中可約略發現，民進黨在選戰中各機制間協調聯繫頗為頻繁，文宣部產製之文宣會配合民調部之數據，青年婦女及社會部之事件行銷活動亦能配合主軸「國家進步」及「國會最大黨」，有某種程度的一致性。

3. 競選整合行銷策略應注重選民區隔，強化推銷：民進黨的「安定牌」——「國會最大黨」致使「國家進步」的邏輯建構所置焦的選民除了傳統鐵票外，中間游離選民應仍是其訴求重點。其是在市場區隔後所選定之目標市場，其訴求「民進黨穩定執政」之定位，亦頗符合策略建構之相關原則。

(二)對競選之整合行銷傳播策略之建議

1. 商業概念套用於競選中之「界定」問題：整合行銷傳播中之相關概念在商業行銷中定義頗為明確，但套用於競選傳播中有待進一步釐清；如「促銷」在商業行銷上則很明顯地包括產品之外的「贈品」或「折價優惠」等，但在競選上意義則有差別。在本文中，筆者是將選舉中之促銷活動界定為「非

候選人本身的知名人士對候選人所進行的推捧、拉抬，對選情可能造成加分效果的相關造勢行為」；是以，相關概念之借用，是否可建構一個較適切之定義，則是當務之急。

2. 對研究架構之建議：前面所引用之商業上之「整合行銷傳播策略架構」借用到競選上，倘能更進一步將「競選階段」劃分出來，應能更細部地將相關行銷工具及其作為進行比較，深入分析。

3. 對實務面之建議：經過本文之初步分析，商業上的「整合行銷傳播」應能適用於競選過程，其減少成本、強化效益之特色，應可對候選人、選戰顧問、政黨或競選組織起一定之引導作用。

　　若選戰競爭的策略擬定者能有新時代的整合行銷觀念，且能夠加以貫徹其策略，對於勝選應有其加分效果；但是並不能就此下斷語說「競選整合行銷的工作做得好，就一定會勝選」，因為宣傳工作只是競選一個重要環節，其他環節──包括組織與經營、候選人特質及對相關變數之控制等。倘候選人形象好、組織工作札實，才較易透過宣傳進行加分，畢竟競選是一項高度科學化與組織化的工作。最後，本文只是將「整合行銷傳播」之相關概念套用於競選傳播上的一個起點，期望藉此將選舉研究之視野更形擴大，充實選舉研究之成果。

參考書目

■中文專書、論文

余逸玫，1995，《整合性行銷傳播規劃模式之研究——以消費性產品為例》，政大企管所碩士論文。

吳怡國、錢大慧、林建宏譯，1999，《整合行銷傳播》，台北：滾石文化（Don E. Schulz, Stanley I. Tannenbaum, Robert F. Lauterbom, 1993, *Integrated Marketing Communications: Pulling it together and make it work*）。

邱怡佳，1998，《整合行銷傳播實施之探索性研究——以國內信用卡產品為例》，輔大管理學研究所碩士論文。

洪淑宜，1996，《整合行銷傳播在媒體行銷上之運用——以台北之音為例》，政大新聞研究所碩士論文。

許安琪，2001，《整合行銷傳播引論：全球化與在地化行銷大趨勢》，台北：學富文化事業有限公司。

曹偉玲，1999，《整合行銷傳播在有線電視頻道之應用研究》，政大廣告研究所碩士論文。

陳鈺婷，2000，《整合行銷傳播（IMC）在台灣行動通訊系統服務之應用——以遠傳電信為例》，淡江大學大眾傳播系傳播碩士班碩士論文。

陳瑩霜，2001，《整合行銷傳播理論於廣告代理商網路廣告經營之應用》，國立政治大學廣告學系碩士論文。

彭芸，2001，《新媒介與政治》，台北：五南出版社。

鈕則勳，2002，《競選傳播策略：理論與實務》，台北：韋伯出版社。

廖宜怡譯，1999，《品牌至尊——利用整合行銷創造極終價值》，台北：美商麥格羅‧希爾國際股份有限公司（Duncan T. & Sandra Moriatry S., 1997. *Driving Brand Value: Using Integrated Marketing to Manage Profitable Stakeholder Relationship*）。

鄭自隆，1991，《民國七十八年選舉政治廣告訊息策略及效果檢驗之研究》，政大新聞所博士論文。

鄭自隆，1992，《競選文宣策略：廣告、傳播與政治行銷》，台北：遠流圖書公司。

鄭自隆，1996，《競選廣告：理論、策略與研究案例》，台北：正中書局。

蕭富峰，1994，《行銷實戰讀本》，台北：遠流圖書公司。

■中文報紙、期刊

《中央日報》

《中國時報》

《自由時報》

《聯合報》

《新新聞周報》

■英文部分

Denton, Robert E., Jr. ed., 1998, *The 1996 Presidential Campaign: A Ommunication Perspective*, Westport Conn.: Praeger.

Greer, Jennifer, 2001, *Cyber-Campaigning Grow up: A Comparative Content Analysis of Senatorial and Gubernatorial Candidate' Web Sites, 1998-2000*. Paper for delivery at the 2001 Annual Meeting of the American Political Science Association.

Kavanagh, Dennis, 1998, *Election Campaigning - The New Marketing of Politics*, Blackwell Publishers Ltd.

Kotler, Philip & Neil Kotler, 2000, "Political Marketing: Generating Effective Candidates, Campaigns and Causes" in Bruce I. Newman ed., *Handbook of Political Marketing*, London, Sage Publication, Inc.

Newman, Bruce I. ed., 2000, *Handbook of Political Marketing*, London, Sage Publication, Inc.

Nimmo, Dan, 1970, *The Political Persuader: The Techniques of Modern Campaigns*, Prentice-Hall, Inc.

Nimmo, D., 1978, *Political Communication and Public Opinion in American*. Santa Monica: Goodyear.

Pfau, Michael & Parrott, Roxanne, 1993, *Persuasive Communication Campaigns*, Boston: Allyn and Bacon, c1993. pp.262-285.

Selnow, Gary W., 1998, *ElEctronic Whistle-Stops: The Impact of the Internet on American Politics*, Westport, Conn.: Praeger.

Swanson, David L. & Nimmo, Dan, eds., 1990, *New Directions in Political Communication: A Resource Book*, Sage Publications, Inc.

Trent, Judith S. & Robert V. Friedenberg, 1995, *Political Campaign Communication: Principles and Practices,* 3rd ed. Westport, CT: Praeger.

■深入訪談

國民黨文傳會發言人周守訓,台北:國民黨中央黨部文傳會,二○○一年十二月七日,14:00-15:00。

民進黨當時的文宣部副主任張雅琴,二○○二年三月十五日14:30-15:30。

深入訪談題綱試擬（國民黨）

一、就選戰而言，請問　貴黨整體大戰略的考量為何？

二、以文宣戰而言，請問　貴黨是否有設定階段來進行攻防？如果有，各階段的重點策略及內容為何？如果沒有，是什麼因素決定文宣的策略及作為？

三、請教您民調的結果對策略之影響為何？又　貴黨如何進行民調？是自己做？還是外包？又哪些因素對策略擬定有較大關係？

四、如果把文宣的種類區分為政策宣導式文宣、直接攻擊其他黨或候選人的攻擊式文宣、回應他黨或候選人挑戰的防禦式文宣，及政黨形象塑造（或政績式）的文宣；請問您　貴黨這些文宣的比例如何？哪種多？哪種少？

五、就平面文宣、報紙廣告、電視競選廣告、廣播廣告及網路而言，　貴黨的策略是否相同？還是有差異？若有差異，差異點何在？

六、請問　貴黨文宣廣告策略是由何種機制擬定？是黨中央？專業幕僚（公關廣告公司）？還是都有？專業幕僚（公關廣告公司）是單一家還是許多家？

七、我們會發現　貴黨文宣中除了黨部製作的之外，還會有立院黨團的相關報紙文宣；想請問您，這些文宣作為或機構有無相互協調，還是各自為政？

八、請問您在這次選舉中，　貴黨所設定的主要 slogan 為何？有無因階段性策略考量而改變？若是有，　貴黨考量的因素如

何？

九、就總體而言，您能否對　貴黨所推出的文宣簡單評估一下它的效果如何？如有沒有聽到坊間的肯定或是相關負面聲音？

十、請問　貴黨有「棄保」策略？若有，在宣傳上如何配合操作？

深入訪談題綱試擬（民進黨）

一、就二〇〇一年選戰而言，請問　貴黨整體大戰略的考量為何？

二、請問　貴黨在二〇〇一年選戰中大致透過了多少傳播管道來
　　進行宣傳？而運用這些媒體的主要考量為何？策略是否相
　　同？相互間有無攻守之關聯性？

三、以文宣戰而言，請問　貴黨是否有設定階段來進行攻防？如
　　果有，各階段的重點策略及內容為何？如果沒有，是什麼因
　　素決定文宣的策略及作為？

四、請教您民調的結果對策略之影響為何？又　貴黨如何進行民
　　調？是自己做？還是外包？又哪些因素對策略擬定有較大關
　　係？

五、如果把文宣的種類區分為政策宣導式文宣、直接攻擊其他黨
　　或候選人的攻擊式文宣、回應他黨或候選人挑戰的防禦式文
　　宣，及政黨形象塑造（或政績式）的文宣；請問您　貴黨這
　　些文宣的比例如何？哪種多？哪種少？

六、貴黨有無針對二〇〇一年選舉另行設立單獨之網站進行攻
　　防？若有，其大致內容如何？若無，是否仍以政黨網站來因
　　應選戰？有無獨立的攻防專區？

七、請問　貴黨文宣廣告策略是由何種機制擬定？是黨中央？專
　　業幕僚（公關廣告公司）？還是都有？專業幕僚（公關廣告
　　公司）是單一家還是許多家？

八、請問您在這次選舉中，　貴黨所設定的主要 slogan 為何？有
　　無因階段性策略考量而改變？若是有，　貴黨考量的因素如
　　何？

第三篇

資訊科技與國際研究

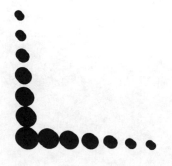

資訊科技與虛擬外交

姜家雄
政治大學外交學系副教授

吳竹君
台灣經濟研究院助理研究員

自十五世紀中葉活字版印刷術發明，資訊科技開始改造人類文明。時至今日，拜微晶片、人造衛星、光纖網路、電腦科技及網際網路的發明之賜，通訊成本大幅滑落，資訊的傳遞無遠弗屆，人與人的溝通無時空障礙，新興資訊科技打造了一個更加緊密的資訊世界。資訊科技對人類文明所造成的衝擊是全面性的，從個人到國家及整個國際社會無不受影響，而國家的外交體制亦不例外。虛擬外交（virtual diplomacy）企圖有效地結合資訊科技與外交工作，對於面臨多方挑戰的傳統外交體制而言，或許沒有外交官的外交（diplomacy without diplomat）提供另類的生機。

一、傳統外交的功能

　　外交是管理國家和國家間關係的行為，其中包含了國家對外政策的宣示、形塑與執行，此種管理是透過各種和平的方式來進行[1]。基本而言，外交是透過國與國之間持續的資訊交流過程，以增進國家利益的一門藝術，其目的在於改變對象標的（target）之態度及行為，以符合自身的利益，因而外交可以說是一種國家對國家（state-to-state）說服行為的實踐[2]。無可諱言，資訊是外交工作的命脈，是外交工作成敗與否的關鍵因素。

　　根據布爾（Hedley Bull）的說法，外交是國家與國家或與其

---

[1] Keith Hamilton & Richard Langhorne, 1995, "Introduction," in *The Practice of Diplomacy: It's Evolution, Theory and Administration*, London: Routledge, pp.1-3; R. P. Barston, 1997, "The Changing Nature of Diplomacy," in *Modern Diplomacy*, 2d ed., New York: Longman, pp.1-2.

[2] Center for Strategic and International Studies, 1998, "Reinventing Diplomacy in the Information Age," http://www.csis.org/ics/dia/diadraft.pdf, 9 October 1998, p.10, 34.

他政治實體間,藉由官方機構及和平方式所進行的行為關係[3]。尼克遜(Harold Nicolson)並認為,這樣的工作應交由職業(professional)外交官來進行,他指出:「外交是透過談判的方式以管理國家間的關係,而此種國際關係的管理乃由大使與外交使節來調節。亦可以說,外交是外交官員處理國際關係的一門藝術。」[4]職業外交官必須以智慧圓滑的方式與細微敏銳的心思來處理國際關係,故外交官需要具備相當的智慧才能勝任。總而言之,外交是以和平的方式來處理國家間的關係,而此種關係的處理堪稱一門藝術,並且必須由能代表國家的官方外交機構與具有智慧的職業外交人員來從事。

外交工作的基本內涵是獨立國家及政治實體間訊息的相互流通,也就是說,外交的核心工作是國家之間資訊的傳遞[5]。國際社會成員希望透過談判與對話的方式交換訊息,化解彼此間的衝突、增進友誼,外交就是國際社會成員溝通交流及談判協商的重要過程。外交官員代表國家,扮演國家之間溝通交流的橋樑,透過訊息的交換,以維護或促進本國和其他國家或政治實體間的友好關係。訊息能否順暢無阻地交換,不僅是外交工作成敗的關鍵,更攸關國際社會的和諧。

外交做為國家及政治實體間的溝通程序已有幾千年的歷史。歷史上第一份外交文件出現在西元前約兩千五百年地中海岸的中

---

[3] Hedley Bull, 1977, "Diplomacy and International Order," in *The Anarchical Society: A Study of Order in World Politics*, New York: Columbia University Press, pp.162-170.

[4] Harold Nicolson, 1950, *Diplomacy*, London: Oxford University Press, p.7.

[5] Coastas M. Constantinou, 1996, "Diplo-ma-cy: From Statecraft to Handicraft," in *On the Way to Diplomacy*, Minn.: University of Minnesota Press, pp.69-74; Hedley Bull, 1977, "Diplomacy and International Order," in *The Anarchical Society: A Study of Order in World Politics*, New York: Columbia University Press, p.164.

東地區，該外交文件的出現以及其內容具有下列幾項意義：兩個距離相隔遙遠國家的互動關係，利用專使傳送此外交文件，在兩國地位平等的基礎上發展出協商、互諒的溝通，外交行文有一定的格式，和專司制訂與執行外交工作之國家機關的設立等等[6]。隨著國家之間關係日益密切，國家領導者發現有必要和其他國家就許多議題進行經常性的討論與協商。以往國際社會中並無國際論壇機構或組織，國家領導者必須透過代表以間接的方式進行談判，外交官員於是被派遣至外國代表本國從事談判工作。而這樣的國家溝通方式逐漸發展，進而成立專司國家外交制度的專門機構與人員，並在外國建立使館，派遣長期駐外使節，於是外交成為一種正式專門的職業[7]。

傳統外交工作處理大部分是雙邊關係之議題，而議題範圍不外乎與國家安全相關之事項，諸如領土的變動以及戰爭與和平等，特別是國家間的談判與協商多以秘密方式為之[8]。大體而言，國家外交機制有下述幾項功能：

首先，外交的功能在於增進各國之間的溝通與瞭解。國家之間的溝通若有困難或不存在，則國際社會便無法維繫，外交官員主要是扮演「傳信者」（messenger）的角色，確保各國之間的溝通管道暢通無礙[9]。為了充分發揮這項角色，漸漸衍生出處理國家外

---

[6] Brain White, 1997, "Diplomacy," in John Baylis & Steve Smith ed., *The Globalization of World Politics: An Introduction to International Relations*, New York: Oxford University Press, p.251.

[7] Keith Hamilton & Richard Langhorne, 1995, "The Diplomacy of the Renaissance and the Resident Ambassador," in *The Practice of Diplomacy: It's Evolution, Theory and Administration*, London: Routledge, pp.29-54.

[8] Keith Hamilton & Richard Langhorne, 1995, "The 'Old Diplomacy'," in *The Practice of Diplomacy: It's Evolution, Theory and Administration*, London: Routledge, pp.90-130.

[9] Hedley Bull, 1977, "Diplomacy and International Order," in *The Anarchical Society: A Study of Order in World Politics*, New York: Columbia University Press, p.170.

交事務的機構，而外交官員的權利（如豁免權等）亦隨其職務需要而產生。

其次，外交的功能是透過談判以促成協議之達成，各國經過談判協商，發現彼此共同利益之所在，進而凝聚共識。身為國與國之間的橋樑與傳信者，外交人員必須尋求相關國家利益交集之處，使用各種方法讓相關國家瞭解共同的利益，並說服相關國家針對議題能達成協議。

外交的第三項功能為蒐集有關駐在國的資訊及情報。駐外的外交使節應能夠確實體認駐在國面臨的重要國內及國際議題，向本國政府詳實報告駐在國的政治、經濟、軍事及社會情勢與發展，保持與駐在國政治領袖定期的接觸，定時向本國政府報告駐在國的政策，並適時提供建議或警告。資訊蒐集、國情報告、提出建言或警告便為外交使館最重要的功能，而這項工作需要一群具有政治、經濟、軍事及社會等專業判斷力的外交人員來擔任。

第四項外交功能為將國際摩擦或衝突降至最低。外交為國際衝突的消弭者與潤滑劑，其國際社會成員透過談判與對話來增進彼此睦誼，消除國家間衝突發生的原因，或者將已發生的衝突或摩擦降至最小的規模與程度。此外，外交工作還包括了替本國的各項政策辯護，營造政策推動的有利氣氛[10]。

最後，外交尚具有「代表」（representation）之功能，外交使節為國家立足於國際社會之象徵，正式代表國家參與各項政府間國際活動。外交使節對外代表國家，因此其言行具有一定公信力；另一方面，外交使節駐紮使館及海外據點不僅負責解釋及捍衛本國政策，也代表國家並與外國政府進行談判、交涉[11]。

---

[10] R. P. Barston, 1997, "The Changing Nature of Diplomacy," in *Modern Diplomacy*, 2nd ed., London: Longman, p.2.

[11] Coastas M. Constantinou, 1996, "Diplomatic Representations… or Who

隨著資訊科技的快速發展，資訊的傳遞與接收超越了時間與空間所加諸的有形障礙，資訊科技對人類文明帶來廣泛而深遠的影響。國家外交工作的目的是試圖影響他國行為以維護本國的利益，各國外交人員均是為此目的而努力。但是現代資訊傳播工具的影響力與日俱增，不僅影響社會大眾對國際事務的參與程度，也對傳統外交工作構成挑戰與威脅。「工欲善其事，必先利其器。」國家外交體制的當務之急是將先進的資訊科技與傳統的外交工作做適度的結合。隨著網際網路的日益普及和其重要性的提升，面對日益多元與錯綜複雜的國際議題，結合網際網路與國家外交工作乃是資訊時代必然的趨勢，「虛擬外交」為外交工作因應網際網路科技問世後所產生的一新興現象。

二、資訊科技之挑戰

　　傳統外交工作的重心多放在處理戰爭與和平相關事項，然而近二十年來，國家之間互動頻繁，國際議題範圍也變得更加多元與複雜，外交工作的領域亦隨之擴大[12]。貿易投資、多國企業、社會福利、環境保護、毒品走私、跨國犯罪、移民及難民、恐怖主義等新議題的重要性提升，陸續成為外交工作的主軸。其次，傳統外交工作處理的大多是雙邊關係。相對地，今日複雜多元的國際議題已不再是少數一、二個國家所能掌控，解決這些問題更是需要國際社會共同參與。而許多原本是國內性質的問題也引發國

Framed the Ambassadors?" in *On the Way to Diplomacy*, Minneapolis: University of Minnesota Press, pp.23-26.

[12] Richard Lanhorne & William Wallace, 1999, "Diplomacy towards the Twenty-first Century," in Brian Hocking ed., *Foreign Ministries: Changes and Adaptation*, New York: St. Martin's, p.16.

際社會的嚴重關切，堂堂正正地進入國際舞台，內政與外交的分野變得模糊不明確，例如：中南半島的毒品走私、大陸的非法移民、東南亞的金融危機都成為當今國際社會的焦點議題。總而言之，資訊時代的外交工作已呈現全球化的效應[13]，外交工作內容不僅在「量」上較以往增加許多，在「質」上也與過去大不相同。

由於單一國家無法獨力處理錯綜繁雜的國際問題，國家的角色與能力受到嚴峻考驗，動輒得咎；相對地，非國家行為者（包括政府間國際組織及非政府間國際組織）在經濟、人權及環境等相關議題的角色日益吃重，衝擊到傳統外交體制，導致外交人員必須調整行為模式。外交人員所面對的不僅僅是其他國家的政府代表，也必須尋求與國內或國際的非國家行為者合作，共同處理國際議題[14]。外交工作、國際行為者均是既多且雜，不僅凸顯外交人才具備專業知識與技術的必要[15]，更強化資訊與資訊科技居於外交工作樞紐的地位。

電腦科技可以說是人類發明史上進步速度最快的技術之一，自一九四六年問世以來，短短幾十年的時間，個人電腦不論在資料儲存容量及運算速度上均可說是日新月異，同時個人電腦的價格亦在持續下降。一九六〇年代後期，英特爾（Intel）創建人之一摩爾（Gordon Moore）提出所謂「摩爾法則」，預測電腦晶片的複雜度（以每一塊半導體片上的電晶體數目來計算）每十八個月便增加一倍，但其價格卻下降一半，而其後的發展亦證明摩爾當初的預測是正確的。結合個人電腦、電話、光纖電纜等資訊傳播科

---

[13] Brain White, 1997, "Diplomacy," in John Baylis & Steve Smith ed., *The Globalization of World Politics: An Introduction to International Relations*, New York: Oxford University Press, pp.256-260.

[14] James N. Rosenau, "States, Sovereignty, and Diplomacy in the Information Age," http://www.usip.org/oc/vd/vdr/jrosenauISA99.html, 11 April 2000.

[15] R. P. Barston, 1997, "Foreign policy Organization," in *Modern Diplomacy*, London: Longman, p.27.

技的網際網路，更是人類歷史上資訊傳播的空前突破[16]。網際網路是人類歷史上首次透過資訊傳播科技將全世界連結在一起，將人與人的距離大幅地拉近。

網際網路是「地球村」、「全球化」具體的實踐，它也已經成為現代人生活中不可或缺的一部分[17]。隨著資訊科技的快速發展，資訊的傳遞與接收超越時間與空間的障礙，民眾與傳播媒體的影響力與日俱增。沒有一個國家可以完全地阻擋資訊的流通，整個國際社會所呈現的是一種資訊開放與競爭的狀態，國界模糊、議題複雜且國際行為者多元，此種現象意味著，蘊育傳統外交、由民族國家所構成之國際社會已在轉變。而面對此一嶄新的世界，傳統外交工作有許多亟待改變之處。

先進資訊科技讓訊息快速流通，壓縮時間與空間，此種特性固然改變了外交行動的步調，縮短了決策者對於國際事務的因應時間。具體而言，資訊科技特別是網際網路的發展，對傳統外交體制的影響，可歸納為三個面向。首先，資訊科技革命帶動「全民外交」。由於資訊自由流動不容易管制，再加上資訊傳播快速且無遠弗屆，當一件重大國際事件發生，民眾和政府決策者往往是同時獲得訊息[18]。因此，外交人員處理國際議題時已無法將民眾排除在外，甚至民眾的意見往往左右決策[19]。拜先進資訊科技之賜，

---

[16] Neil Barrett, 1997, "Future Potential," in *The State of the Cybernation: Cultural, Political and Economic Implications of the Internet*, London: Kogan Page, pp.208-210. Wilson P. Dizard, Jr., 1989, "The Technology Framework: Communication Networks," in *The Coming Information Age: An Overview of Technology, Economics, and Politics*, New York: Longman, p.47.

[17] Wilson P. Dizard, Jr., 1989, "The Information Age," in *The Coming Information Age: An Overview of Technology, Economics, and Politics*, New York: Longman, pp.1-2.

[18] Philip M. Taylor, 1997, "Brushfires and Firefighters: International Affairs and the News Media," in *Global Communications, International Affairs and the Media since 1945*, London: Routledge, p.94.

[19] Philip M. Taylor, 1997, "Brushfires and Firefighters: International Affairs and

全球大事及各種資訊可以即時傳送至世界任何角落，任何人都有機會取得。資訊普及的結果，外交人員不再獨享國際訊息，社會大眾對國際事務的瞭解相對增加，對問題的意見及看法與外交人員也可能不同。特別是在開放的民主社會，民眾經常對外交人員提出具體要求，外交工作受到民意的監督與限制[20]。

網際網路風起雲湧，民眾也有更多機會參與國際事務的討論。各國政府紛紛設立官方網站發布訊息，開放線上論壇，民眾得以透過線上討論與電子郵件等先進資訊科技，直接與政府進行溝通互動。只要坐在個人電腦或電視螢光幕前，便可以瞭解世界大事，取得資訊。在以往，外交人員是國與國之間直接對話者，現在拜先進資訊科技及網際網路普及之賜，世界各地的人們都可以隨時進行直接的對話與資訊的交換。傳統外交人員原有的國與國之間橋樑功能以及國外資訊掌控的樞紐地位，受到嚴重挑戰[21]。

其次，資訊科技也催生「公開外交」之實踐。外交工作傳統上是屬於國家主管外交部門與職業外交官的勢力範圍，為特殊政治菁英所掌控。然而，現代外交已經成為一項公共政策領域，其運作更隨著政治變遷而「公開」。美國總統威爾遜（Woodrow Wilson）在第一次世界大戰結束後提出「十四點」（Fourteen Points），提倡「公開外交」。而媒體常態性介入並且監督外交工作，亦使得傳統的秘密外交走向窮途末路。之前國家之間的協商與談

---

the News Media," in *Global Communications, International Affairs and the Media Since 1945*, London: Routledge, pp.61-68. Peter Semler, 1995, "The Power of Public Opinion," in *Foreign Service Journal*, Vol.72, April, p.35.

[20] Richard Lanhorne & William Wallace, 1999, "Diplomacy towards the Twenty-first Century," in Brian Hocking ed., *Foreign Ministries: Changes and Adaptation*, New York: St. Martin's, p.17.

[21] Gordon Smith, 1997, "Driving Diplomacy into Cyberspace," in *The World Today* Vol.53, June, p.156. Gordon Smith, 1999, "The Challenge of Virtual Diplomacy," http://www.usip.org/oc/vd/vdpresents/gsmith.htm, 20 January.

判通常採取私下不公開的原則，直到有具體結論才公諸於世，但現代外交工作的任何一個環節，都很難將媒體隔絕在外。今日的外交人員幾乎無法從事秘密外交工作，在過程中又必須同時應付國外談判對手與國內社會大眾[22]。大眾傳播媒體已經是現代社會日常生活中不可或缺的機制，在國與國之間的關係也扮演日漸重要的角色。今天，一個政治人物若想要對國際社會發表一份聲明或是公布一項訊息，他選擇 CNN（Cable News Network）就能快速地達到目的，跳過傳統的外交管道。由於媒體掌握與傳播資訊的優越能力，國際議題的報導經常與事件發展是同步進行；經由媒體的報導，國際議題的處理都公開展現在全球人民的目光之下[23]。無可否認，資訊科技促使資訊透明化，也連帶地帶動外交工作的日趨透明化。

資訊科技的第三個挑戰是「專家外交」的來臨。國與國之間頻繁交流互動造成跨國關係（transnational relationships）的成長，日趨多元化的國際議題，也讓外交部門對於資訊的掌握常常是力不從心。因此在諸如經濟、環境領域等問題的討論上，政府相關部門直接進行功能性交流，而繞過（bypass）外交部門。此種現象在處理國際經貿事務時最為明顯，有關貿易問題的談判往往由主管經濟事務部門的官員直接與外國交涉，而不採取由外交部門進行協商談判的傳統途徑，資訊與專業知識的缺乏相對地削弱了外交部門在國際貿易事務的地位及功能[24]。專業分工、議題多元，使

[22] Abba Eban, 1998, "The Intrusive Media," in *Diplomacy for the Next Century*, New York: Yale University, pp.75-80.

[23] Philip M. Taylor, 1997, "Brushfires and Firefighters: International Affairs and the News Media," in *Global Communications, International Affairs and the Media since 1945*, London: Routledge, pp.58-59.

[24] Brian Hocking, "Introduction Foreign Ministries: Redefining the Gatekeeper Role," in Brian Hocking ed., *Foreign Ministries: Changes and Adaptation*, New York: St. Martin's, p.2. R. P. Barston, 1997, "The Changing Nature of

得外交工作不再由外交部門獨攬，外交工作改以功能取向。其他
政府部門亦積極涉入外交事務，許多議題由相關部門直接討論反
而較容易達成共識、解決問題[25]。演變至今，許多政府經常派遣功
能性專家與他國商討，排除職業外交官的參與。

　　資訊科技對整個世界所造成的影響與轉變是全面性的，雖然
傳統外交工作的內涵包括國家代表性、國際睦誼的增進、外交報
告的撰寫、以及詳實的國情分析等方面仍然持續存在。拜先進資
訊科技之賜，外交工作添加了新動力，亦即資訊科技與外交的結
合產生所謂的「虛擬外交」。應用現代的資訊科技乃是外交工作的
必然趨勢，虛擬外交的各項表現正為國家外交體制的改革與轉型
提供了一個新方向。

三、虛擬外交的涵義

　　資訊科技的發展，使得資訊的傳遞不再受到時間與空間的限
制，透過電子傳播媒介，例如無線電廣播、有線電視、衛星電話，
人與人之間不必經過面對面的接觸就可以傳遞訊息。網際網路出
現後，資訊傳播更是快速便捷而且無遠弗屆。經由遍布世界各地
的電腦交織連結而成的「電腦網際空間」（cyber diplomacy），任何
人都可以利用個人電腦對距離遙遠甚至一無所悉的人們的生活、
行為產生影響。簡單地說，「虛擬」（virtuality）指的是透過電子工

Diplomacy," in *Modern Diplomacy*, London: Longman, p.1.

[25] Richard Lanhorne & William Wallace, 1999, "Diplomacy towards the Twenty-first Century," in Brian Hocking ed., *Foreign Ministries: Changes and Adaptation*, New York: St. Martin's, p.20. Gordon S. Smith, "Reinventing Diplomacy: A Virtual Necessity," http://www.usip.org/oc/vd/vdr/gsmithISA99.html, 11 April 2000.

具媒介所產生的互動，與面對面的傳播行為有所區別[26]。外交最原始的形式便是各個主權獨立國家及政治實體間訊息的相互流通，而「虛擬外交」便是國家借助各種電子媒介進行互動，以達成溝通目的或解決國際問題。簡言之，「虛擬外交」即使用資訊科技以協助處理國際關係的相關事務及活動[27]。

自一九八〇年代以來，隨著資訊科技的快速發展，傳播技術邁向數位化，全球社會不論是科技層面或是制度層面都受到衝擊[28]。在外交實務領域，資訊科技不僅影響外交人員的工作方式，也對外交工作的本質及內容引發具體的變革。由於資訊科技的進步導致訊息快速流通的現象，顯著地加速外交工作的步調[29]。以往資訊的傳遞依賴郵寄外交包裹，無論是經由海運或空運都需要花費相當的時間，外交工作者於是有較充裕的時間對於國際議題擬訂因應策略。但是在資訊時代，時空壓縮，訊息的傳遞僅在瞬息之間，決策者對於許多國際事務的回應幾乎必須是即時的。一方面，資訊科技提升資訊的質與量，有助於改進外交工作的品質；但另一方面，資訊科技帶給外交工作人員無比的壓力，若稍有延遲或者錯誤，就可能造成嚴重後果，傷害國家利益及國際友誼，甚至導致國民生命、財產的損失。

從西元前四九〇年菲迪浦底斯（Pheidippides）由馬拉松（Marathon）長跑至雅典傳達希臘軍隊大破波斯軍的消息，到一九

---

[26] Richard Solomon, "Opening Remarks," http://www.usip.org/oc/vd/vdpresents/rhsvdact.htm, 21 January 1999.

[27] Gordon Smith, "The Challenge of Virtual Diplomacy," http://www.usip.org/oc/vd/vdpresents/gsmith.htm, 20 January 1999.

[28] Dan Schiller & Rosa Linda Fregoso, 1993, "A Private View of the Digital World," in Kaarle Nordenstreng & Herbert I. Schiller ed., *Beyond National Sovereignty: International Communication in the 1990's*, New Jersey: Ablex, p.240.

[29] Gordon Smith, 1997, "Driving Diplomacy into Cyberspace," *The World Today*, Vol.53, June, p.156.

六〇年代冷戰時期美國首府華盛頓與前蘇聯首都莫斯科兩地之間
「熱線」（hot line）的架設，外交工作都是力求應用進步的資訊科
技。不論外交工作是秘密或公開進行，亦不論資訊傳遞的媒介為
何，資訊乃是外交工作的實質內涵，因此外交工作人員熟悉並且
應用尖端資訊科技乃是必然的道理。有鑑於資訊對於外交工作的
重要性，依據歷史的經驗法則，外交工作人員應該是近年來資訊
科技革命的第一批受惠者，應該是最先將先進資訊科技應用在工
作的團體之一，然而現實情況卻非如此。一般而言，各國外交部
門及其工作人員對於先進資訊科技的運用普遍跟不上時代潮流，
遠遠落後政府其他部門、私人企業、民間團體。資訊科技進步快
速，但是外交部門因應的腳步卻相當緩慢，不論是硬體設備，或
是軟體應用，或是人才訓練，外交部門都是乏善可陳[30]。即使是資
訊科技王國的美國也有類似隱憂，在網際網路如此發達的資訊時
代，美國首都華盛頓特區被譏諷是「依賴舊時代銅軸線路古董技
術設備政治的最後遺跡」[31]。外交部門資訊科技落後的現象不僅後
果嚴重，也十分令人擔憂，因為資訊科技正在迅速地改變外交工
作的許多層面，而這些轉變既是廣泛、深遠的，更是無法回復的，
也不是任何人為力量所能夠抗拒[32]。「水能載舟，亦能覆舟」，資訊
是外交工作的命脈，外交部門若無法善用資訊科技，不僅其本身
的功能、地位將面臨嚴重挑戰，也可能危害國家安全與國際和平。

---

[30] Richard Solomon, "Opening Remarks," http://www.usip.org/oc.vd.vdpresents/
rhsvdact.htm, 21 January 1999.

[31] Howard Fineman, "Who Needs Washington?" *Newsweek*, Vol.27, January 1997,
p.26.

[32] Gordon Smith, "Driving Diplomacy into Cyberspace," *The World Today*,
Vol.53, June 1997, p.156.

四、虛擬外交的具體實踐

　　網際網路將現代資訊科技做一整合，其傳播範圍涵蓋全球、傳遞資訊快速而且成本低廉的特性大大顛覆傳統人與人之間溝通的方式。關於網際網路世界所帶來的衝擊，各界的討論多集中在經濟、社會或文化層面（例如線上購物、電子商務、電子銀行、網路文學等），而屬於國際政治層面的「虛擬外交」乃是近幾年新出現的概念，各國政府及學者專家對此一議題的相關研究仍在起步階段。至今為止，國際關係學術界對於「虛擬外交」議題的討論最詳盡者，莫過於一九九七年四月美國「和平研究所」（United States Institute of Peace, USIP）所召開之「虛擬外交研討會」（Virtual Diplomacy Conference）。該研討會宗旨為探討資訊科技在外交體制及實務工作上扮演的角色，尤其是在國際衝突的管理及解決方面，資訊科技所能發揮的功效[33]。不過，大家共同體認到，網際網路的普及與資訊科技的發展，促使外交部門必須尋求因應之道，「虛擬外交」將先進資訊科技融入外交工作，已儼然成為未來外交的模式[34]。大體而言，外交工作與現代資訊科技的相結合，已經在下述外交工作的創新層面上獲得具體實踐：

---

[33] "Virtual Diplomacy Fact Sheet," http://www.usip.org/oc/vd/vfacts.htm, 18 January 1999; Gordon Smith, "The Challenge of Virtual Diplomacy," http://www.usip.org/oc/vd/vdpresents/gsmith.htm, 20 January 1999.

[34] Guy Burgess & Heidi Burgess, "The World-Wide-Web: A Tool for Building Citizen Diplomacy Skills," http://www.usip.org/oc/vd/confpapers/citizenburgess.htm, 19 January 1999.

(一)外交部官方網站

　　由於個人電腦的普及、網際網路使用人口以及網際網路網站數目的大幅成長，大量資訊在網際網路世界快速且四通八達地流傳，於是網際網路已儼然成為資訊的代名詞，是現代人獲取資訊不可或缺的工具。許多學者認為，對今日及明日世界衝擊最大，但使用卻最為簡便的資訊科技即是網際網路和電子郵件，網際網路與電子郵件技術的出現使得任何人都可以透過個人電腦與世界各地取得聯繫[35]。而資訊的傳遞乃是外交工作的核心，外交工作的目的在於藉著資訊的散布營造友善的國際氣氛，進而增進國家利益[36]。有鑑於網際網路傳播資訊的速度與廣度遠非其他傳播媒介所能及，以及仰賴網際網路為資訊主要來源的人數與日俱增，因之世界各國政府紛紛在網際網路架設本國外交部及駐外使館的官方全球資訊網站。任何人只要能夠連結網際網路，便可以隨意閱覽及吸取這些官方網站所提供的資訊。各國政府希望透過官方外交網站，將本國外交政策與作為昭告世人，並提供各種定期更新的即時資訊、諮詢服務。此外，外交部門的全球資訊網站亦提供連結，以方便使用者連線本國其他政府部門或是其他國家外交部、國際組織，以及其他開放公共網路區域。例如美國國務院網站[37]將美國外交工作的最新進展，以及美國各項對外政策的內容等資訊放在網站中供全球人士查詢。進入美國國務院網站首頁後，只要點選網頁上不同分類的超文字連結，便可迅速地取得有關美國外交事務的各項資訊。大部分國家外交部都有與美國國務院類似的

---

[35] Gordon Smith, 1997, "Driving Diplomacy into Cyberspace," *The World Today*, Vol.53, pp.156-157.

[36] P. B. Barston, 1997, "The Changing Nature of Diplomacy," in *Modern Diplomacy*, 2nd ed., London: Longman, p.2.

[37] http://www.state.org/index.html.

資訊科技與虛擬外交　165

網路化發展；此外，許多國家外交部網站更提供多種不同語言版本，讓訊息能突破語言限制傳遞給更多的人士。

(二)即時使館（instant embassy）

過去的作法，設立一個新的駐外使館或外交據點所花費的時間短則數週，長則數月，甚至以年來計算。而現在，只要一張機票、一台筆記型電腦、一具衛星電話或手機、再加上一本外交護照，外交人員便可以走馬上任，「隨到隨上工」（hit the ground and run）[38]。也就是說，只要透過網際網路的連線，外交人員彼此之間以及與本國政府就可隨時保持聯繫，執行任務。因此，若海外發生緊急事件，即使本國在當地並無使館，只要外交人員到達現場，網路聯絡架設完畢（將個人電腦連接上電話線），便可以馬上運作而發揮使館的功能。「即時使館」所代表的意義重大，意味著外交人員機動性、外交工作的效率，符合資訊時代對於國際事務快速反應的需求。「即時使館」的一個具體實例是加拿大在波士尼亞衝突期間的作法，加拿大政府利用上述方式在札格波（Zagreb）及克羅埃西亞（Croatia）等地成立新使館，而這些加拿大新使館在短短的幾個小時內便開始運作[39]。

(三)虛擬團隊（virtual teams）

顧名思義，虛擬外交是利用現代資訊科技來協助處理國際事務。在過去傳統的官僚體系，地理空間是一大障礙，「不在其位，不謀其政」，外交人員若身不在當地則無法負責該地的業務。而此

---

[38] Gordon Smith, "The Challenge of Virtual Diplomacy," http://www.usip.org/oc/vd/vdpresents/gsmith.htm, 20 January 1999.

[39] Gordon Smith, "The Challenge of Virtual Diplomacy," http://www.usip.org/oc/vd/vdpresents/gsmith.htm, 20 January 1999.

種地理的障礙到了資訊時代便不復存在，在「電腦網際空間」，透過連結世界各地的網際網路，任何人利用個人電腦便可以與分散於不同地點的人士合作，共同處理發生在遙遠地方的事件。在過去，外交工作經常面臨時空距離、人員調度及聯繫不便等困難。在資訊時代，有了視訊會議及電子郵件系統等設備技術，想到哪就到哪，距離不再是問題，要擔心的僅是一些電子器材操作的問題。

透過資訊科技，駐節在不同地方的外交人員可以將個別專才結合，組成一個虛擬外交工作團隊。藉由網際網路及其他資訊科技，虛擬團隊可以「一起」來處理國際問題，但不必如同過去必須將所有人馬集結在同一地點。例如，在一九九六年薩伊（Zaire）危機時，加拿大所組成的虛擬外交團隊，成員便分散在非洲、渥太華、紐約及華盛頓各地。加拿大外交部亦架設一個名為「SIGNET」的高科技平台（platform），將加拿大駐節在世界各地外交工作人員的個人電腦連結成一個網路。透過「SIGNET」，加拿大政府將 97%以上的外交人員組織成一個虛擬兵團，提供各種議題的虛擬服務、線上諮詢，協助加拿大政府解決國際問題[40]。利用先進的資訊科技將外交人員編組虛擬團隊，不但可以節省集合人員於同一地點所需花費的時間與金錢，而且能夠對於突發國際事件做出第一時間的因應與處置。同時電腦網際空間具有專家聯繫的特性，讓虛擬外交團隊能夠獲得來自於各個不同領域專家的協助，提高外交工作的成效。

虛擬外交團隊的另一個案例也是與加拿大有關。「聯合國難民工作小組」（UN Refugee Working Group）在中東地區的事務主要是由加拿大負責，加拿大政府建立了一個包含一百多個學術機構

---

[40] Gordon Smith, 1997, "Driving Diplomacy into Cyberspace," *The World Today*, Vol.53, p.157.

及相關團體的資訊網路，以促進理論與實務的交流。對於難民工作小組而言，資訊網路開啟了工作小組與國際學術界連結的窗口。學者專家提供意見與建議做為工作小組行動的參考，而學術界亦可隨時透過資訊網路瞭解工作小組的近況[41]。

(四)外交人員線上職業訓練（online job training）

近幾年來，資訊科技的發展加速，個人電腦的性能大幅提升但價格日益低廉的現象造成個人電腦快速普及，而網際網路的問世使得訊息的流動與溝通有了全新的面貌。個人電腦與網際網路使用的普及，加上網際網路世界的資訊包羅萬象卻幾近免費，由於資訊豐富、使用方便，網際網路已成為許多人擷取新知的重要管道。將遠距離教學（distance learning）與網際網路相互結合，透過網際網路傳授課程的所謂線上教學，成為網際網路時代的自然產物[42]。長久以來，各國政府都設有從事外交人員職業訓練的專門機構，例如美國新進外交人員均必須至「國家外交事務訓練中心」（National Foreign Affairs Training Center）接受為期至少七周的職前訓練[43]。然而由於國際情勢的變動以及各國國情的差異，派駐海外各地的外交人員必須隨時吸取新知識以因應工作需要。倘若要將駐外人員自世界各地召回本國接受訓練，不僅耗費不貲，也必定會影響外館業務的推動，實踐上有其滯礙難行之處，但如果將線上教學方式應用在外交人員的職業訓練，則上述困難就可迎刃

---

[41]. Gordon Smith, "The Challenge of Virtual Diplomacy," http://www.usip.org/oc/vd/vdpresents/gsmith.htm, 20 January 1999.

[42] 本文僅針對線上教學應用至外交人員訓練上的問題加以探討，關於線上教學的詳細討論，可參考 Zane L. Berge & Marie Collins, 1995, *Computer Mediated Communication and the Online Classroom*, Cresskill, N.J.: Hampton.

[43] 該訓練中心位於美國華府郊區的艾靈頓（Arlington），詳細內容請參考 U.S. Department of State, "Coming On-Board," http://www.state.gov/www/careers/rfsonboard.html, 16 April 2000.

而解。

　　具體而言，線上外交人員職業訓練即是將訓練課程透過網際網路傳授給分散於世界各地的外交人員。地理的差距一直是傳統外交人員訓練的最大障礙，而突破地理障礙乃是線上外交人員訓練最大的優點[44]。利用網際網路遍布全球而且能夠通暢、快速地傳遞資訊的特性，外交人員不論身處天涯或海角，不需配合其他參與訓練人員的時間，只要連上網際網路，便可隨時隨地接受訓練。另外，網際網路傳輸資訊的成本低廉，比起傳統集合各地駐外人員於單一訓練場所的方式，線上訓練不僅能夠大幅度節省時間與金錢，且有較大的彈性。其次，不同於傳統的集中訓練方式，線上職業訓練能夠量身訂做，滿足受訓者個別不同的需求，亦可即時教導特定任務所需之特殊技能。外交人員工作繁忙，要空出幾周或幾個月的時間來接受訓練有其困難，但處於日益複雜的國際環境之中，隨時學習新知乃是外交人員的責任，事半功倍的線上職業訓練因此有大力推廣的價值。

　　一位優秀的外交人員必須具備豐富的專業知識與熟練的外交技巧，部分知識與技巧諸如外交談判、國際禮儀等，需要靠人與人的直接接觸，這些是線上訓練所無法提供的。但是諸如國際法、國際關係及外交史等一般性外交知識的加強，以及特殊情況所需要專門知識的補充，線上訓練則是一項十分具有經濟效率的作法[45]。

---

[44] Jovan Kurbalija, "Using the Internet to Train Diplomats," http://www.usip.org/oc/vd/vdr/diploedu.html, 11 April 2000.

[45] Jovan Kurbalija, "Using the Internet to Train Diplomats," http://www.usip.org/oc/vd/vdr/diploedu.html, 11 April 2000.

(五)公眾外交（public diplomacy）

　　由於網際網路強大的資訊傳播功能，資訊已經逐漸成為資訊時代最重要的「軟性權力」（soft power）。任何國家都可以透過「電腦網際空間」將其理念（例如民主、人權、文化）傳播至世界各地，進而影響他國人民的看法及行為[46]。採用先進的資訊科技，外交工作的形態也隨之改變。網際網路的出現及發展，使得外交工作不再只是政府與政府間的事務，許多國家政府開始重視並積極開拓公眾外交。一國政府可以利用網際網路鼓勵公眾參與政治事務的討論，形成一個新興的電子論壇。加拿大政府在網際網路舉辦線上論壇，開放討論加拿大在海地（Haiti）的地位與角色，便是一例[47]。而一九九八年美國外交改革與重組法案（The Foreign Affairs Reform and Restructuring Act of 1998）將美國新聞總署（United States Information Agency, USIA）納入國務院體制之內，更是外交工作因應資訊科技的挑戰而調整機制的最佳證明。

(六)一元化領導（integrated command）

　　資訊攸關外交工作的成敗，外交部門必須擁有先進的資訊科技，才能靈活因應資訊科技對外交工作所造成的各種衝擊，這是許多國家外交部門的共同體認。自一九九八年起，美國國務院成立「資訊資源管理局」（The Bureau of Information Management, IRM），由國務助卿領導，進行國家外交體系的再造工作計畫，其

---

[46] Joseph S. Nye, Jr. & William A. Owens, 1996, "American's Information Edge," *Foreign Affairs*, Vol.75, March/April, pp.20-36.

[47] 加拿大為海地所架設的「海地駐蒙特樓領事館」（Le Consulat Général de la République d'Haiti à Montréal）網站中設有線上論壇，對外開放給所有大眾發表對一些問題的看法，但該網站僅有法文版。網址：http://www.haiti_montreal.org/comsulat/babillard'frame3.html。

工作重點為架設一套全面性的資訊系統，讓其海外使館均能進入國務院及各政府單位取得外交工作相關資源，並建立起使館間相互聯繫的網絡，此套系統更能協助駐外人員使用其他通訊設備如全球衛星定位系統等，大幅提升外交工作的效率[48]。

　　為了強化與整合分布世界各地的駐外據點及海外工作小組，加拿大政府架設了一套複雜的高科技全球性電訊系統「MITNET」來處理文字及語音資料的傳遞。該系統提供七碼直撥電話與加拿大派駐世界各地的使館或工作站直接連線，只要直撥七碼，加拿大政府就可以與海外任何外交據點的任何一支電話聯繫。透過「MITNET」，加拿大外交與國際貿易部（Department of Foreign Affairs and International Trade, DFAIT）與海外外交人員的聯絡就如同置身於同一棟大樓中工作一般便利。為了提高外交工作的機動性，加強對緊急事件的快速反應能力以及臨時的溝通網路，加拿大的外交人員均配備有「call me」卡，可以利用世界各地的任何一具電話與「MITNET」系統連接[49]。此外，加拿大政府也重視應用軟體的功能，例如「WIN Export」，以協助外交工作的推展。「WIN Export」為一套裝軟體，將加拿大一千兩百多個海外的貿易辦事處連結，提供加拿大出口廠商各項服務，特別是與海外買主的聯繫，透過「WIN Export」，國外買主每年向加拿大廠商提出超過十萬筆的訂單，證明「WIN Export」確實發揮其功效[50]。

---

[48] Wilson Dizard, Jr., 2001, "Restructuring Diplomatic Communications," in *Digital Diplomacy: U.S. Foreign Policy in the Information Age*, Westport, CT: Praeger, pp.106-109.

[49] Gordon Smith, "The Challenge of Virtual Diplomacy," http://www.usip.org/oc/vd/vdpresents/gsmith.htm, 20 January 1999.

[50] 「WIN Expoprt」為加拿大出口商及其公司能力的機密性商業資料庫，使用者必須加入成為會員，會員可利用商業資料庫中的資源，資料庫並且提供連結方便會員聯絡海外各地買主。是故，對企業而言，加入「WIN Export」就如同得到遍佈世界無止境的行銷援助。其網址為：http://www.infoexport.gc.ca/winexports/home_e.htm。

五、結論

　　由於電腦科技的大幅進步與成本降低，以及網路技術的快速發展，網際網路已將世界各個角落串連在一起，為資訊時代人們的生活帶來全新的面貌。首先，網際網路世界蘊藏數量龐大、包羅萬象的訊息，成為二十世紀末期人們取得資訊的重要來源。透過網際網路，任何人均可以自由地讀取、下載或上傳任何的資訊。其次，網際網路世界的身分流動性以及多對多傳播的特徵，打破了傳統階級制度，提高了人們參與事務討論的意願。資訊的自由流通，使得社會大眾對於任何議題都有相當程度的認識，對於不同議題亦有自己的意見與看法，更進而要求參與政策制訂的過程。再則，訊息公開、參與擴大乃是民主政治的基本精神，隨著資訊科技的發展，個人電腦與網際網路的普及，人類歷史進入了與網際網路引爆的「電子民主」時期。

　　隨著資訊科技的日新月異，國際議題的日益多元，國家外交體制及工作如何轉型以因應國際環境的變遷乃是當務之急。面對「全民外交」、「公開外交」、「專家外交」的挑戰，掌握資訊科技的特性、體認資訊科技的功能並且善加運用，虛擬外交是未來外交工作發展的關鍵。然而，資訊科技與外交工作是否能順利結合，領導者的態度甚為重要[51]。有些學者認為國家外交工作能否成功面對現代資訊科技的挑戰，僅有 10%屬於純技術性方面，而有 90%來自於組織文化、人力資源調度及運作流程的問題。虛擬外交發展的最大阻礙是許多位高權重的資深外交官員忽視新資訊科技的

---

[51] Center for Strategic & Information Studies, "Panel Calls for Revolution in U.S. Diplomacy," http://www.csis/org/press/pr98_16.htm, 6 March 2000.

角色，反而排斥新科技的學習與接納，是故，克服資深外交官員對於資訊科技的抗拒便成為推動虛擬外交工作的第一步[52]。

　　推動虛擬外交，外交部門的領導者要起示範作用，領導者本身必須瞭解先進資訊科技的功能，並致力於應用資訊科技與外交工作的結合，同時，領導者要向部屬印證使用資訊科技及吸取資訊的重要性。例如，一九九七年秘魯人質事件[53]時，加拿大外交部官員試圖聯絡加拿大駐秘魯使館以取得更多消息，但當地使館人員均無法提供比 CNN 新聞報導更詳實的資料，正當眾人束手無策之際，加拿大外交部副部長史密斯（Gordon S. Smith）上網連結「圖帕克阿瑪魯」（Tupac Amaru）網站，不過幾分鐘時間就下載取得了恐怖分子的要求[54]。在召開第一次會議討論加拿大的因應措施時，史密斯便將資料交給加拿大外交部南美司[55]。由此可見，網際網路提供即時且豐富資訊的能力，有時更超越了國家情治單位或國際新聞媒體，而充分利用網際網路的資源有助於國家外交工作的推動。應用現代科技提升工作效率乃是資訊時代的必然趨勢，而「虛擬外交」結合現代資訊科技與外交工作為一個國家未來外交的改革與轉型提供了一個嶄新的方向。

---

[52] Gordon Smith, "The Challenge of Virtual Diplomacy," http://www.usip.org/oc/vd/vdpresents/gsmith.htm, 20 January 1999.

[53] 一九九六年十二月十七日，日本駐秘魯大使青木盛久在官邸舉行日皇誕辰慶祝酒會，秘魯反政府游擊隊「圖帕克阿瑪魯革命運動組織」（Tupac Amaru Revolutionary Movement, MRTA）十多名隊員突然闖入，挾約七百名人質，包括秘魯官員及外國外交官，藉以要求秘魯及各國政府釋放該組織四百四十名入獄同志。歷經數月，秘魯藤森政府與綁匪進行數回合談判均未達成共識。一九九七年四月二十二日，秘魯安全部隊突擊官邸，擊斃游擊隊員，成功救出人質。

[54] 「圖帕克阿瑪魯」網站：Tupac Amaru Revolutionary Movement Solidarity Page http://burn.ucsd.edu/~ats/mrta.htm。

[55] Wendy Grossman, "Digital Diplomacy: A Two-edged Sword," http://www.telegraph.co.uk:80/et?ac=0002…tmo=33662522&pg=/et/97/4/22/ecdip22.htm, 18 January 1999.

參考書目

■專書

Barrett, Neil, 1997, *The State of the Cybernation: Cultural, Political and Economic Implications of the Internet*, London: Kogan Page.

Barston, R. P., 1997, *Modern Diplomacy*, 2nd ed. London: Longman.

Baylĭs, John & Steve Smith eds., 1997, *The Globalization of World Politics: An Introduction to International Relations*, New York: Oxford University Press.

Bull, Hedley, 1977, *The Anarchical Society: A Study of Order in World Politics*. New York: Columbia University Press.

Burt, Richard, Olin Robinson et al., 1998, *Reinventing Diplomacy in the Information Age*. Washington, DC: Center for Strategic and Information Studies.

Constantinou, Coastas M., 1996, *On the Way to Diplomacy*. Minneapolis: University of Minnesota Press.

Dizard, Wilson P. Jr., 1989, *The Coming Information Age: An Overview of Technology, Economics, and Politics*. New York: Longman.

Dizard, Wilson P. Jr., 2001, *Digital Diplomacy: U.S. Foreign Policy in the Information Age*. Westport, CT: Praeger.

Eban, Abba, 1998, *Diplomacy for the Next Century*. New Haven, CT: Yale University Press.

Hamilton, Keith & Richard Langhorne, 1995, *The Practice of*

Diplomacy: It's Evolution, Theory and Administration. London: Routledge.

Hocking, Brian, ed., 1999, *Foreign Ministries: Changes and Adaptation*. New York: St. Martin's.

Hoffman, Arthur S. ed., 1968, *International Communication and the New Diplomacy*. Bloomington: Indiana University Press.

Nicolson, Harold, 1969, *Diplomacy*, 3rd ed. London: Oxford University Press.

Nordenstreng, Kaarle & Herbert I. Schiller, eds., 1993, *Beyond National Sovereignty: International Communication in the 1990's*. Norwood, NJ: Ablex.

Rosecrance, Richard, 1999, *The Rise of the Virtual State: Wealth and Power in the Coming Century*. New York: Basic books.

■論文

Burgess, Guy & Heidi Burgess, "The World-Wide-Web: A Tool for Building Citizen Diplomacy Skills." http://www.usip.org/oc/vd/confpapers/citizenburgess.htm, 19 January 1999.

Brown, Sheryl J. & Margarita S. Studemeister, "Virtual Diplomacy: Rethinking Foreign Policy Practice in the Information Age." *Information & Security* 7 (2001): 28-44. http://www.isn.ethz.ch/onlinepubli/publihouse/infosecurity/volume_7/a2/A2_index.htm

Center for Strategic and Information Studies, "Panel Calls for Revolution in U.S. Diplomacy." http://www.csis/org/press/pr98_16.htm, 6 March 2000.

Fineman, Howard, "Who Needs Washington?" *Newsweek*, 27 January 1997, pp.26-28.

Grossman, Wendy. "Digital Diplomacy: A Two-edged Sword." http://www.telegraph.co.uk:80/et?ac=0002...tmo=33662522&pg =/et/97/4/22/ecdip22.htm, 18 January 1999.

Keohane, Robert O. & Joseph S. Nye, Jr., 1998, "Power and Interdependence in the Information Age." *Foreign Affairs*, Vol.77, September/October, pp.81-94.

Kurbalija, Jovan, "Using the Internet to Train Diplomats." http://www.usip.org/oc/vd/vdr/diploedu.html, 11 April 2000.

Lanhorne, Richard & William Wallace, 1999, "Diplomacy towards the Twenty-first Century." In Brian Hocking ed., *Foreign Ministries: Changes and Adaptation*, New York: St. Martin's, pp.11-15.

Nye, Joseph S. Jr. & William A. Owens, 1996, "American's Information Edge." *Foreign Affairs*, Vol.75, March/April, pp.20-36.

Rosenau, James N., "States, Sovereignty, and Diplomacy in the Information Age." http://www.usip.org/oc/vd/vdr/ jrosenauISA99. html, 11 April 2000.

Ronfeldt, David & John Arquilla, "What If There Is a Revolution in Diplomatic Affairs?" http://www.usip.org/virtualdiplomacy/ publications/reports/ronarqISA99.html, 25 February 1999.

Semler, Peter, 1995, "The Power of Public Opinion." *Foreign Service Journal*, Vol.72, April, p.35.

Smith, Gordon, 1997, "Driving Diplomacy into Cyberspace." *The World Today*, Vol.53, June, pp.156-158.

Smith, Gordon, "The Challenge of Virtual Diplomacy." http://www. usip.org/oc/vd/vdpresents/gsmith.htm, 20 January 1999.

Smith, Gordon, "Reinventing Diplomacy: A Virtual Necessity."

http://www.usip.org/virtualdiplomacy/publications/reports/gsmit
hISA99.html, 25 February 1999.

Smith, Gordon & Allen Sutherland, 2002, "The New Diplomacy: Real-Time Implications and Applications." *Canadian Foreign Policy*, Vol.10, Fall, pp.41-56.

Solomon, Richard, "Opening Remarks." http://www.usip.org/ oc.vd.vdpresents/rhsvdact.htm, 21 January 1999.

Taylor, Philip M., 1997, "Brushfires and Firefighters: International Affairs and the News Media." In *Global Communications, International Affairs and the Media since 1945*. London: Routledge.

U.S. Department of State, "Coming On-Board," http://www.state.gov/ www/careers/rfsonboard.html, 16 April 2000.

"Virtual Diplomacy Fact Sheet." http://www.usip.org/oc/vd/ vfacts.htm, 18 January 1999.

■其他

U.S. Department of State. http://www.state.org/index.html.

United States Institute of Peace. http://www.usip.org

「資訊戰」與「戰爭」

：資訊戰能否達成戰爭的目的？

孫以清

佛光人文社會學院政治學系助理教授

一、概論

　　從一九八○年代後期，全球資訊網路迅速發展，敵對國家間可能運用網路為媒介相互破壞對方電話網路、電力傳輸系統、金融網路，甚至入侵並損毀軍用電腦，造成敵人之重大損失。因此，許多學者甚至認為可藉由「資訊戰爭」（information or computer warfare）[1]之低成本、高效率、殺傷小的特點，達成國家安全的目標（Nichiporuk, 1999）。甚至連美國總統柯林頓都認為：「敵人不會入侵我們的海岸，也不會投射炸彈，反而可能試圖對我們關鍵的軍事系統與經濟基礎實施網路攻擊。」[2]而我國已規劃一支直屬參謀本部的資訊戰部隊，待軍事會談呈報陳水扁總統同意後，將於八十九年底成軍（中國時報，89.11.23）。但是「資訊戰」真的有戰爭的特性嗎？單獨使用資訊攻擊能夠達到「戰爭」的目地嗎？如果不是，那麼它到底是什麼？本文主要的目的在以現有國際衝突理論中的一些概念，對「資訊戰」的本質及相關問題做些探討，希望藉此使我們對「資訊戰」之含意有更進一步的瞭解。本文首先簡介當今「戰爭」在國際關係理論中的目的及其意義，再對「資訊戰」進行對比與分析。

---

[1] 資訊戰爭（information or computer warfare）在本文中分為兩類——「戰略性的資訊戰爭」與「作戰性的資訊戰爭」。請參看第三節

[2] The White House, Office of the Press Secretary, "Protecting America's Critical Infrastructure," Washington, D.C., PDD 63, May 22, 1998.

二、什麼是一場「戰爭」？

　　在我們回答上述這些問題之前，我們應先瞭解什麼是「戰爭」及它的起始及終結的原因為何。克勞塞維次（C. von Clausewitz）在《戰爭論精華》中曾說：「戰爭非他，不過是一個大規模的決鬥而已，假使我們把戰爭的無數決鬥當作一個單位來看，則我們最好是假定兩個角力者（wrestlers）。每個人都想用體力迫使對方屈服於其意志之下；每個人都想摔倒其對手，並使其不能再做抵抗。所以戰爭就是一種以迫使對方實現我方意志為意圖的暴力行為。」（克勞塞維次，1967: 56）而近代西方學者 Blainey（1988）在其名著 "The Causes of War" 中提出戰爭最基本的原因在於兩個國家在爭議重要利益時，相互不同意（disagree）它們之間的相對力量（relative strength），而敵對雙方的相對力量又決定戰爭的結果（outcomes），換言之，如果兩個國家同意（agree）戰爭的結果，意味著他們同意兩國之間力量的對比，則戰爭則不會發生，而利益之分配也能和平解決。反之，如果兩個國家對戰爭結果預期不同（也就是說，他們不同意兩國間的相對力量），則戰事發生的機會也會升高，而戰爭也就成為協商利益分配的一種手段。根據克勞塞維次及 Blainey 對戰爭的看法，「戰爭」之所以為戰爭必須具備以下幾個前提：第一，戰爭如同一場角力，必須至少有兩個國家參與；第二，兩個國家必須都具備打擊對手的能力及意願；第三，戰爭意味著兩個國家的決策者都認為參與戰爭的利益比不參與戰爭所得到的利益為大；第四，當戰爭的任何一方預期持續戰爭的利益比停止戰爭的利益來得少時，戰爭便結束了。

　　再讓我們再以圖一更清楚地表示「戰爭」的本質及其意義。

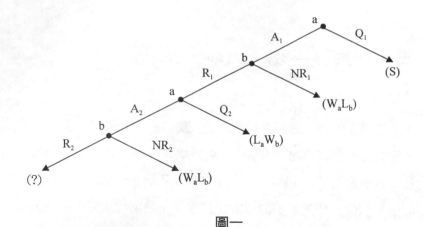

圖一

　　我們首先預設 a、b 兩個國家或決策者，在一個潛在的衝突情境之下（如圖一所示）。我們預設 a 有第一次的選擇權，在此決策點，a 有兩個策略可以挑選。他可選擇不做任何舉動（Q_1）或選擇攻擊 b（A_1）。如果 a 選擇不攻擊（Q_1），此一「衝突」結束，a 與 b 雙方所得（payoff）為「現狀」（S），也就是說兩國間之「現狀」得以持續。 如果 a 選擇攻擊 b（A_1），b 在此時必須決定還擊（R_1）或不還擊（NR_1）。如果 b 決定不還擊，則 a 勝利，而 b 則失敗（W_aL_b）。如果 b 選擇還擊，a 必須決定升級戰事（A_2）或是不再持續戰爭（Q_2）。如果 a 決定不再不攻擊（Q_2），戰爭將結束。兩國所得的代價為 a 國戰敗，而 b 國戰勝（L_aW_b）。但是如果 a 決定繼續升級戰事（A_2），b 將面對繼續還擊或是不再還擊的決策。如果 b 再不還擊（NR_2），則 a 勝利而 b 則失敗（W_aL_b）。如果 b 選擇再還擊（R_2），則戰爭持續，而兩國得失在此時還不清楚，因此以（？）表示。

　　根據上面的描述，當 a 選擇攻擊 b 時，a 一定認為選擇攻擊（A_1）比選擇不攻擊（Q_1）的利益要來得大。而當 b 決定還擊時一定也認為還擊（R_1）比不還擊（NR_1）的好處要多。換言之，a、b 兩國

都認為可能得勝才會攻擊或還擊（或是說他們不同意戰爭的可能結果）。但是，一定有一個國家對於對手有錯誤的估計。然而如果 a、b 兩國中有任何一國認為戰爭持續的利益比不再持續戰爭來得要大時，他便會選擇不再攻擊或還擊，戰爭便結束了。更詳細地來說，如果「戰爭」需要至少兩國選擇「打擊」對手，「戰爭」則應該在 b 還擊之後（R_1）才算是戰爭。如果 b 選擇不還擊（NR_1），則不符合至少兩國選擇「打擊」對手的條件，因此不算是一場「戰爭」。

另一方面，這個衝突過程所隱含的意義為：每一次攻擊（A_1、A_2……）或回應（R_1、R_2……）意味著敵對雙方毀壞對方一部分的戰鬥能力，或一部分對方珍惜的資產或物質，而如此的行為在於傳達決策者果敢與不願退讓的決心。換言之，無論攻擊或是還擊，部分有關於決策者決心的訊息（information）將傳達至對方。更清楚地說，攻擊或回應不僅只是在破壞敵人之有形物質及戰力，同時也在屈服對方持續戰鬥的意志，因為戰事的逐漸升級將可使敵人預期其所珍惜的財產、物質或戰力將可能遭受更大的破壞。如果任何一方在此戰事升級的過程之中喪失了繼續作戰的意願或是能力，一場戰爭將可結束。

此一潛在的衝突過程，雙方都可能面對三種可能結果——輸（L）、贏（W）及現狀（S）。對決策者 b 而言，這三種可能的結果的主觀排序為，「現狀」比「贏」好，而「贏」又比「輸」強（$S>W>L$）。對決策者 a 而言，「贏」當然比「輸」強，而「現狀」也比「輸」好。但 a 可能 （只是可能）認為「贏」比「現狀」為佳 。換句話說，a 三種結果的偏好可能為：$W>S>L$。但也可能與 b 相同（$S>W>L$）。 在這個過程之中，一場 a 與 b 的「戰爭」可能在三種情況下結束：(1)a 同意現狀（不去挑戰現狀）；(2)當 a 或 b 任何一方失去了升高衝突的意願；(3)當任何一方喪失了繼續

衝突的軍事能力[3]。

三、「資訊戰」的迷思與現實

在目前一些相關著作之中，資訊戰爭往往被認為是一種能夠轉變前述戰爭形態的方式之一。雖然資訊戰的效果到底如何仍在持續爭辯之中，但對許多人而言，全球的資訊網路卻是一個新的戰爭空間或是戰爭的媒介。其主要目標在於獲得所謂資訊優勢，如同先前獲得武器及人員優勢一般。許多作者認為掌握資訊優勢的一方可輕易破壞敵人各種之資訊網路（如金融網路、電力傳輸、國防電腦系統設施等）使敵人預期蒙受巨大之損失。而另一方面，擁有資訊優勢的一方，在戰爭之時較具不受干擾蒐集、通訊與保護資訊的能力。因敵明我暗，因此在戰時我方較易獲得制空權及敵方資訊。如此，持續進行作戰時，不但能有效地打擊敵人，也能降低自身的損失。換言之，所謂「資訊戰爭」在此有兩層不同之含意——戰略性及作戰性（Shaprio, 1999; Molander, Riddile & Wilson, 1996）。

所謂「戰略性的資訊戰爭」，其想像的戰場為現代社會極度依賴之各種資訊基礎設施，包括金融、學術網路、配電系統、通訊系統、空中管制系統等等。敵對雙方寄望透過網路摧毀或癱瘓對方之資訊基礎設施，使敵人預期重大損失而達到屈人之兵之效。「戰略性資訊作戰」的想法來自網際網路所具有的一些特性。比方說，這些系統的相互連結性使得它們難以抗拒長期及有系統的騷擾及攻擊。網際網路可從世界各地進出系統的特性更讓它們很

---

[3] 更多有關國際衝突理論的探討請參看 Wagner, 1998; Powell, 1990; Pillar, 1983; Blainey, 1988; Schelling, 1966.

容易受到不同來源的攻擊。的確，只要有足夠細膩技巧，網路攻擊幾乎是難以被全面阻止的。在許多著作中，這類戰爭代表了資訊先進國家特別脆弱的一面，因為它擁有最密集的資訊基礎設施，而其依賴度又高。這些網際網路的缺點與危險便成為戰略性的資訊戰爭的理論基礎。加上經常性的電腦意外（如捷運電腦當機）、電腦犯罪與可能的「資訊恐怖主義」，使大眾心中認定：遠端進出能力、缺少中央管制與相互連結性意味著網際網路是十分不安全的（e.g. Schwartau, 1994）。然而，許多這樣的報告不是太過激情就是想像力太過豐富，再加上一般民眾普遍缺乏對電腦與網路是如何運作的瞭解，創造出一個充滿謠言及與其信其有的環境。其實就算這些激情及想像力豐富的情境成真，戰略性的資訊戰爭也不容易達到屈人之兵之效。

第二，「作戰性之資訊戰爭」，是指運用新發展出之資訊科技於真實的戰場之上，以增強軍隊之作戰及打擊能力。「作戰性之資訊戰爭」的主要目標為阻止、干擾、影響或摧毀敵人在戰場上之資訊來源，同時必須增加自身情報資訊的安全性、快速性及準確性，以取得戰場上之「資訊優勢」。它可說是孫子兵法中「知己知彼」與「知天知地」的一種具體實踐，比方說，美國參謀首長聯席會議副主席歐文斯（William Owens）所指稱的「超級系統」（a system of systems）。這個系統若完全開發成功將提供給指揮官接近完全的戰場知識。它包括一套由全時感測器、資料融合器、翻譯器、立即指揮管制通訊系統等之整合系統，精確導航系統，以及電子戰系統。這些東西合起來可以創造出以資訊為基礎之軍事事務革新及其所帶來的戰力加分（Shaprio, 1999: 167）。在波灣戰爭及科索沃戰事中，我們可以看到「作戰性之資訊戰爭」的效果，如各種空中及太空中的影像偵測器、電子訊號偵測設備、戰斧飛彈、雷射導向炸彈，及各種精準的衛星定位與打擊技術等等，的

確使一些軍事觀察家們感到一個新時代的來臨。與前項「戰略性的資訊戰爭」不同的是,「作戰性之資訊戰爭」是以資訊科技為一種手段,以增強軍隊的作戰能力。換句話說,它並不是寄望單獨以資訊技術戰打擊及戰勝敵人,而必須配合軍隊中的武器與人員,才能對敵人做出最有效的打擊。雖然現代資訊技術對於戰爭可能有極深遠的影響,但是如果硬是給它套上「資訊戰」的名稱,就好像在槍砲及飛彈發技術用於戰爭之後,我們把戰爭叫成「槍砲戰」或「飛彈戰」一樣的沒意義。但是無論如何,「作戰性之資訊戰爭」並不只是想像而已,它不但真實,而且所帶來的影響也逐漸加強之中。而其未來之發展也值得我們特別注意與持續地觀察。在大略討論過資訊戰之兩種不同的意涵後,下一節將繼續討論「資訊戰」到底是否能夠達成戰爭的基本目的。

四、資訊戰與戰爭

本節主要的目的在於探討「資訊戰」到底是什麼與「資訊戰」能否達成達屈服敵人的目的。如前所述,「作戰性之資訊戰爭」只是在戰爭啟始之後以現代之資訊科技為一種工具,以增強打擊敵人的能力。它不過是現代戰爭所使用的一種手段,它所改變的只是戰鬥時的效率,而對第二節中敘述的戰爭基本原則似乎沒有什麼太大的改變。因此我們在這一節的討論主要是針對「戰略性的資訊戰爭」來做探討。

首先,讓我們預設一個情境:在台灣與大陸之間,對「一個中國」的共識惡言相向,且相互威脅之際,一架在湖南長沙的電腦對台灣的金融網路實施攻擊,這次攻擊有效地損毀台灣所有銀行當天大部分的交易資料,台灣各金融機構、民間人士及外商損

失慘重。而在第二天上午，台北市某網路咖啡廳的一部電腦對大陸上海地區的供電系統進行攻擊，成功地造成上海地區大停電，各種產業損失極為嚴重，一般百姓生活也受到嚴重的影響。全世界（包括台灣及大陸政府在內）對這兩次攻擊都同聲譴責，雙方政府也將對此次事件嚴加追查，並保證把實施攻擊之駭客繩之以法。

我們在此的問題是：此一情境能稱之為一場「戰爭」嗎？在第二節中所敘述的「戰爭」，是兩個國家透過攻擊與升級，相互損毀對方之軍隊及其所珍惜之物資，一方面顯示不願退讓的決心，另一方面使對方預期如不退讓，將遭受更大之損失。如此，軍事能力較差或決心較弱的一方，將在一場衝突中趨向選擇退讓，以減低預期的損失。在此最值得我們注意的是一場戰爭的主要行為人（actors）為國家或國家的決策者，而其決心是透過軍事行動來顯示的。但在上述的假想情境中，兩起網路攻擊事件之啟始行為人並非國家而是社會中的兩個人（至少表面上是如此）。雖然我們會聯想這兩次網路攻擊可能與雙方「一個中國共識」的爭議有關，但任何一方都不能確定，這兩次網路攻擊與對方決策者有直接的關係，且雙方政府似乎都想撇清與這兩次事件的關係。因此，台灣不能肯定這就是中共解放軍攻台的前奏，大陸方面當然也無法判定第二次攻擊是台灣決策者對第一次攻擊的回應。換句話說，因為這不是雙方決策者的「決策」，或是說雙方都不能判定這是對方決策者的「決策」，因此這兩次網路攻擊雖然看起來有「攻擊」與「回應」之「戰爭」形式，且雙方在這兩次的攻擊中都蒙受損失，但並不能稱之為一場戰爭。

在回答另一個問題——資訊戰能否屈人之兵前，讓我們先修改前一個情境使之合於「戰爭」的基本定義。此一情境如下：在台灣與大陸對「一個中國」共識惡言相向且相互威脅之際，一架

在湖南長沙的電腦對台灣的金融網路實施攻擊，這次攻擊有效地損毀台灣所有銀行當天大部分的交易資料，台灣各金融機構、民間人士及外商損失慘重。不久，大陸政府宣稱這次攻擊的目的，在於教訓台灣在一個中國立場上的搖擺不定。而在當天下午，台北市的一部電腦對大陸上海地區的供電系統進行攻擊，成功地造成上海地區大停電，各種產業損失極為嚴重，一般百姓生活也受到嚴重的影響。之後不久，台灣政府宣稱這是對大陸之前對台灣實施網路攻擊的一個回應。

此一情境與前一個情境不同的地方在於，雙方政府都承認各自的攻擊行為，且台灣與大陸皆出師有名——大陸的攻擊肇因於台灣一中立場的不定，而台灣的攻擊則是對大陸攻擊的回應。基本上，在台灣還擊之後，此一情境可稱為一場「資訊戰」。但如果雙方有意以網路持續相互攻擊，能否達到戰爭所達到屈人之兵的效果呢？這一個問題的答案可能是否定的，其原因可分為三點說明：第一，這種「戰略性的資訊戰爭」媒介是網路，一個決策者如果認為持續開放網路對其不利時，他的決策可能是先關閉網路之後，再訴諸其他攻擊（還擊）方案，而不是退讓或投降。一旦任何一方關閉網路，這場戰爭將無法透過網路進行攻擊，而其他資訊戰的手段可能也在網路關閉後效果逐漸減低，資訊戰可能因此結束，雙方可能以軍力再做較量，然而這就不屬於資訊戰的範疇了。

第二，使被攻擊之電腦恢復作業，或用其他電腦代替被攻擊電腦之功能並非十分困難的技術，因此就算「攻擊」與「還擊」持續幾次，雙方損失可能並非大到一定要讓步或投降的地步。正因損失與預期之損失不會太大，戰事可能也不會因此而結束。其實我們並不能把「戰略性的資訊戰爭」所造成的損害想成一般傳統戰爭或是核子戰爭所造成的傷害。傳統戰爭或核戰所造成的毀

壞，不但非常直接，而且大部分是很難恢復的。比方說一顆飛彈擊中配電系統機房，可能比上述的網路攻擊更直接、更有效，因為遭受飛彈攻擊的機房，不但建築物及電腦沒了，軟體備份可能也毀了，而且操作人員傷亡慘重。要恢復供電可能需要時間更長。那麼為什麼不用飛彈攻擊呢？這個問題的答案可能和第三個原因有些關係，下面再做詳細說明。

第三，在第二節中提到無論攻擊或是還擊，部分有關於決策者決心的訊息將傳達至對方，以顯示自己不願退讓的決心。更清楚地說，任何一次攻擊（譬如說飛彈攻擊）好像在對敵人說：「我不願意對你退讓，所以我選擇摧毀你所珍惜的資產，如果你願意，就對我做相同的事──就摧毀我所珍惜的東西吧！你的反擊的確會使我付出代價，但是我寧願遭受這種損失也不讓步，但如果你選擇反擊，結果可能是你自己將損失更多你所珍惜的資產（因為我還會繼續攻擊），不過如果你不想如此，那你就停止攻擊，並在我們爭議的議題上讓步。」當一場戰事升級數次、雙方損失逐漸擴大，如果一方認為持續作戰不如在爭議的議題上讓步時，這一方將會選擇退讓，以結束戰爭。但以網路實施攻擊與還擊時，雙方損失與預期損失不大，因此對敵人採取純粹的資訊攻擊，正顯示自身的軟弱與不願付出代價。攻擊與還擊似乎只是報復及拖延，不願退讓的決心因此無法傳至對方，也不能摧毀對方的持續作戰的意志。所以純粹的資訊戰不但不能達到一般作戰的效果，反而使敵人看輕我們的決心。

這一節中，我們對「戰略性的資訊戰爭」的意義與效果作了些分析。雖然本篇文章非常懷疑純粹的「戰略性的資訊戰爭」所能帶來的戰爭效果。不過這篇文章並不懷疑如果「戰略性的資訊戰爭」與傳統戰爭或核子戰爭並用的效果可能會更好（譬如先實施戰略性的資訊作戰，再使用其他戰爭手段），但真正結束一場戰

爭的可能並不是先實施的戰略性的資訊作戰,而是其他的戰爭手段。當然,這篇文章也不希望誤導讀者,使讀者以為我們不需要對戰略性的資訊作戰做任何的防備。其實戰爭之時任何可能減低損傷的防衛,對國家安全而言都是一項加分。這篇文章只是懷疑純粹的「戰略性的資訊戰爭」在作為攻擊敵人的效果而已。

五、摘要與結論

本篇文章主要的目的在於探討「資訊戰」真的有戰爭的特性嗎、單獨使用資訊攻擊能夠達到「戰爭」的目地嗎。為回答這些問題,第二節中我們定義戰爭並敘述其過程與結果。本文認為「戰爭」其實如同一場角力,必須有至少有兩個國家參與且相互打擊對方。戰爭發生的基本原因在於兩個國家在爭議重要利益時,相互不同意他們之間的相對力量,或是說他們對戰爭結果的預期不同。而戰爭的過程則是以攻擊及回應相互毀壞對方一部分的戰鬥能力,或其方珍惜的資產或物質。其目的在於傳達決策者果敢與不願退讓的決心。而戰爭往往在一個國家喪失打擊對手的意願或能力時分出勝負。

第三節探討「資訊戰」之現實與迷思,我們將「資訊戰」分為「戰略性」與「作戰性」兩類並分別探討其意義。「戰略性的資訊戰爭」希望藉由網路攻擊、摧毀及癱瘓當今社會極度依賴之各種資訊基礎設施,如金融、學術網路、配電系統、通訊系統、空中管制系統等,使敵人預期重大損失而達到屈人之兵之效。本文認為「戰略性的資訊戰爭」雖有其可能性,不過目前尚缺乏正統之學術研究,許多相關文章不是太過激情就是想像力過於豐富,常給人小說現實不分的情況。同時本文也認為就算這想像情境成

真，戰略性的資訊戰爭也不容易達到屈人之兵之效。而「作戰性之資訊戰爭」是指運用新發展出之資訊科技於真實的戰場之上，以增強軍隊之作戰及打擊能力。本文以為「作戰性之資訊戰爭」並不只是想像而已，它不但真實，而且所帶來的影響也逐漸加強之中。而其未來之發展也值得我們特別注意與持續的觀察。

第四節對「戰略性的資訊戰爭」能否達到戰爭的目的做些探討。基本上本文非常懷疑純粹的「戰略性的資訊戰爭」能帶來屈人之兵的效果。雖然如此，我們並不應當疏忽對戰略性的資訊作戰的防衛

當今許多人認為以純粹的「戰略性的資訊戰爭」便能達到克敵制勝的目標，其實這種想法是十分危險的。因為「戰略性的資訊戰爭」可能根本達不到戰爭的目標，更糟糕的是過度提倡這種想法正透露我們的軟弱與缺乏真正作戰的決心，因而使敵人對我們更無顧忌。不錯，我們應在作戰時儘量減少傷亡，但是至少我們要讓敵人相信我們願意付出代價。最後，我們以克勞塞維次《戰爭論精華》中的一段話作為本文的總結。他說：「現在慈善家可能很容易幻想有一種巧妙的方法可以解除敵人武裝和克服敵人，而不需要大量流血，同時也認為這是戰爭藝術的正當趨勢。不過不管那種說法如何地動聽，他仍然還是一種必須清除的錯誤……若有一方面不怕流血，而對於武力作不顧一切的使用，而其對方則較有所顧忌，則他也就一定會居於優勢。」（克勞塞維次，1967：56-57）

參考書目

克勞塞維次，1967，鈕先鍾譯，《戰爭論精華》，台北：麥田。

Blainey, G., 1988, *The Causes of War*. 3rd Edition. New York: The Free Press.

Molander, R., A. Riddile & P. Wilson, 1996, Strategic Information Warfare: A new Face of War Santa Monica, RAND MR-661-OSD.

Nichiporuk B., 1999, 〈美軍之契機：資訊作戰概念〉，收錄於《戰爭中資訊的角色變化》（*The Changing Role of Information in Warfare*），國防部史政編譯局。

Pillar, P. R., 1983, *Negotiating Peace: War Termination as a Bargaining Process*. Princeton: Princeton University Press.

Powell, R., 1990, *Nuclear Deterrence Theory: The Search for Credibility*. New York: Cambridge University Press.

Schelling, T. C., 1966, *Arms and Influence*. New Haven: Yale University Press.

Schwartau, W., 1994, *Information Warfare: Chaos on the Electronic Superhighway*, New York: Thunder's Mouth Press.

Shaprio, J., 1999, 〈資訊與戰爭：這是革命嗎？〉，收錄於《戰爭中資訊的角色變化》（*The Changing Role of Information in Warfare*），國防部史政編譯局。

Wagner, R. H., 1998, "Bargaining and War," Paper present at the annual meeting of the American Political Science Association, Washington D. C.

The White House, Office of the Press Secretary, 1998, "Protecting America's Critical Infrastructure," Washington, D.C., PDD 63, May 22.

資訊經濟與東亞政治經濟學的蛻變

陳玉璽

佛光人文社會學院宗教學系教授

一、導言：建立「資訊經濟」的新典範

研究東亞經濟的學者從來不提「典範」（paradigm）這個方法論的概念，然而正如其他領域的學術研究一樣，東亞經濟研究深受思想範式的主導。直到一九七○年代末期為止，東亞經濟研究所立足的思想範式，與其他開發中國家和地區的經濟發展研究一樣，都是根源於二次大戰後興起的現代化理論和經濟發展理論。前者從發展社會學的基本假設出發，認為各個社會的進化必然依循一定的軌跡，經過各國大體相同的某些階段，而達到同樣的目標；西方工業社會被奉為社會進化的圭臬，因此東亞及其他開發中國家必須學習西方的文化和制度，引進西方的資本和技術，才能實現經濟現代化的目標。至於經濟發展理論所論述的經濟變項和非經濟變項（主要為文化和制度因素），也是以西方資本主義的自由經濟思想和制度作為立論基礎，東方的傳統文化和思想觀念被認為不利於吸收現代技術、制度和思想，缺乏追求經濟進步的動力，因而是妨礙經濟發展的「非經濟因素」。然而到了一九七○年代末期，隨著東亞經濟高度成長的「奇蹟」引起舉世矚目，西方社會科學界開始發覺東亞的發展模式並不同於西方模式，於是一批東亞研究的學者提出了現代化理論的反論，認為東亞經濟奇蹟是得力於儒家文化的工作倫理、家庭制度、國家中心角色，以及重視教育和知識等「非經濟因素」，從而得出東亞傳統文化也能導致經濟現代化的結論。因此在過去二十多年間，東亞經濟研究實際上存在著兩種互相對立的思想範式：一種是強調自由市場經濟及西方文化因素的思想範式，另一種則是著眼於東亞傳統以及有別於西方的文化和制度因素，由此確立所謂的「東亞模式」。

在一九九七至九八年期間，東亞經濟遭受金融風暴和經濟危機的打擊，西方輿論嚴厲指摘這場危機暴露出「東亞模式」中國家主導經濟、政商勾結、朋黨主義等弊端，認為這是造成金融風暴的禍根；而受災最嚴重的幾個東亞經濟體，不得不在美國聯邦財政部和國際貨幣基金會的主導下，進行金融自由化的結構改革。從此以後，「東亞模式」幾已銷聲匿跡。然而，從一九九九年初開始到現在，東亞經濟發生了兩個引人矚目的現象：第一，從一九九九年初到二〇〇〇年中期，被西方輿論指為已倒塌的「沙灘樓閣」的東亞經濟，竟從危機中出現了戲劇性的強勁復甦，出口總值猛增和股市狂飆帶動經濟恢復高速成長；第二，從二〇〇〇年中開始，東亞經濟又陷入嚴重不景氣，股市崩盤的嚴重程度超過金融風暴期間，出口大幅萎縮，經濟成長變成負數，失業大增。考察這個大起大落的原因，我們發現東亞經濟在資訊科技產業的生產和出口上，過度依賴美國的「新經濟」（即資訊經濟），而這個產業又是帶動東亞經濟成長的火車頭；東亞經濟早已被整合於一九八〇年代以來逐漸擴展的，以資訊科技產業為主導的全球新分工體系。東亞經濟從危機中迅速復甦，乃受惠於美國在同一時期大幅擴增資訊科技產業及設備的投資支出，造成美國經濟和股市大擴張；接踵而來的東亞經濟再度衰退和股市重挫，也是直接導因於美國資訊科技的泡沫破滅。這些現象不得不引人深思：向來解釋東亞經濟發展的西方因素與東亞內部因素之爭，顯然不足以讓我們充分瞭解東亞經濟興衰榮枯的動力所在。東亞經濟研究有必要提出新的解釋典範，這個典範的主要假設是，最近幾年來東亞經濟景氣的大起大落，乃是根源於東亞大規模參與全球新分工體系的資訊科技產業的生產過程。另一個假設是，鑑於西方工業先進國的「資訊經濟」始自一九七〇年代初期，以及東亞從一九六〇年代開始即已參與世界經濟體系生產分工的事實，

過去的「東亞奇蹟」也有必要從「資訊經濟」的觀點重新解釋。

　　基於這樣的認知，本文試圖擺脫東亞經濟研究的舊框架，以全球化格局下的「資訊經濟」作為新典範，建立一個新的論述和分析架構，對東亞經濟自「奇蹟」時期以來的變遷歷程進行重新解釋和論證。

二、東亞經濟研究的新領域

　　東亞經濟與美國等工業先進國以資訊科技為主導的「資訊經濟」（information economy）或「新經濟」（new economy）發生密切關聯，這一事實自一九九〇年代中期以來已越趨明顯。財經媒體充斥有關東亞各國資訊科技產業在貿易、投資、銷售、盈利、收購等方面的報導，但是迄今尚未見到研究東亞經濟的學界在宏觀經濟層面上，論述資訊科技產業或西方「資訊經濟」如何影響東亞各國的經濟發展、社會經濟結構變遷、產業分工、資源及財富分配等重大議題。在美國社會科學界和財經界，有關資訊科技產業和「新經濟」的著作和文章很多，但一般仍偏重微觀經濟及專業技術方面的分析，以宏觀經濟為基礎作科際整合研究而具有社會科學視野的論著尚不多見。主流媒體如《商業周刊》、《紐約時報》等，則常刊載有關網路經濟的分析評論，其所關注的重點包括：美國是否已出現類似十九世紀工業革命那樣導致產業體系全面變革的「新經濟」？資訊科技在生產、銷售、企業管理等方面的應用，為企業和整體經濟帶來哪些利益？傳統經濟理論，如景氣循環理論、貨幣政策理論等是否已被「新經濟」所改變？若干政治經濟學者，例如卡斯德斯（Manuel Castells）、卡多索（Fernando H. Cardoso）等人，已關注到「新經濟」所造成的財富

分配、勞動力就業及其相關的社會、道德和人文後果[1]。至於社會學者貝爾（Daniel Bell）等關於資訊及資訊科技帶來社會變革的早期研究，則已為社會科學界所共知。東亞經濟既然與「新經濟」（或「資訊經濟」）接軌，我們是否有必要把這些議題納入東亞研究的範疇呢？

筆者認為，在東亞經濟研究上，「資訊經濟」或「新經濟」所涉及的宏觀議題至少有三項：一是研究資訊科技產業與東亞經濟發展的關聯性；二是從全球角度研究「新經濟」下的國際再分工、財富分配及社會分化問題對東亞社會的含義；三是探討資訊科技產業的發展如何影響東亞地區的經濟版圖變化，以及區域經濟合作與競爭的問題。本論文試就第一個議題作初步探討。

「新經濟」一詞雖然到近幾年才大為流行，但是貝爾於一九七三年出版的《後工業社會的來臨》一書，已論及「後工業社會」的主要特徵，是資訊的處理（processing），而不是產品的製造（fabricating），在社會經濟活動中扮演關鍵角色，而理論知識和材料科學透過電腦技術的系統化整編，是後工業社會科技創新與變革的原動力；同時服務業的內涵也由原來工業社會支援商品生產的服務行業（如運輸、電訊、金融等），轉變為以資訊性質的服務業為主軸[2]。美國聯邦商業部電訊署於一九七七年在國家科學基金會的協助下，出版了經濟學者波拉特（Marc U. Porat）主導研究和

---

[1] 關於「資訊經濟」所衍生的社會、經濟和道德問題，可參閱 Manuel Castells, 2000, *The Information Age: Economy, Society and Culture*, second edition, Malden, Massachusetts: Blackwell Publishers Inc., Vol.3, "The End of Millennium".

[2] 參見 Daniel Bell, 1973/1976, *The Coming of Post-Industrial Society*, New York: Basic Books, Foreword:1976, pp.ix–xxii 及全書其他章節。另見 Daniel Bell, 1989, "Communication Technology: For Better or for Worse?" in Jerry L. Salvaggio, ed., *The Information Society: Economic, Social and Structural Issues*, NJ: Lawrence Erlbaum Associates, pp.89-103.

撰寫的巨著《資訊經濟》（*The Information Economy*），共九大卷，對「資訊經濟」的概念賦予「可運作的定義」（operational definition），並根據國民所得會計原理設計一套測量程式，從美國所有產業部門中析離出「主要資訊部門」（primary information sector）及「次要資訊部門」（secondary information sector），結果計算出美國早在一九六七年的國民總生產中，有 46%與「資訊活動」（information activity）有關，全國幾乎一半的勞動力從事有關資訊的工作，賺取全國勞動力所得的 53%[3]。波拉特這項規模龐大的研究調查工作讓我們明白了一個事實：在工業先進國的國民總生產中，服務業所占比重遠超過製造業的一個主要理由，是因為服務業產值包含著龐大的「資訊活動」在內。其次，波拉特的報告又論述了資訊符號的操作如何在工業社會的生產組合過程及生產力增長方面，扮演越來越重要的角色。在此基礎上，他把一九六○年代末期或一九七○年代初期以來的美國經濟定義為「資訊經濟」。

　　主要受到波拉特研究的啟發，到了一九八○年代和一九九○年代，探討「資訊經濟」和「資訊社會」的著作及文章如雨後春筍湧現。其中把「資訊經濟」的性質和特徵講得最清楚、最有深度的學者，當推卡斯德斯。茲根據卡氏及其他學者的研究，把「資訊經濟」的特點和內涵綜合概述如下：

　　凡是發達的經濟體系都高度仰賴應用的科學知識和資訊運用，並不是二十世紀末期的西方經濟才如此，而後者也不是突然使用資訊科技的；資訊科技在經濟生產上的應用已有一個長期發展的過程，經濟體系越複雜、生產力越高，則新知識的應用及資

---

[3] 參見 Marc U. Porat, 1977, *The Information Economy*, Washington D.C.: U.S. Department of Commerce, Office of Telecommunications, Vol.1, Definition and Measurement, p.1.

訊處理所扮演的角色也越重要，這是「資訊經濟」的第一個特點。第二個特點是，先進資本主義社會逐漸由物質產品的製造活動轉向資訊處理的活動，後者在國民總生產和就業中所占的比重越來越大。通俗看法認為資本主義社會的轉型是由工業轉向服務業的觀念，未免過於籠統。根據卡斯德斯本人的研究，一九九〇年，美國有 47.4% 的就業人口從事與資訊處理有關的活動，英國、法國和西德的數字分別為 45.8%，45.1% 和 40%，而這個比重正逐年增加中。第三個特點是，生產、貿易及其他經濟活動的組織方式發生了根本變化，包括兩方面：一是產品由標準化的大量生產轉變為適應客戶需要的靈活彈性生產；二是生產單位結構由傳統上的垂直分工整合，轉變為管理權力下放的水平式生產網絡，下層單位擁有自主決策權，但又透過網絡與公司其他單位「重新整合」，而公司本身又與其他公司建立（零組件甚至成品）生產合作的關係網絡，以便靈活適應日趨多元複雜且瞬息萬變的市場需要。第四個特點是經濟活動全球化，不但跨國企業必須進行全球競爭，中小企業也必須在世界市場上競逐訂單，並與外國大公司建立生產夥伴關係。傳統的國際貿易是以國家為單位，賣方和買方單獨打交道，國家界線分明，現在則是各國經濟活動互相滲透，互相結盟，市場不但「國際化」，而且正在走向打破國家界域的統一的「全球化」市場。第五個特點是資訊科技革命，包括微電子技術、資訊處理技術和電訊技術等三種資訊科技的不斷創新，乃是由上述經濟活動及組織方式轉型以及經濟全球化之需要所促成，同時又反過來加速了經濟的轉型和全球化的趨勢。正如十九世紀鐵路的發明是出於擴大國內市場的需要，而鐵路建成之後，大大加速了國家市場的形成和發展一樣，在經濟體系中大量資訊亟待處理之際，新的資訊科技應運而生，反過來又加速了經濟生產由物質產品製造轉向資訊處理的轉型過程，消除了勞動生產力增長的障

礙，使「資訊活動」成為國民就業和所得的主要來源。再者，大公司生產單位的職能下放，使生產和銷售更有靈活性和效率，同時各單位又能「重新整合」，這個生產組織方式的大變革，也是得力於資訊科技革命[4]。

從上述內容可知，學界對「資訊經濟」的界定，是針對其結構和功能上的特點予以較客觀的描述，因此比較沒有爭議的餘地。相對之下，一九九○年代中期以來，美國財經媒體所流行的「新經濟」概念，雖然外延與「資訊經濟」等同，亦即涵蓋資訊科技革命所帶來的經濟結構和功能的各種變化，但在內涵上卻特別強調生產力，認為不僅資訊科技產業部門的生產力大躍進，而且惠及傳統製造業和其他經濟部門。尤有進者，「新經濟」有被神奇化的傾向，例如說生產力只會增加，不會減少，致使「效益遞減」的經濟定律不再適用；彈性生產及供應技術的應用可以保證供需平衡，因而不會再發生由繁榮到衰退和蕭條的景氣循環等等。可見「新經濟」概念已超出敘述性的範疇而帶有意識形態的色彩。由於這個緣故，「新經濟」在美國學術界和財經界曾引起不少爭議。當美國的勞動生產力於二○○一年首季出現多年來的首次下降，當美國的資訊科技設備及產品供過於求而造成存貨堆積、盈利下降、股市崩盤，最終導致全國經濟和全球經濟不景氣的時候，「新經濟」就變得黯然失色，而不再經常出現於財經媒體。因此，當我們使用「新經濟」一詞時，必須瞭解其外延雖與「資訊經濟」等同，但在內涵上卻帶有意識形態的色彩，才能避免不必要的混淆和爭議。

---

[4] 此段關於「資訊經濟」特性的論述，主要根據 Manuel Castells, 1993, "The Informational Economy and the New International Division of Labor," in Manuel Castells et al., *The New Global Economy in the Information Age,* The Pennsylvania State University Press, pp.15-43.另參考 Daniel Bell, ibid.

根據以上論述，資訊處理及資訊科技的應用自一九七〇年代以來，已逐漸在西方經濟，特別是美國經濟中，居主導地位，而這二、三十年間，正是東亞經濟蓬勃發展，「東亞奇蹟」為舉世稱羨的年代。那麼，我們能說東亞經濟的崛起同西方的「資訊經濟」無關嗎？如果有關的話，在東亞經濟發展過程中，特別是一九八〇年代中期以後，美國、歐洲和日本資訊科技投資大幅擴增的年代，東亞經濟成長究竟在多大程度上得力於資訊科技呢？在尋求這些問題的答案時，我們碰到了東亞研究上被忽略的空白地帶。

　　　這並不是說研究東亞經濟的學者未曾研究技術創新的問題，事實上，他們曾經試圖探究東亞各國的經濟成長和生產力的提升，在多大程度上可歸因於技術的創新和進步？結果發現，直到一九九〇年代初為止，包括新加坡在內的東亞新興經濟體，其高度成長率，同前蘇聯經濟一樣，主要來自生產要素（勞力、資本等）的大量投入，而不是來自每單位勞力和資本之生產效率的提升。克魯格曼（Paul Krugman）教授發表於一九九四年而在亞洲金融風暴後廣受矚目的文章《亞洲奇蹟的神話》，曾引述幾位經濟學者的研究結果指出，東亞經濟高速成長乃是「生產要素推動的成長」（input-driven growth），而不是基於技術創新的「效率成長」（efficiency growth）。另外，一個關於新加坡的個案研究也指出，在一九六〇至九一年期間，新加坡經濟成長率平均高達 8.5%，但其中只有 1.75% 是來自生產效率提升，其餘 6.75% 則跟前蘇聯的經濟成長一樣，是來自生產要素的大量投入[5]。這裡所提到的「技術

[5] Paul Krugman, 1994, "The Myth of Asia's Miracle," in *Foreign Affairs*, Nov.–Dec., Vol.73, No 6, pp.62-78. 對克魯明觀點的評論，參見陳玉璽，1999，〈從奇蹟到危機：東亞經濟發展模式的重探〉，載於《香港社會科學學報》，秋季號，第 15 期，頁 53-78。另見 Chen Yu-hsi, 1999, "The Myth of Foreseeing Asia's Economic Crisis," in *Ritsumeikan Journal of Asia Pacific Studies*, Vol.4, December, pp.50-57。關於新加坡的生產效率問題的數據，引自 "The Claims About Asian Values Don't Usually Bear Scrutiny," in *International Herald*

創新」、「技術進步」和「生產要素效率提升」，當然與資訊科技的應用有關，然而這些個案研究並不是以資訊科技的經濟功能作為研究對象，而是將「技術」當做一個抽象的「一般性概念範疇」（general category）來做量化的處理。若是研究資訊科技對生產力的貢獻，則必須針對其具體的、特殊的功能進行分析，例如網路科技所創造的即時供應鏈、彈性生產、產業價值鏈的整合、訂單系統與生產線的連接、電子商務等新技術的應用所能產生的效率提升，以及成本的節省，是可以計算出來的。又如資訊科技產業的投資支出、傳統產業的資訊科技設備支出、研究與發展經費支出等變項，對生產力和整體經濟成長的貢獻，也是可以進行量化研究的。這些與「資訊經濟」有關的議題在東亞經濟研究上都尚未起步。

不過，如果上引個案研究的結果是可靠的話，所謂技術進步和效率提升在東亞經濟成長中不具分量的說法，顯示資訊科技對東亞經濟高速成長的作用，同前蘇聯一樣，都是微不足道的。對於蘇聯經濟的崩潰，已有前蘇聯經濟專家以及西方鑽研「資訊經濟」的論著，將其歸因於獨裁計劃經濟體制下無法將資訊科技應用於經濟生產所致 [6]。按照同樣的邏輯來推論，東亞經濟既然沒有資訊科技作為推動力，是否將會步蘇聯後塵而走上衰落的道路呢？克魯格曼的前述文章及其所引用的量化研究，認為答案是肯定的，即效益遞減的定律將促使東亞經濟成長率趨於低落，證明「東亞奇蹟」只不過是「神話」而已。

Tribune, August 2, 1994，以及 Christopher Lingle, 1996, *Singapore's Authoritarian Capitalism*, Fairfax, VA: The Locke Institute, p.82。

[6] 請參見 Manuel Castells, 1993, "The Informational Economy," in Manuel Castells, et al., *The New Global Economy in the Information Age,* The Pennsylvania State University Press, p.16。另參見 Castells, op. cit., 第三卷有關蘇聯部分之論述。

這種將「要素驅動」與「效率驅動」視為對立的量化分析法，其可議之處有二：一是將勞力、資本、技術等生產要素當做「一般概念範疇」而偏重其數量上的意義，因而不能洞察其具體的和質量上的作用，同時也不能顯示資訊科技對東亞經濟成長所能產生的效應。二是把東亞經濟體當做孤立的單元來處理，而未能看到東亞經濟與國際市場及工業先進國產業整合，所帶來的技術刺激效果和擴散效果。再者，該分析法將國際市場經濟下的東亞與鎖國計劃經濟下的蘇聯之經濟成長作同樣處理，便是緣於這些方法論上的缺陷所致。正如哈佛大學經濟學教授沙克斯（Jeffrey Sachs）所指出的，勞力和資本等生產要素的投入只要禁得起市場的考驗，對經濟發展是十分有益的，而這也正是東亞與前蘇聯的顯著不同之處，前者的生產要素投入是由市場所決定，而後者則是由官僚集團所決定的 [7]。由市場決定生產要素投入的結果，是東亞透過國際貿易增加了外匯儲備和國內資本積累；產品附加值越高，所能增加的外匯儲備和資本積累也就越多，而這兩項資源正是開發中國家產業升級和技術進步的原動力。

三、資訊產業帶動東亞經濟成長

　　如果我們從國際經濟整合的原理來檢視東亞經濟發展的過程，可以發現，東亞從一九七〇年代以來的經濟成長，與資訊科技產業的興起是有密切關聯的。這個關聯性表現在兩方面：第一，資訊電子業的產品及零組件的出口所占分量越來越大，顯示東亞

---

[7] 請參見 Jeffrey Sachs & Steven Radelet, 1997, "Asia's Re-emergence," in *Foreign Affairs*, Vol.76, No.6, Nov.-Dec., p.48，並參見陳玉璽同前文（註5），頁69。

納入了西方「資訊經濟」體系的生產分工，分享其資訊科技發展的利益，同時成為東亞經濟成長的主要來源。第二，電子媒體、通訊技術、電腦設備和網路科技的先後應用，成為東亞經濟發展上與運輸系統、能源開發等同樣重要的基礎設施，對東亞經濟體，特別是台灣等「四小龍」的高度經濟成長，發揮了舉足輕重的作用。茲以台灣、韓國和新加坡為案例，論述其資訊科技產業對經濟成長的關聯性。

美國等先進工業國從一九七〇年代以來逐年增加資訊科技投資，與資訊科技產業及資訊處理相關的服務業產值在國民生產總值中，所占分量越來越大。到了一九九〇年代下半期，資訊科技設備投資占企業總資本支出的比重已高達一半左右，並占美國實質國內生產毛額（GDP）成長的三分之一[8]。除科技部門外，資訊科技的應用並已擴及非科技產業部門。在此情況下，美國等工業先進國對電腦元件、IC 半導體、IC 設計、DRAM 等記憶體晶片以及消費性電子產品等資訊科技相關產品及零組件的需求大增，因此台灣、南韓、新加坡等東亞新興經濟體從一九七〇、一九八〇年代開始，紛紛把資訊科技產業當作「策略性產業」，由國家主導規劃，建立資訊產業基礎設施，並施行獎勵資訊產業投資政策。

(一)台灣資訊產業

台灣於一九七〇年代先後成立工業研究院和電子研究所，開始引進微電子技術，培養資訊科技人才，並籌劃科學園區。一九八〇年新竹科學園區落成，以低租低稅政策獎勵高科技公司設廠，延攬高科技人才回國，從事資訊科技生產及研發。故從一九八〇年代開始，資訊電子業出口躍居為台灣出口的大宗，迄至一

---

[8] 美國數據引自 *The Economist*, February 10-16, 2001, p.61.

九九〇年代末期，資訊電子業產值逾五百億美元，居世界第三位，僅次於美國和日本，其中一半以上在新竹科學園區生產；而自一九九〇年代初以來，資訊電子業出口額一直占台灣全部出口的三成至四成，成為台灣經濟的主要支柱。

從台灣資訊科技產業的發展歷程來看，一九八〇年代到一九九〇年代中期，為個人電腦和電腦元件大量生產、大量出口的階段，是美國各大電腦公司在全球最大的生產中心，曾被譽為「美國高科技工業的衛星城」。迄至一九九六年，台灣仍有多項電腦元件，包括掌上型影像掃描器、主機板、鍵盤、監視器等，產值高居全球第一。從一九九〇年代中期開始，台灣半導體產業崛起，除製造半導體晶圓外，並發展各種記憶體、IC 設計、封裝及測試等相關產業。近年台灣半導體整體產值居世界第四位，僅次於美國、日本和韓國，而其中晶圓代工製造業產值冠全球，一九九八年市場占有率為 53.9%，一九九九年增至 67.1%；兩大晶圓代工製造公司台灣積體電路公司（TSMC）和聯華電子公司（UMC）分別居世界第一及第二位。其次，台灣半導體製造業另一大支柱DRAM 記憶體，產值占全球比重由一九九一年的不到 2% 躍升至二〇〇〇年的 19%[9]。

台灣晶圓代工業之所以雄霸世界，應歸功於一九七〇年代末期以來，發展資訊科技產業所孕育的配套結構以及新竹科學園區的群聚效應，而其產品之需求除來自以美國為主的國際市場外，台灣本地蓬勃發展的個人電腦業對晶片的需求，也是支持晶圓代工業的重要因素。尤有進者，晶圓代工業的茁壯成長，加上個人電腦和下游消費性電子產品的龐大內需，又為 IC 設計業的發展創

---

[9] 台灣半導體產業數據參見李柏毅、徐康沛、蘇世界等合著，2000，〈台灣的半導體產業〉，《迎向二十一世紀的半導體產業——半導體趨勢圖示》，台北：電子時報社，頁 267-312。

造了良好條件；目前台灣IC設計業產值占世界第二位，僅次於美國。故台灣資訊電子業已創造出一個環環相扣的緊密產業結構，亦即所謂完整的「產業價值鏈」。由此可見資訊產業是台灣經濟的命脈所在。

(二)韓國資訊產業

韓國從一九八○年代起發展資訊產業，以大財團的雄厚實力加上政府強力扶植，發展步伐超越東亞各國，迄今韓國半導體產值高居世界第三位，僅次於美國和日本，而超越台灣。此項產值在韓國國民總生產中的比重，由一九九四年的 6.5%一路攀升至一九九八年的 21%。韓國半導體產業的總產值中，DRAM 記憶體占50%，其中三星集團和現代集團的 DRAM 產能分別高居世界第一位和第二位〔按：現代電子公司已更名為海力士（Hynix Electronics Corp.）〕。

韓國半導體出口額近年均超過二百億美元，占一九九九年全國總出口的 17%，然而半導體出口只占全國資訊科技產品出口的一半，半導體以外的資訊科技產品出口近年成長率有超越半導體出口之勢。韓國對外貿易向以汽車等資本技術密集產業之多元出口著稱，而在此多元格局中，資訊科技產業出口占總出口三分之一以上，其對韓國經濟的重要性不言可喻[10]。

(三)新加坡資訊產業

新加坡的電子業自一九六○年代末期以來，一直是該國政府經濟發展策略中列為最優先的產業，也是成長最快速、創造就業最多的產業部門。在整個一九七○年代，電子業主要從事電視機、電晶體收音機、音響設備等消費性產品的裝配製造。一九八一年，

---

[10] 韓國資訊產業數據引自同上書，頁 242 及 255-258。

電子業占全部製造業產值 16%，占其出口 22%，而僱用工人則高
達全部製造業的四分之一。一九七〇至八一年期間，新加坡電子
業每年成長 35%，其就業每年成長 18%。一九八〇年代初以後，
電子業進入生產電腦元件、電腦周邊產品及半導體的更高階段。
新加坡政府於一九七九年制訂經濟結構改造計畫，著手推動技術
知識密集、高附加值產業的發展。從一九八〇年代起，新加坡大
批招攬外國資訊電子業廠商赴該國投資設廠，生產項目包括個人
電腦、電腦周邊產品、IC 半導體、IC 設計、電訊設備、視聽設備、
消費性電子產品等。到了一九八三年，新加坡已成為世界最大的
電腦磁碟機出口國；同時，半導體、電子零組件、通訊設備等已
超越消費性電子產品，成為產值和就業最大的部門。整個資訊產
業部門又透過分包、零組件採購等活動，為本地眾多小企業創造
商機和就業機會。主要拜資訊電子業之賜，新加坡自一九七五年
以來到一九八〇年代中期，勞動生產力每年增加 4%；而這十年
中，每位工人平均附加值年成長率高達一倍以上，尤以電子零組
件製造廠的平均附加值成長率最高。事實上，新加坡自一九七〇
年代以來之所以出現勞力短缺、工資上漲、勞力密集工序外移鄰
國而本國產業技術密集度提高，便是因為資訊電子業快速發展對
勞力市場帶來龐大需求所致 [11]。

　　目前在新加坡從事資訊電子業製造的公司有數百家，較大的
外國半導體公司共有三十多家，其中意法微電子（ST
Microelectronics）早在一九八四年就已開始製造較低技術的晶片，
現已陸續建立四座晶圓廠。從一九九〇年代中期開始，新加坡的
半導體晶片製造進入較高製程技術的階段，其中最大製造廠特許

---

[11] 關於新加坡資訊電子產業促進該國勞動生產力和附加值增長的情況，參見
　　Linda Lim & Pang Eng Fong, 1986, *Trade, Employment and Industrialization in
　　Singapore*, Geneva: International Labour Organization (ILO), pp.87-95.

半導體公司（Chartered Semiconductor Corp.）目前產量居世界第三位，僅次於台灣的台積電和聯電。

一九九九年新加坡半導體產值達七十五億美元，整體電子業產值則高達六百多億美元，其出口占全國出口總值 60%。因此資訊科技產業是新加坡經濟的關鍵性產業，也是推動該國經濟成長的火車頭[12]。

從以上關於東亞三國自一九八〇年代以來資訊產業發展的概況，可以知道，至少就比較發達的東亞經濟體而言，資訊產業對經濟高速成長扮演關鍵性的角色，原因是這些國家的經濟成長仰賴出口貿易，而資訊產業為其提供最高附加值和最龐大的出口。國際市場對資訊產品之所以有如此龐大的需求，是因為以美國為首的西方國家從一九七〇年代開始，已進入「資訊經濟」時代。

從一九八〇年代到一九九〇年代，資訊科技產業對東亞國家經濟成長的主要貢獻，並不是透過提升「生產效率」（單位勞動生產力）達成，而是透過與工業先進國的產業整合，分潤到工業先進國資訊科技產業發展的經濟利益。我們如果把技術當做「一般概念範疇」去做量化分析，則不能瞭解這種「分潤效應」對東亞經濟成長的貢獻。這是必須從國際經濟整合、產業分工和比較利益的原理去分析才能明白的。從理論上說，只要工業先進國的資訊科技產業持續創新發展，而東亞國家繼續保持其資訊產品的競爭力，則東亞經濟將得以持續高度成長。然而事實證明，「資訊經濟」或「新經濟」仍受景氣循環規律的支配，當美國「新經濟」因供過於求和「科技泡沫」破滅而滯緩時，與其緊密聯結的東亞

---

[12] 此處數據分別引自 *Singapore 1999*, Ministry of Information and the Arts, Government of Singapore, p.117，及 *Singapore 1989*, Ministry of Communications and Information, Government of Singapore, p.84。另參見李柏毅等同前書（註9），頁 259-262。

經濟體立即深受打擊。因此,東亞經濟成長的問題並不在於所謂「要素驅動」,而是在於其資訊產業對美國市場的高度集中和依賴。英國《經濟學人》最近就曾指出,東亞經濟易受傷害的一個主要原因,是過度依賴資訊科技產品的生產和出口,二〇〇〇年該地區的 GDP 成長,有五分之二來自對美國出口資訊科技產品;如今美國科技投資熱潮已消退,二〇〇〇年五月到二〇〇一年五月的電腦及其他科技產品訂單減少了三分之一,使東亞出口深受打擊。由於美國、日本和歐洲都向東亞採購,「新型經濟傳染病是透過資訊科技產品的全球供應鏈而擴散開來,東亞只不過是全球經濟日益整合的最極端例子」。此外,新加坡二〇〇〇年經濟成長率高達近 10%,乃拜資訊電子業大量對美出口之賜,但該國於二〇〇一年七月宣告經濟出現衰退,國際評論認為,導因於該國資訊電子業占整體製造業產值一半以上,而電子業出口又占總出口60%至70%,主要市場在美國,故當美國資訊業部門衰退時,就對新加坡造成直接和間接(透過全球經濟不景氣)的衝擊。馬來西亞的境況也相似,二〇〇〇年經濟成長率高達 8.5%,二〇〇一年卻與其他東亞經濟體一樣,陷入嚴重不景氣,出口大幅減少,失業率大增,主要原因也是過於依賴資訊產業的生產和出口 [13]。

四、半導體景氣循環與東亞經濟變遷

　　東亞經濟與「資訊經濟」的關聯性,還可以從半導體景氣循環的原理來論證。半導體產業可能被誤解為矽原料加工業,其實

---

[13] 引自 *The Economist,* July 7, 2001。有關「東亞經濟傳染病」的分析報導,紐約《世界日報》轉譯(二〇〇一年七月九日, D2)。另參閱法新社二〇〇一年七月十五日發自新加坡之電訊報導。

是高附加值的科技產業，其所涵蓋的範圍也很廣。東亞的資訊產業除電腦裝配和少量軟體業以外，以半導體產業為大宗，包含了晶圓代工、IC（積體電路）製程研發、各種記憶體製造、IC 設計、IC 測試與封裝等類。IC 半導體占半導體產品的大宗，其中包含數碼雙載子（bipolar）、記憶體、微元件、邏輯 IC、類比 IC 等五大類。東亞製造的半導體絕大部分為 IC 半導體，IC 半導體產品製造、IC 設計、IC 封裝與測試等，都是東亞較發達經濟體的所有產業中，附加值較高的項目，是其出口的最大宗，也是經濟成長的一個主要來源。

　　晚近半導體產業的研究發現，從一九七〇年代中期以來的二十多年間，全球半導體市場的景氣以大約五年為周期發生一次小循環，又以十年為周期發生一次大循環，稱為「矽周期循環」。概述如下：當半導體產業過度擴張導致供過於求時，價格開始下滑，景氣放緩，大約二、三年後達到小谷底，然後逐漸復甦，再過二、三年，復甦力道減弱而陷入另一次小循環；經兩次小循環後，前後歷經十年，景氣出現新高峰。此即所謂「矽周期循環」的現象。從一九七〇年代中期以來，共有三個大周期循環：(1)第一周期循環：從一九七五年半導體生產負成長 6%時，景氣開始下降，到一九八四年出現高達 46%的正成長，是為第一周期循環的高峰，期間平均複合成長率為 20.4%。(2)第二周期循環：從一九八五年負成長 16%時，景氣開始下降，到一九九五年成長 42%，是為第二周期循環的高峰，期間平均複合成長率為 20.8%。(3)第三周期循環：從一九九五年底或一九九六年初開始，半導體晶片和 DRAM 記憶體又因產能過剩而銷路趨緩，價格下滑，至一九九八年第三季達到小循環的低點，從一九九六到一九九八年，半導體產業的營收和利潤都大幅下降，直到一九九八年底才開始復甦。從一九九八年底到二〇〇〇年中期為止，全球半導體產業欣欣向榮，這

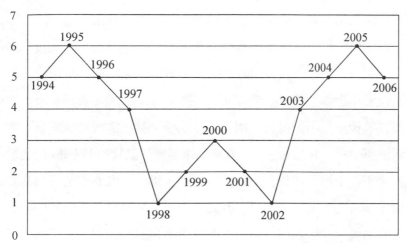

SemiconductorProduction Cycle

圖一　半導體景氣循環示意圖

全球半導體景氣第三周期循環（1995- 2005）的大概情況。曲線的縱座標變量只表示上升或下降的意義，而不是精確的度量。

是第三周期循環中的前半個小循環。根據業界在二〇〇〇年上半年的預測，由該年下半年開始的景氣下降將會持續到二〇〇二年，達到另一中期低點（即第二小循環的低點），然後回升，而於二〇〇五年攀登第三周期循環的高峰[14]（見圖一所示）。

　　從上述矽周期循環的模型，我們可以論證一九九七年金融風暴以來，半導體景氣循環與東亞經濟景氣循環有一定的關聯：

　　第一，半導體景氣循環與亞洲金融風暴：東亞金融風暴的初始肇因是東南亞及韓國出口滯緩，經常帳收支惡化，導致貨幣貶值，進而觸動原已泡沫化的股市和房地產市場大拋售，股市及房市的崩潰又拖累金融體系和企業破產倒閉。由於東亞資訊電子業

---

[14] 矽周期循環的資料係由台灣新竹科學園區華邦電子公司提供，另參見李柏毅等同前書（註9），頁52-53。

是出口的大宗,附加值也較大,我們可以假設:如果當時全球半導體產業處於景氣循環的上升階段,則有助紓解東亞整體出口不振的困難;反之,如果半導體產業處於景氣循環的下降階段,則會加重東亞出口不振的困難。從上述矽周期循環模型來求證,一九九五年全球半導體產業的巨幅成長(42%),激勵美國和東亞業界在其後兩年增加投資,擴大生產規模,結果造成產能過剩,需求跟不上,一九九七至一九九八兩年半導體晶片和 DRAM 記憶體價格不斷下滑,銷售及盈利大幅下降,以一九九八年情況最為嚴重。換言之,一九九七至一九九八年,半導體景氣正處於中期下降的最低點,因此可以斷言:縱然金融風暴以前引致東亞出口不振的原因不止一端,但半導體產業景氣放緩無疑是其中之一。馬來西亞、泰國、印尼和韓國由於在風暴前貨幣隨美元升值,匯價被高估,故一九九八年資訊電子產業紛紛降價求售、減產,出口劇減,由此引發一連串金融及經濟災難。至於新加坡雖然經濟實力堅強,在美國和歐盟的市場競爭力相當穩固,但因受全球半導體產業周期景氣下墜以及東南亞鄰國經濟危機的拖累,到一九九八年十一月時,新加坡經濟也出現連續兩季衰退,失業率由前一年的 1.8%劇增至 3.2%,成為新加坡「獨立建國以來最嚴峻的挑戰」[15]。因此我們可以說:一九九七至九八年亞洲金融風暴和經濟危機,由於剛好碰到全球半導體景氣中期下降的低點,而加重其打擊東亞經濟的嚴重程度。

第二,半導體景氣循環與東亞復甦:從一九九九年初開始到二〇〇〇年,東亞出口巨幅成長,使宏觀經濟出現戲劇性的復甦,股市有如「火鳳凰」一般突然從廢墟中復活,其中資訊科技股股

---

15 參見 Lee Lai To, 1999, "Singapore in 1998: The Most Serious Challenge Since Independence," in *Asian Survey*, U.C. at Berkeley, Vol.39, No.1, January–Februar, pp.72-73.

價竟在短短一年多期間狂飆數倍。對於這項令經濟分析家們跌破眼鏡的變化，似乎未有人從「資訊經濟」的觀點去做學理性的分析解釋。但我們從上述矽周期循環模型可以看出，一九九九至二○○○年正是半導體產業中期復甦達於高點的階段，這並不是單純的巧合。實際考察發現，美國企業從一九九八年開始大幅增加資訊科技設備投資，日本和歐盟的各大公司也迅速跟進，帶動整體企業增加網路服務、電子商務及內部資訊管理設備的支出；資訊科技投資的擴張與科技股價的狂飆互相激盪，結果是對東亞半導體晶片、記憶體及其他資訊電子產品的需求大增。因此，東亞經濟之所以能在金融風暴後迅速復甦，主要是因為碰上矽周期循環的半導體復甦階段，拜美、日、歐市場對半導體及相關資訊科技產品的龐大需求之賜。正如亞洲開發銀行於二○○一年五月七日發表的年度經濟展望報告所指出的：「台灣在一九九九年和二○○○年上半年的高成長，歸功於全球市場對半導體產品的高度需求。」

第三，半導體景氣循環與現階段東亞不景氣：從二○○○年第四季開始，全球經濟又陷入不景氣的困局，東亞亦不能倖免。根據矽周期循環模型，這剛好是半導體景氣循環第二中期衰退（二○○一至二○○二年）的時期。考察實際情況，我們發現，由於美國一方面有資訊科技過度投資、產能過剩的問題，另方面股市存在嚴重的科技泡沫，故當聯邦儲備局從一九九九年中期起連續六次加息降溫後，資訊科技部門需求迅速減弱，存貨堆積嚴重，科技公司盈利下降，引起股市大崩盤。企業減產、裁員、削減投資支出的問題與股市崩盤形成惡性互動，導致企業景氣持續惡化，對國外半導體的需求大幅萎縮。由於東亞資訊產業與美國緊密聯結，不但出口受影響，復因股市受華爾街股市衝擊而崩盤，造成企業資產縮水，內需不振，外銷困難，貨幣貶值，失業增加。

據道瓊通訊社於二〇〇一年二月引述分析報告指出，由於全球資訊電子業需求減弱，將使出口高度依賴資訊電子業的台灣、南韓、新加坡和馬來西亞經濟遭受重創。以台灣和南韓而言，經濟基本面從二〇〇〇年第三季開始轉壞，預料到二〇〇一年底將更惡化。台灣在二〇〇一年頭三季出口預估萎縮超過 10%；韓國經濟受創情況比台灣更嚴重。截至二〇〇一年七月中旬為止，新加坡已正式宣告步入衰退，馬來西亞處於衰退邊緣，台灣二〇〇一年頭二季的成長率都未超過 2%，是二十年來最差的紀錄；其他東亞大多數國家和地區的境況也很艱難[16]。可以這樣說，二〇〇〇年末期以來東亞經濟不景氣的主要肇因，是美國資訊科技產業部門因過度擴張而衰滯，不但導致全球半導體的需求減弱，矽周期循環進入中期景氣衰退，而且美國經濟和全球經濟也受波及而陷入景氣低迷的局面。

五、結語

總結來說，一九九七至九八年亞洲金融風暴與經濟危機雖然不是由半導體產業景氣衰退所引起，但全球半導體周期景氣循環恰巧在此時進入中期衰退階段，無疑加重了經濟危機的嚴重程度。其次，東亞經濟在一九九九至二〇〇〇年之所以能從危機中迅速復甦，主要是因為矽周期循環經過中期衰退後，在此時開始復甦，而其背後原因是美國、日本和西歐大事擴張資訊科技設備

---

[16] 台灣、南韓、新加坡和馬來西亞經濟因全球半導體景氣下降而受創的情況，分別見道瓊社二〇〇一年二月十三日及五月二十四日報導，中央社二〇〇一年五月七日報導，台灣行政院主計處五月二十五日公布，以及七月道瓊等國際通訊社財經報導。

投資，為東亞半導體及相關資訊產品帶來龐大需求。最後，從二
〇〇〇年末期開始東亞及其他地區又陷入經濟不景氣與股市崩盤
的惡性互動，乃肇因於美國資訊科技產業過度擴張，產能過剩，
加上科技股價泡沫化，造成資訊科技部門不景氣與股市崩盤的惡
性互動。東亞經濟在經歷金融風暴和經濟危機後才一年多，就步
上經濟與股市雙雙復甦的坦途，幅度之大，力度之強，為前所未
見，然而曇花一現之後，又深陷不景氣的困境。這種瞬息萬變、
難以捉摸的起伏變化，非傳統經濟理論所能解釋；我們只能從「資
訊經濟」的新視野，去探究東亞如何介入全球「資訊經濟」之生
產、分配及再分工的過程，才能洞察近年來東亞經濟劇變的真正
動力所在。

　　然而以上分析並不表示，每次全球半導體景氣變動都會影響
東亞經濟的榮枯。第一項分析只是表明全球半導體產業不景氣加
重了東南亞和韓國在一九九七至九八年整體出口貿易的困難；若
無其他各項不利因素的湊合（如股市和房市泡沫、幣值高估、短
期外債和外資大量流入、濫貸款、濫投資等），半導體產業不景氣
本身並不足以造成金融風暴和經濟危機。第二項和第三項分析顯
示半導體產業景氣的起伏變化與東亞經濟榮枯的關聯性，乃是透
過美國資訊科技產業的強大動力，引致該國及全球市場的總體需
求變化來實現的。換言之，如果沒有美國資訊科技產業的大幅擴
張，在一九九八年末期到二〇〇〇年中期帶動全球市場的強勁需
求，全球半導體景氣恐怕就不會出現如此強勁的中期復甦，因此
也就無從刺激東亞經濟從危機中迅速復甦；如果不是美國資訊科
技產業從二〇〇〇年下半期以來出現危機，導致該國及全球經濟
的總體需求減弱，則光是半導體景氣的中期下降，恐怕也不足以
造成當前東亞經濟的全面不景氣。

　　由此我們可以明白，矽周期循環（即半導體景氣循環）與工

業先進國，尤其是美國的資訊科技產業的景氣變動是息息相關的。然而近年以來，工業先進國資訊科技產業的發展充滿了詭譎多變的不確定性，在這種情況下，未來矽周期循環是否會像過去二十多年那樣具有五年一小循環、十年一大循環的規則性，是值得質疑的。以美國而言，資訊科技創新的快速加上金融部門提供充裕的創投資本（venture capital）、IPO 等資金供應，不但促使資訊科技產業的產能在短時間內急遽擴張而變成過剩，而且資訊科技汰舊換新的趨勢十分顯著，使得熊彼得（Joseph A. Schumpeter）所說資本主義社會「創造性毀滅」（creative destruction）的現象，在當今「資訊經濟」時代顯得特別突出。產能過剩加上「創造性毀滅」，意味著由資訊科技產業所引發的經濟景氣循環有突變和加劇之勢；而股市投資者對科技創新的憧憬和「非理性亢奮」〔irrational exuberance，美國聯儲局主席葛林斯潘（Alan Greenspan）語〕，又容易導致股市泡沫化，由股價狂飆走向泡沫破滅，這又加強了經濟循環出現突變的可能性。換言之，未來美國宏觀經濟的景氣變動，可能既不是傳統上由衰退蕭條到復甦，再由復甦到繁榮的周期循環，也不是近年美國樂觀派經濟專家們所謂的「循環消失論」（即在「新經濟」下，美國經濟只會持續繁榮而不會衰退的說法），而很可能是上下起伏的不規則變動。如果真是這樣，那麼與工業先進國宏觀經濟景氣變動相關聯的矽周期循環，就必須重新修正。因此我們也就無法從前述矽周期循環的模型，去預測未來東亞資訊產業和整體經濟的景氣變化。

從歷史經驗來看，當經濟出現嚴重衰退而這種衰退又是由極端的經濟泡沫破滅所引發時，衰退時間可能持續甚久，或者出現衰退與溫和成長交替的所謂「成長衰退」（growth-recession）（如日本經濟近十多年來的情況），甚至惡化為長時間的經濟蕭條（如一九三〇年代的大蕭條）。這是因為企業、金融體系和民間消費者三

方都因經濟泡沫破滅而承受巨大創傷，總體需求和總體供給瀕於癱瘓，無法在短期內恢復正常。展望未來，「科技泡沫」破滅後的美國「資訊經濟」是否能夠迅速復甦？復甦之後是否能夠重現「繁榮」的盛景？抑或重蹈日本式「成長衰退」的覆轍？這些問題並沒有任何經濟專家能夠準確回答。但無論出現何種情況，在東亞過度依賴美國資訊科技產品市場的格局下，未來東亞經濟仍將無法擺脫美國「資訊經濟」的影響。換言之，東亞經濟發展的取向、景氣榮枯、社會分工和財富分配的形態，都將深受美國「資訊經濟」的影響。經過金融風暴以來劇烈的經濟變動之後，如何分享「資訊經濟」的利益，而將其破壞性的後果減至最小，已成為東亞各國政府及民間社會必須深思探究的重要課題。

參考書目

■中文部分

王正芬，2000，《台灣資訊電子產業版圖》，台北：財訊出版社。

李柏毅、徐康沛、蘇世界等，2000，《迎向二十一世紀的半導體產業——半導體趨勢圖示》，台北：電子時報社出版。

陳玉璽，1999，〈從奇蹟到危機：東亞經濟發展模式的重探〉，《香港社會科學學報》，秋季號，第 15 期。

■英文部分

Bell, Daniel, 1973/1976, *The Coming of Post-Industrial Society*, New York: Basic Books.

Castells, Manuel, 2000, *The Information Age: Economy, Society and Culture*, second edition, Malden, Massachusetts: Blackwell Publishers Inc., Vol.3, The End of Millennium.

Castells, Manuel, 1993, "The Informational Economy and the New International Division of Labor," in Manuel Castells, et al., *The New Global Economy in the Information Age,* The Pennsylvania State University Press.

Chen Yu-hsi, 1999, "The Myth of Foreseeing Asia's Economic Crisis," in *Ritsumeikan Journal of Asia Pacific Studies*, Vol.4, December.

Krugman, Paul, 1994, "The Myth of Asia's Miracle," in *Foreign Affairs*, Nov.-Dec., Vol.73, No.6.

Lee Lai To, 1999, "Singapore in 1998: The Most Serious Challenge Since Independence," in *Asian Survey*, U.C. at Berkeley, Vol.39,

No.1, January-February 1999.

Lim, Linda & Pang Eng Fong, 1986, *Trade, Employment and Industrialization in Singapore*, Geneva: International Labour Organization (ILO).

Lingle, Christopher, 1996, *Singapore's Authoritarian Capitalism*, Fairfax, VA: The Locke Institute.

Porat, Marc U., 1977, *The Information Economy*, Washington D.C.: U.S. Department of Commerce, Office of Telecommunications.

Sachs, Jeffrey & Steven Radelet, 1997, "Asia's Re-emergence," in *Foreign Affairs*, Vol.76, No.6, Nov.-Dec.

Singapore 1999, Ministry of Information and the Arts, Government of Singapore.

Singapore 1989, Ministry of Communications and Information, Government of Singapore.

International Herald Tribune, August 2, 1994.

The Economist, February 10-16, 2001.

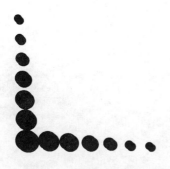

第四篇

────────── •••••

兩岸關係

權力與互賴
：資訊科技網絡中的兩岸關係

袁鶴齡

中興大學國際政治研究所副教授

一、前言

從人類經濟發展與創造財富的歷程來看，兩百年前蒸汽機出現所引發的工業革命，結束了以農業創造財富的歷史。一百年之後所發生的第二次工業革命，又使世界邁進了電氣化時代。如今全球又正在經歷一場影響人類生活面貌更深更廣的第三次工業革命，微電子、電腦、電信、機器人及生物科技等以知識為基礎的經濟形態，正在席捲全球，而且有越演越盛的態勢（梭羅，2000）。換言之，就特徵而言，第一次產業革命是「動力」的發展，第二次產業革命是「電力」的發展，而正在進行的第三次產業革命則是以「知識」與「創意」為主的發展。這股以知識與創意為主軸的發展，不但使美國在過去七、八年以來長時期的維持高經濟成長率、低通貨膨脹率[1]，且其經濟發展模式亦成為各國的發展典範。美國經濟的優異表現，遂使得「新經濟」之名不脛而走，並激起各國積極努力往這股新經濟潮流邁進。雖然，究竟有無新經濟現象、新經濟之成因為何，以及是否只要努力創新便可維持經濟成長於不墜等爭議仍值得探討（Krugman, 1997; Shepard, 1997；瞿宛文，2000），但是以資訊科技（information technology）、數位經濟（digital economy）及知識經濟（knowledge driven economy）為主導的「新經濟」，正急速的在全球化網絡中向各地擴展，卻是不爭之事實。它不但改變了人們的生活習性、產業結構，更改變了國

---

[1] 一九九二至一九九九年之間，美國國內生產毛額（GDP）成長率為 3.6%，自一九九七年起至一九九九年，成長率均在 4%以上，二〇〇〇年預估可達 5.4%，至於其通貨膨脹率則維持在 3%以下，最近更下降至 2%左右。請參閱吳榮義，2000，頁 18。

家之間的互動關係及模式。

　　做為一位國際政治學的研究者，筆者嘗試初探性地在本文中回答兩個問題。第一、國際關係的本質是否會因出現這波以資訊科技、網路、知識創意為基礎的新經濟而產生變化？在一個強調權力（power）與國家利益（national interest）的國際無政府狀態（anarchy）中，在資訊科技持續創新以及網路普遍使用的情況下，國與國的互賴關係（interdependence）自然因空間距離的縮短及成本的降低而增高。此時，權力概念的內涵或其本質是否會因此而有所轉變，以及國際合作出現的可能性是否會因此而升高，便成為本文所企圖要深究的議題。第二、在新經濟所建構的資訊科技網絡中，兩岸的互動關係會產生何種變化？當移往大陸投資之台灣廠商已由早期的低技術層次、低附加價值的傳統產業，轉變到近年技術層次高、且具高附加價值的資訊科技產業，而大陸的新高科技產業也在「科教興國」的政策指導下蓬勃發展之際，兩岸經貿的互動是否會因依存關係的增加而成為合作夥伴的關係，或者會因市場競爭的激烈而成敵對關係，則是本文所欲探討的另一個焦點。

　　本文第二節將對新經濟的概念、本質、內涵，及其在全球及兩岸所展現出的實質風貌，做一簡單的描述。第三節將從國際政治理論出發，來探討新經濟網絡的出現對權力與互賴的意涵所可能產生的改變。第四節則將專注在兩岸資訊科技產業現況的描述，以便瞭解兩岸在資訊科技潮流中所處的位置。第五節則企圖以「複雜互賴」為基調，將兩岸在知識經濟網絡中彼此互動的關係、台灣資訊科技產業外移大陸的原因，以及台灣內部「經貿開放」與「戒急用忍」政策的思辨，進行陳述與說明。最後結論則將本文重點做再一次的描述。

二、新經濟時代的出現

美國在過去近十年的經濟榮景創造出了「新經濟」時代，而在一九九六年經濟合作暨發展組織（The Organization for Economic Co-operation and Development, OECD）發表了名為「知識經濟報告」之後，「知識經濟」一詞便普遍受到各國產官學界的重視。美國《商業周刊》的主編謝波德（Stephen Shepard）認為，所謂「新經濟」乃意涵著兩股運行多時的趨勢，一是企業的全球化（the globalization of business），亦即資本主義的全球化擴張所引進的市場力量（market forces）、較自由的貿易（freer trade），以及普遍的去規範化（deregulation）；另一股則是資訊科技的革命（the revolution in information technology），例如傳真機、行動電話、個人電腦、網路等的創新，亦即它是一種所有資訊的數位化革命，例如文字、圖像，以及資料等的傳送。此種數位化革命不但創造出許多新的公司與企業，更直接改變了人與人的互動及資訊傳遞的方式（Shepard, 1997）。此外，台灣《商業周刊》的專欄作者石齊平則將新經濟視為是知識、全球化、網路革命與創業板（即那斯達克，NASDAQ）的總和，而此一總和亦可被稱為知識經濟（石齊平，2000）。他認為，知識、創意與智慧在以全球市場為規模的環境中，透過網路機制，使知識所創造出來的商品能夠實現最具高報酬的交易。至於創業投資與創業板的出現，則使得一個具有潛力的科技、知識與創意，即使面對著高度不確定及風險，仍有人願意給予資金的挹注以成其發展的機會。

雖然「新經濟」、「知識經濟」及其所衍生出的相關名詞，如「數位經濟」、「網路經濟」以及「電子商務經濟」等，在定義上

有所不同[2]，但是它們在對於「腦力」、「技術」、「創意」、「資訊科技」的重視程度及其重要性，卻是一致的。事實上，「資訊科技正明顯地影響著經濟、產出的成長與結構、職業與就業，以及人們如何利用時間的方式」[3]。此外，在新經濟或知識經濟的體制中，諸如「報酬遞增法則」（law of increasing returns），或是「無摩擦經濟」（frictionless economy）等，都是與傳統經濟規則不相同的思考模式及社會反應[4]。從世界經濟發展歷程來看，隨著現代化生產技術的革新與生產效率的提升，使得傳統產業的產能，例如汽車、電器、紡織、鋼鐵、機械等，都出現了供過於求的現象；與此同時，隨著科技不斷地創新與發展，電子、資訊等產品卻出現成本遞減現象，產品功能不斷提高，而其價格卻持續降低。因此，傳統經濟與新經濟的重要便在於，同樣是價格下降，但前者是在供給大於需求的狀況下，價格相對降低，而後者則是在成本下降的前提下，價格向下調整。

　　新經濟的蓬勃發展可以由以下的數項事實得以印證。依照零阻力經濟中的摩爾定律（Moore's Law）[5]，電腦處理能力每十八個月便增加一倍，而網路的連結則是每隔一百天便增加一倍（陳子

---

[2] 對於上述名詞的本質與特質的界定，請參閱梁榮輝，2000。

[3] 引自 OECD, 2000, "OECD Information Technology Outlook 2000: Highlights", http://www.oecd.org/dsti/sti/it/prod/IT2000Highlights_e.htm。

[4] 傳統經濟學的「報酬遞減法則」指出，在物質世界中相同的生產投入終究會使獲益遞減，但是在新經濟的「報酬遞增法則」（law of diminishing returns）下，持續資源（知識、資訊）的投入會隨著時間而產生越來越大的效益。「無摩擦經濟」即所謂的「零阻力經濟」（friction free economy），其至理名言即是，市場占有率越高，越容易獲得更多的市場，在零阻力經濟中，供給增加時，價格反而調降，並刺激需求增加。相關之討論可參見利維斯（T. G. Lewis）著，陳子豪、張駿瑩譯，1998，《零阻力經濟》；塔普斯科特（Don Tapscott）等編，樂為良等譯，1999，《新經濟：數位世紀的新遊戲規則》。

[5] 所謂摩爾定律是一種性能學習曲線（performance-learning curve），它決定了零阻力經濟的速度，一種以網際網路時間（internet time）來計算的變數，它能生動的描繪出零阻力時代中累進學習的重要性。詳細說明請參見陳子豪、張駿瑩譯，1998，《零阻力經濟》，頁 8-24。

豪、張駿瑩譯，1998；Keohane & Nye, 1998: 83）。最保守的估計，
從一九九〇年代起，全球上網人數每隔兩年便會增加一倍（Kling,
2000）。據統計，在一九九五年全球上網人口僅一千四百萬人，但
到一九九九年六月，全球網際網路總人口數便已超過一億九千萬
人。

　　由表一及圖一可看出，根據美國 Computer Industry Almanac
公司所公布資料顯示，截至一九九九年底，全球共計有兩億五千

表一　1999 年全球上網人口 Top15 國家

排名	國別	截至1999年年底上網人數（單位：千人）
1	美國	110,825
2	日本	18,156
3	英國	13,975
4	加拿大	13,277
5	德國	12,285
6	澳洲	6,837
7	巴西	6,790
8	中國大陸	6,308
9	法國	5,696
10	韓國	5,688
11	台灣	4,790
12	義大利	4,790
13	瑞典	3,950
14	荷蘭	2,933
15	西班牙	2,905

資料來源：美國 Computer Industry Almanac
　　　　　http://www.find.org.tw/news_disp.asp?news_id=571

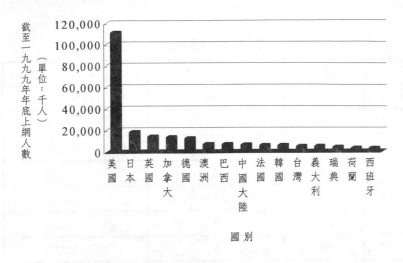

截至一九九九年年底上網人數（單位：千人）

國別

図一　1999 年全球上網人口 TOP15 國家

九百萬人上網，其中美國上網人數高達一億一千萬，占全球上網人口的 43%。日本、英國、加拿大及德國則分居二、三、四、五名，中國大陸排名第八，至於台灣則名列第十一。

　　從**表二**及**圖二**則可以發現，在全球兩百大資訊科技企業中，美國擁有一百四十八家（占 74%），其次是日本，有十七家，台灣有五家、香港兩家，而中國大陸則有一家。此外，以新經濟的龍頭美國為例，在全球二千二百七十二家的資訊科技公司中，95.5%的利潤是由美國公司所創造（Strassmann, 2000）。一九九○年代，在不到十年之內，美國公司在電腦上的投資增加十四倍。資訊業雖然只占美國國民生產毛額（GNP）的 8%，但卻為美國的經濟成長率貢獻了 35%。美國商務部也估計，到二○○六年，美國將有幾乎一半的勞動力，投入資訊科技的製造或使用（楊艾俐，2000）。除了美國在資訊科技方面的進步外，其他發展中國家亦在迅速成長。在 OECD《資訊科技二○○○年展望》中便指出，在全球資訊與傳播科技（information and communication technology）的生產中，OECD 國家的占有率便超過 80%，而美國更占了其中的 36%，

表二　全球二百大科技公司一覽表

	國別	企業數目（單位：家）	總收益（單位：百萬美元
1	美國	148	1412691.0
2	日本	17	201503.4
3	台灣	5	8326.0
4	加拿大	5	32751.9
5	瑞典	3	26363.3
6	香港	2	2461.6
7	法國	2	6173.6
8	新加坡	2	6541.6
9	英國	2	8671.8
10	以色列	2	1450.1
11	中國	1	4665.7
12	芬蘭	1	21986.2
13	瑞士	1	615.7
14	荷蘭	1	3911.1
15	德國	1	5017.5
16	南韓	1	3771.9
17	西班牙	1	79.1
18	澳州	1	12043.9
19	印尼	1	1090.6
20	比利時	1	384.2
21	百慕達	1	2608.0
22	巴西	1	898.7
	總和	200	1764006.9

資料來源：美國《商業周刊》。
http://www.businessweek.com:/2000/00_25/itscorl.htm?scriptFramed

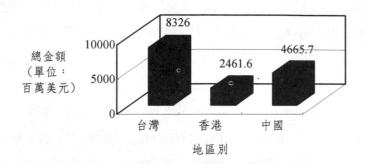

圖二　兩岸三地高科技產業總收益

且其比率仍在持續升高中。至於非 OECD 國家在資訊與傳播科技
市場的成長率，則是以兩倍於 OECD 平均成長率的速度在攀升，
其中最大的市場則屬於巴西及中國大陸[6]。

三、國際政治中的權力與互賴

　　以網路、資訊及知識為基礎的經濟互動模式，毫無疑問地將
成為未來的主流趨勢。然而當全球目光皆投注於新經濟對於人類
經濟行為的影響時，新經濟體制的出現是否會對國際關係造成結
構上的變化，並影響到行為者間之互動關係，亦是值得關切的議
題。近年來，經濟體制發展趨勢對國際政治相關層面影響之研究，
亦已引起國際政治學者之重視。

　　在國際關係的研究中，現實主義（realism）學派的論述一直
是居於核心地位。此學派認為，權力是國家在無政府狀態中維持
生存的重要憑藉，為了免於被侵犯的恐懼，權力的擴張，尤其是

---

[6] 請參見 OECD，2000，前揭文。

相對實力的擴大，便成為確保安全的唯一保障，亦是國家所追求的唯一目標。因此，對於現實主義者而言，國家便成為國際社會中「唯一」的「理性」行為者（unitary rational actor），彼此之間只有持續不斷「零和」（zero-sum）式的衝突與競爭，而完全不可能出現「雙贏」（positive-sum）式的合作（Morgenthau, 1975）。由於傳統現實主義的理論建構層次只停留在概念詮釋與一般原則陳述的階段，對於相關概念，諸如權力、國家利益及影響力等的論述不但模糊，亦無法進行實證經驗研究。

為使現實主義成為一項簡明、嚴謹、且適用性高的理論，華茲（Kenneth Waltz）遂在一九七九年的 *Theory of International Politics* 一書中，提出國際體系結構論，將傳統現實主義帶入另一境界，而形成結構現實主義（structural realism），或稱新現實主義（neo-realism）。雖然華茲亦認為國家是國際體系中唯一的理性行為者，但是不同於現實主義者的主張，華茲認為權力追求的本身並不可視為是國家的最終目標，而只是一種手段。他更進一步強調結構對國家行為影響的重要性。他認為國際體系的結構乃是由國家權力分配（power distribution）的狀況來決定，不同的分配形態會形成不同的國際結構，而不同的國際結構及國家所處的相對位置，便決定了國家對外的行為模式。因此，如何尋求相對實力（relative strengths）的增加，便成為國家維持生存的主要考量。至於權力的來源，此派學者則認為主要是得自於人口、土地、經濟狀況、天然資源、地理環境，以及軍事武器與裝備等，尤其是軍事力量更是衡量國家實力大小的重要指標[7]（Waltz, 1979）。由於時代環境的限制，對他們而言，資訊科技與知識並不屬於權力內涵的一部分。

---

[7] 其他有關現實與結構現實主義之討論，請參見 Mearsheimer, 1995; Keohane 1986; Baldwin, 1993。

結構現實主義的論證雖然嚴謹且簡明，但其基本假設及主張卻激起了新自由制度主義（neo-liberal institutionalism）或稱新自由主義（neo-liberalism）的批評。雖然，新自由制度主義也與結構現實主義相同，亦假設國際體系是一種無政府狀態，且國家是個理性行為者，但是他們卻不同意國家是唯一行為者的假設，以及國家只會無止境的追求相對獲利，而不可能有合作空間的推論。他們認為，雖然國家仍是一個重要的行為者，但是其他非國家行為者對於國際事務影響的程度亦正日益加深，譬如，政府間的國際組織（如聯合國、世界貿易組織）、跨國企業，以及其他諸多非政府組織（NGOs），皆在國際關係舞台上扮演舉足輕重的角色。同時，他們亦認為，雖然國際體系是一種無政府狀態，但在國與國之間互賴程度加深後，怕被騙且不相信對方的結構現實主義式的考量，則可透過制度建立來避免，並且對於如何分配的考量可能更甚於相對獲利的追求。此外，在彼此互賴的國際體系中，國家安全雖然重要，但是其他諸如貿易、貨幣、環保，以及人權等各項非軍事性議題，亦對國際體系的穩定與秩序有著不容忽視的重要性（Baldwin, 1993; Keohane & Martin, 1995; Keohane & Nye, 1989; Oye, 1986）。由此可知，新自由制度主義強調的是權力的多面性，議題的多樣性，以及行為者的非唯一性[8]。

　　如果要描繪後冷戰時期國際體系特色，則基奧漢（R. Keohane）和奈（J. Nye）（1989）所提出的「複雜互賴」（complex interdependence），應是最能反映實際現象的用語。從理論的層面

---

[8] 鄭端耀則將新自由制度主義對結構現實主義的批評整理成：(1)國際關係並非僅存在單一的國際結構；(2)國家對外行為具有許多變化和選擇性，並非全然受制於國際體系結構的影響；(3)國際體系結構理論過於靜態，無法解釋國際關係的變化，更無法對國際和平改變提出解決的方案；(4)不論傳統或新現實主義的觀點皆過於悲觀，對解決國際關係問題並無實質效益；(5)現實主義忽略國際制度的功能，以及國際社會國際制度化的發展。詳細討論，請參見鄭端耀，1997。

來看，「複雜互賴」是一種國際體系的標準形態（an ideal type of international system），並與現實主義強調國家的唯一性、權力的相對性、國家安全最高性的論點形成對比。他們認為，「複雜互賴」具有「多元接觸管道」（multiple channels of contact）、「議題之間不具備階層關係」（absence of hierarchy among issues），以及「武力使用不具優先性」（minor role of military force）。「複雜互賴」所描繪的情境是指，在眾多國家之間有多種不同的聯繫管道，讓不同社會彼此緊密的連結在一起，亦即國家無法獨占聯繫的管道；彼此互動的相關議題沒有上下階層關係；而軍力的使用不再是被國家用來實踐國家利益的唯一及優先工具。因此，在高度「複雜互賴」的國際體系中，軍事實力不再成為國家履行其目標的唯一手段，而安全亦非唯一的考量。在絕對獲利考量大於相對獲利估算，而分配的重要性遠大於獲利時，透過國際機制的建立，國與國之間合作的可能性更大為提高[9]。

　　無論對國際政治的分析者或是實務者而言，權力永遠是最核心的概念。在高度互賴的國際社會中，權力運作不但存在於軍事、安全議題，亦出現於經濟、人權與環保等議題中。權力內涵則可區分為兩個層次，一種是使他人做其原本不想做的事的能力；另一種則是對結果控制的能力（Keohane & Nye, 1989: 11）。換言之，前者即是所謂「資源能力」（resource power），也就是達成預期目標所需具備的資源，後者即是所謂「行為權力」（behavior power），也就是達成預期目標的能力（Keohane & Nye, 1998: 86）。至於行為權力則又可分為「剛性權力」（hard power）與「柔性權力」（soft power）。所謂「剛性權力」是指某方透過威脅與利誘，促使另一方做其原本不想做的事的能力；「柔性權力」則指透過吸引

---

[9] 有關國際機制（international regime）的討論可參見 Keohane & Nye, 1989; Krasner, 1983; Hasenclever, Mayer & Rittberger, 1997.

（attraction）而非脅迫（coercion）的方式，來達到雙方都想要獲得的結果的能力。柔性權力的使用是說服對方遵守或同意能產生共同渴望行為的規範與制度（Keohane & Nye, 1998: 86）。換言之，柔性權力所強調的是如何透過一種規範與制度的建立，經由資訊的流通降低彼此的交易成本，以減少對結果的不確定程度。由此可見，現實主義者所強調的是剛性權力的擴增，以加強其迫使對方改變其意志的能力，因此軍事或經貿實力便相當重要。反觀，自由主義者所考量的是如何透過一種國際機制（international regime）的運作，增加彼此互動的透明度，並降低對未來不確定的程度，以達到彼此共同希望的結果。

　　國際政治經濟學者斯特朗（Susan Strange）認為，在全球經濟網絡中，權力亦扮演重要角色，「如果不注意權力所扮演之角色，則國際政治經濟學的研究便成為不可能。」（Strange, 1988: 23）她進一步指出，在政治經濟中會有兩種不同的權力在運作，一種是結構權力（structural power），另一種則是關係權力（relational power）（Strange, 1988: 24）。在此，所謂關係權力即是基奧漢和奈所說的行為能力，而結構權力中所謂的「結構」，斯特朗則將它區分為安全（security）、生產（production）、金融（financial）與知識（knowledge）等四種。雖然在對權力的看法上，基奧漢和奈是從行為者的角度出發，而斯特朗是從結構的角度出發，但是，他們卻有數項重要的共同點。首先，議題（結構）之間不具階層關係，安全並非國家唯一的考量；其次，權力具有多樣性，即在安全議題或結構中具有影響他人行為的能力，並不代表在其他議題或結構中能具有同等的影響力；第三、知識與資訊在權力內涵中的重要性。基奧漢和奈認為，知識即權力，而技術可以改變世界政治（Keohane & Nye, 1998）。斯特朗亦認為，知識的內涵即是知

識的創新，先進的技術則能開啟結構與關係權力的大門[10]（Strange, 1988: 31）。

近些年來，有關資訊科技對國際政治所造成衝擊的研究，亦已引起學界的興趣。基奧漢和奈（1998: 83）認為，社會之間的互賴並非是全新的概念，異於以往的是「資訊革命的結果，使得遠距離傳播的成本正虛擬性的減少中。實際的傳送成本也已變得微不足道；因此，大量的資訊能夠有效而無止境的被傳送」（"What is new is the virtual erasing of costs of communicating over distance as a result of the information revolution. The actual transmission costs have become negligible: hence the amount of information that can be transmitted is effectively infinite."）。資訊革命的結果，使不同社會彼此接觸的管道大量增加。換言之，「複雜互賴」中的「多元接觸管道」，已因管道之增加而起了相當的變化，並改變了權力的內涵[11]。

奈和歐文斯（W. Owens）（1996）也認為，在資訊時代，能夠領導資訊革命的國家將會比其他國家更具實力。在權力的內涵中，技術、教育及制度彈性化的重要性，已遠超過地理環境、人口及生產原料。不僅如此，資訊的優勢亦使軍事力量產生變化，並能藉此協助國家，以相對較少的代價來嚇阻或擊敗傳統軍事威脅，而使傳統的嚇阻理論面臨挑戰。同樣是對於權力在資訊時代

---

[10] 斯特朗的原文為"The advanced technologies of new materials, new products, new systems of changing plants and animals, new systems of collecting, storing and retrieving information-all these open doors to both structural power and relational power." 參見 Strange, 1988, p.31.

[11] 他們將資訊分為三種不同的形態，分別是自由資訊（free information）、商業資訊（commercial information），以及戰略資訊（strategic information），自由資訊的流通是沒有任何規範，商業資訊的流通決定於網際網路空間上智慧財產權是否有所建立，至於戰略資訊國家則會儘可能保護，譬如透過加密技術的使用。參見 Keohane & Nye, 1998, pp.84-85.

的理解，羅思科夫（David Rothkopf）（1998）認為，新世紀的「現實政治」（realpolitik）是「網路政治」（cyberpolitik），在其中，國家不再是唯一的行為者，而原生權力（raw power）亦可透過資訊力量來予以強化。此外，資訊普遍被分享與使用的結果，亦使非政府間民間組織紛紛興起，並且亦更進一步的降低了分享資訊所必須支付的代價（Meyer, 1997）。當然，如果權力的內涵已產生本質性變化，而權力的結構亦可分成四種不同形態，則甘迺迪（Paul Kennedy）所說，美國霸權正在衰退的事實並不存在（Kennedy, 1987），雖然美國在軍事與經貿實力相較於德國、日本等國有相對衰退的現象，但是在科技研發與資訊產業上的競爭力卻遠非他國所能及，因而美國仍是世界霸權 （Nye, 1990; Nye & Owens, 1996; Keohane & Nye, 1998）。

總之，社會之間所存在的互賴狀況並不是今日才發生的現象，過去當兩國彼此開始進行經貿交流時，互賴的關係便已應運而生。由於電腦與網際網路的普遍使用，以及資訊科技的不斷創新，無論對組織或個人網絡而言，在訊息的獲得上，距離不再成為明顯障礙。結果，不但使彼此的互動變得更加透明，亦因此而降低了國與國之間合作的交易成本（transaction costs）及不確定性[12]（Coase, 1937）。此外，由於資訊具有穿越空間的特性，因此國家的疆界不再是區隔不同國度、不同社會的利器；反而，由於資訊交流的普及、快速與多元，使得不同社會之間的接觸管道持續增加。如此一來，國家的重要性相對下降，而個人、跨國企業，以及其他非政府組織的重要性自然升高，甚至可能迫使國家改變其原有的政策偏好，最後導致政策產出（policy outcome）的改變。雖然，對於如何在資訊網絡中所共同創造出來的財富進行合理分

---

[12] 所謂的交易成本即是指完成市場交換行為所需負擔的額外成本，如資訊、組織、監督、制裁等的成本。

配，是一個重大議題，但是，在資訊革命剛起步的時期，尋求如何擴大彼此的共同獲利，其重要性可能更甚於分配。

四、兩岸資訊科技的現況

從全球發展趨勢觀察，資訊科技及網路經濟確實明顯的影響到經濟成長、產出結構、職業與就業形態，以及人們之間溝通與互動的方式，而且它們在經濟發展以及財富累積上的重要性亦是持續增加。如果全球經濟趨勢是從傳統產業的舊經濟走向資訊科技為主的新經濟，則台海兩岸在新經濟網絡的發展現況，以及兩地在全球發展脈絡中的地位如何，則值得進一步瞭解。

台灣資訊科技產業的發展近年已有長足進步。根據一九九九年《天下雜誌》一千大企業特集的報導，在一九九〇年代的十年間，資訊電子工業占全台灣製造業的產值，已從 15% 上升到 28%。十年前，在一千大製造業前五十名中，進榜的多是石化、紡織及鋼鐵產業，而這五十大現只剩二十九家還在前五十名。十年後，在前五十大製造業中，資訊、電子業便占了二十五家[13]。在全球兩百大資訊科技企業中，台灣有五家進榜，其中，全球最大生產晶圓代工的台積電（Taiwan Semiconductor Mfg）更是排名世界第五；全球第三大，國內最大連接器廠商鴻海精密（Hon Hai Precision Industry）則居二十七名；以生產主機板居世界領先地位的華碩電腦（Asustek Computer）排名五十九；同樣是以生產主機板居領先地位的技嘉科技（Giga Byte Technology）則居一百三十二名；最後入榜的仁寶電腦（Compal Electronic）則居全球第一百四十五名

---

[13] 資料來自 http://www.cw.com.tw/t1000-99/analyze05-1.htm。

。

　　如果將台灣資訊科技及其相關企業置於全球華商中觀察，其成績更是亮麗。當新經濟在新世紀中大步向前邁進時，全球華商亦憑高科技，紛紛向新經濟的熱潮挺進。根據《亞洲周刊》的統計分析，在「二○○○年國際華商五百」排行榜中的前十大，六家是屬於新經濟的範疇，其中除了名列第一的香港和記黃埔及第四的盈科數碼動力之外，其餘四家皆來自台灣，分別是聯華電子（二）、華碩電腦（六）、華邦電子（八），以及鴻海精密（九）。整體看來，在國際華商五百大之中，以台灣企業的二百七十三家進榜為最多（占 46.06%），其次是香港的一百二十三家（占 36.35%）。至於入榜的台灣企業中，以電子、電腦及相關企業最多，約占三分之一，且大部分排名都相當前面[15]。

　　無論在全球資訊科技業或全球華商的表現上，台灣企業都交出了一份亮麗的成績，且皆占有重要地位。然而，台灣在整個新經濟網絡的發展，仍存有相當隱憂。人力培養及研發（research and development, R&D）的投資在以知識為基礎的新經濟範疇中，自然顯得格外重要，然而觀察台灣現況，則創新不足實為相當嚴重的問題。目前台灣科技研發總投入不到兩千億元，跟先進國家相比，可能只有十分之一或百分之一。以美國為例，研發支出占全國生產毛額（GDP）的比例一般均維持在 2.5%以上，且七成以上的研發經費是來自企業界。在亞洲，日本與韓國的研發經費在 GDP 所占的比例，也從一九九四年的 2.6%左右，到一九九八年直逼 2.9%。反觀台灣，從一九九三年的 1.76%，到一九九八年的 1.98%，雖有成長，但仍相距甚遠。至於在二○○一年度政府所編列的科技預

---

[14] 資料來自 http://www.businessweek.com.:/2000/00_25/itscor1.htm?scriptFramed。
[15] 相關資料請參見〈二○○○年國際華商五百〉，《亞洲周刊》，2000 年 10 月 30 日至 11 月 5 日。

算雖然核編了五百三十一億台幣，較二〇〇〇年的四百八十一億兩千三百萬台幣，成長了約 10.3%，並占中央政府總預算的 3.3%，但是在產業科技的研發經費上卻是負成長（從 48.02% 降到 47.32%）（張鐵志，2000）。由於研發經費不足，因此台灣高科技產業發展便較傾向於附加價值較低的「加工生產」形態。此外，雖然台灣目前是全球第三大資訊產品生產國，但自有品牌卻不到兩成，全球占有率低。再者，台灣在高科技人力的需求上，有持續不足的現象。依據資料顯示，一九九九年度短缺一萬一千六百九十四人，預計在二〇〇二年度將會增加到一萬七千兩百八十一人，累計從一九九九年到二〇〇二年度的短缺人數高達五萬七千一百三十八人[16]。林仲廉認為，現階段台灣研發與人力運用狀況出現以下困境：(1)基層技術人力不足；(2)高階研究人才不足；(3)產、學、研合作機制缺乏整合；(4)研究題材無法有效整合；(5)創新性的研究成果不足；(6)重視應用研究與技術發展，而較不重視基礎研究，不易建立獨創性核心技術；(7)研究人員內部循環，影響國際化與全球化（林仲廉，2000）。

除了人力與研發短缺的問題之外，資訊科技產業的外移則是另一個嚴重的隱憂。依據統計，台灣資訊產品的海外生產比例，已由一九九四年的 28%，擴大到一九九九年的 43%，固然「台灣接單、海外生產」符合國際分工原則，但這同時也反映出國內生產環境惡化的事實[17]。政府為了使高科技產業根留台灣，在「促進產業升級條例」及「科學工業園區設置管理條例」中，皆提供諸如租稅減免及投資抵減等優惠政策（王思粵，2000）。然而，在台灣政治、經濟及社會環境日趨惡化，且加上大陸方面的強烈誘因驅使下，

---

[16] 此部分內容為立法委員賴士葆在「高科技產業如何根留台灣」公聽會發言內容，請參閱《管理雜誌》，第 316 期（2000 年 10 月），頁 83。

[17] 此資料引自《管理雜誌》，第 316 期（2000 年 10 月），頁 37。

台灣高科技產業赴大陸投資設廠的風潮日漸興盛。

　　根據經濟部在二〇〇〇年七月公布的對外投資統計數據顯示
（見**圖三**和**表三**），台灣對大陸投資已從一九九一年的一億七千多
萬美元，增加到二〇〇〇年上半年的十一億美元，其中電子業所
占比重，更是從一九九一年的 18%增加到二〇〇〇年的 64%，這
顯示台灣赴大陸投資的產業已有逐漸集中到電子及電器製造業的
趨勢。**圖四**和**表四**顯示，若單從我國電子及電器產品製造業核准
對亞洲地區之投資分布來看，前往大陸之比重皆超過半數，且二
〇〇〇年上半年更是高達 92.4%。

　　在電腦系統廠商部分，基於生產成本及全球運籌布局之考
量，在廣達敲定在上海松江加工出口區投資兩千六百萬美元設立
達豐、達功兩家公司後，國內前八大電腦系統廠商，包括台灣最
大的宏碁集團、神達、大眾、廣達、仁寶、英業達、華宇、鴻海，
已全部「登陸」投資設廠。系統廠商製造中心外移大陸已成大勢
所趨，台灣研發、大陸製造兩岸分工模式確立[18]。上述各項事實皆
顯示台灣在全球資訊科技產業中的地位有動搖的現象。

　　做為資訊科技產業的後進（latecomer），中國大陸面對新經濟
的旺盛企圖心及其未來的潛力，實不可忽視。從對新經濟產品的
需求來看，中國大陸已成為全球資訊電子產品的重鎮，其中彩色
電視、冷氣機與錄放影機居全球市場占有率的第一名，個人電腦
市場居全球第二，而行動電話與 DVD 則居第三（李明軒，2000:
153）。此外，大陸對於半導體的需求量近年來也快速增加，預估
在二〇一〇年時，可能將僅次於美國，而成為世界第二大半導體
市場[19]。從供給面上觀察，中國大陸為了吸引有關資訊科技產業，
特別訂定了相關的優惠政策，尤其是針對高新技術產業開發區內

---

[18] 《聯合報》，2000 年 11 月 25 日，第 21 版。
[19] 《工商時報》，2000 年 10 月 16 日，第 11 版。

表三　1991 至 2000 年台灣電子及電器製造業赴大陸投資概況表

單位：萬美元，%

	電子及電器製造業核准赴大陸投資金額	各類產業核准對大陸投資總金額	電子業占投資總金額比重
1991	3157	17416	18.127
1992	3784	24699	15.32
1993	44351	316841	13.99
1994	15701	96221	16.31
1995	21840	109271	19.65
1996	27686	122924	22.52
1997	87504	433431	20.18
1998	75898	203462	37.3
1999	53775	125278	42.92
2000(1-6)	70564	110228	64.02

資料來源：經濟部統計處，http://www.moea.gov.tw/~meco/stat/four/e-7.htm。

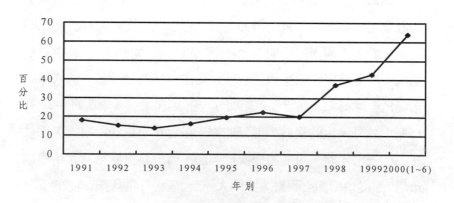

圖三　1991 至 2000 年台灣電子產業占大陸投資總額比例趨勢圖

表四　電子及電器產品製造業核准對外投資分區圖表（亞洲地區）

單位：萬美元

國別＼年別	中國大陸	新加坡	菲律賓	泰國	馬來西亞	越南	日本	韓國	總金額
1952-1997	204023（62.4%）（1991年~2000年）	16814.2（5.14%	16868.1（5.16%	38470.8（11.7%	43778.4（14.6%	4034.7（1.2%）	2233.6（6.8%）	519.7（0.15%	326742.5（100%）
1998	75897.5（83.5%	4369.3（4.81%	2526（0.28%	5181.4（5.71%	1191.3（1.31%	348.5（0.38%	1131.3（1.24%	171.8（0.02%	90817.1（100%）
1999	53775.1（54%）	23876.8（23.7%	2057.8（2.3%）	6974（7%）	10.6（0.01%	135.5（0.14%	10866.1（11%）	1887.6（1.87%	99583.5（100%）
2000（1-6）	70564（92.4%	552（0.73%	289（0.38%	794（1.05%	650（0.86%	15（0.02%	3181（4.2%）	274（0.36%	76319（100%）

資料來源：東亞產經資訊網　http://www.idic.tier.org.tw/
　　　　　經濟部統計處　http://www.moea.gov.tw/~meco/stat/four/e-7.htm

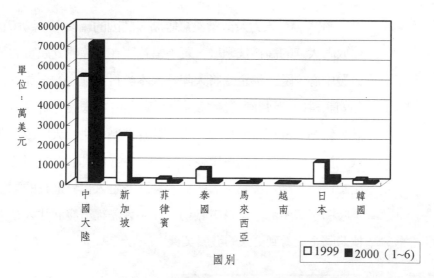

圖四　電子及電器產品製造業核准對外投資分區圖（亞洲地區）

的企業。除了中央依據「中華人民共和國科學技術進步法」和國務院（一九九一年）十二號文件等法律、法規規定，對高新技術產業開發區內的新高技術企業實施優惠政策外，大陸各地方政府亦在各開發區陸續推出許多大同小異的優惠政策。此外，中共國務院亦在二〇〇〇年七月十四日頒布「鼓勵軟件產值和集成電路產業發展的若干政策」，以增加高新技術產業開發區之吸引力（王思粵，2000）。大陸自一九八八年於北京設立第一個高新技術開發區迄今，全大陸已有五十三個「國家級」科學工業園區，主要分布在江蘇、珠江三角洲、山東半島、京津塘、閩東南、陝西關中等地，形成七個高新技術產業開發區帶[20]。除了在數量上增加快速之外，從**表五**和**圖五**所顯示的資料便可發現，不論從產值、利稅、出口創匯等角度觀察，開發區的成果皆頗為豐富。依據過去表現，中國大陸預估至二〇〇〇年底，開發區產值將可達五千億元人民幣，利稅總額將可達到一千億元人民幣，而出口創匯能達九十六億美元。

　　在市場、人力及政策優惠等諸多誘因的驅使下，跨國企業開始放眼大陸的高科技領域，更不惜巨資在大陸建立起實力雄厚的研發中心，進一步企圖將大陸納入本身日益龐大的全球網絡，例如朗訊科技、英特爾、微軟及 IBM 等，皆在中國設有研發中心。《財星》雜誌（*Fortune*）總編約翰‧休伊認為，由於大陸改革開放步伐加快，使大陸逐漸擺脫僵化的體制，亦使其邁向世界的步伐越走越快，以高科技為主體的經濟發展及融入世界進程的加快，不但吸引了眾多海外投資者關切，亦為大陸經濟發展注入活力，更使跨國企業看到更大的發展契機[21]。

---

[20] 其個別園區所提供的優惠政策請參閱王思粵，2000: 74~75。
[21] 轉引自「跨國公司在大陸設置研發中心情況概述」，http://www.tbweb.com.tw/FREE/tz0927.htm。

表五　大陸高新技術產業開發區之成果總計

年度	利稅總額 （億元）	出口創匯 （億美元）	總收入 （億元）
1989	1.5	0.4	-
1990	2.6	0.5	-
1991	11.9	1.8	322
1992	33.7	4.1	-
1993	74.5	5.4	-
1994	110.1	12.7	-
1995	176.4	29.3	-
1996	238.1	43	2300
1997	350	64.8	3388
1998	450	80~90	4500
2000	1000	96	5000

註：1998 年為預估值，2000 年為計劃目標
資料來源：(1)《經濟日報》（北京），1998 年 8 月 9 日
　　　　　(2)《經濟參考報》，1998 年 12 月 28 日
　　　　　(3)《中國科學技術白皮書》，第 7 號
轉引自《大陸工業發展季報》，第 16 期，http://www.cier.edu.tw/cq/CQ1161.HTM。

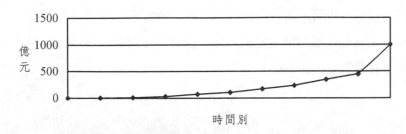

圖五Ａ　大陸高新技術產業開發區之利稅總額

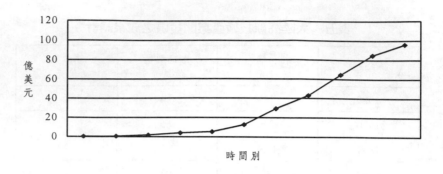

圖五 B　大陸高新技術產業開發區之出口創匯

　　除了在投資環境進行改善之外，中國大陸對科教基礎的扎根亦在持續加溫。「科教興國」自一九九五年由中共國家主席江澤民提出後，便成為中共整體經濟發展的一環。雖然研發經費支出在 GDP 的比重仍未達 1%，但其總額仍有增加。在一九九八年，大陸研發經費支出總額為五百五十一億一千萬人民幣，較一九九七年增加四十一億九千萬元，成長 8.2%，占 GDP 的 0.69%，比一九九七年略有提高[22]。就科技從業人員的規模而言，一九九九年大陸從事科技活動人員總數達二百九十萬六千人，比一九九八年增加九萬一千人，其中，一半以上屬於大中型企業科技研發人員。此外，中國大陸為更精確掌握研發經費和人力的總量數據，尤其是企業科研力量的狀況，為「十五」（二〇〇一至二〇〇五年）科技發展重大戰略和政策的制定提供依據，決定再度展開大規模的全社會研發資源調查工作[23]。

---

[22]　資料轉引自〈政策焦點──大陸積極推動大陸高科技產業之發展〉，《大陸發展季報》，第 18 期，http://www.cier.edu.tw/cq/CQ18-3.HTM。

[23]　請參閱〈政策焦點──大陸高科技產業政策及發展〉，《大陸發展季報》，第 22 期，http://www.cier.edu.tw/cq/CQ22-3.HTM。

五、兩岸在知識經濟網絡中的關係

在全球資訊科技產業中，兩岸的表現皆令人刮目相看。除了**表一**所展示的上網人口，中國大陸排名第八，而台灣排名第十一之外，兩岸在資訊硬體產業產值上的表現亦相當出色[24]。

由**表六**及**圖六**可以看出，在一九九八及一九九九年的資訊硬體產業產值的排名上，美國與日本皆高居世界第一、二名，台灣居第三，而中國大陸則居第五，然而，值得注意的是，中國大陸的成長率竟高達 30%。**表七**的統計顯示，台灣資訊硬體產業在一九九四年之後便急速外移。按此趨勢，二○○○年台灣企業在海外的資訊硬體產值便會超過本土產值。在生產外移中，絕大部分又都移往大陸。依據資策會估計，二○○○年因台灣本土生產增長放緩、生產外移大陸加速，以及大陸本身產業的發展，大陸將會取代台灣成為全球第三大資訊硬體製造地區（陳文鴻，2000）。事實上，根據台灣資策會統計顯示，大陸二○○○年在資訊硬體產業的產值已達二百五十五億美元，已超越台灣，成為全球資訊硬體產品製造地區，資策會同時也預估大陸二○○一年的產值將超過日本，躍居世界第二。此外，更值得注意的是，在二○○○年大陸資訊硬體產品的產值中，台商的產品產值竟高達一百八十五億美元，占大陸地區二○○○年總產值的 72%。這個數字顯示，大陸儼然已經具備成為全球資訊硬體產業「營運中心」的潛能[25]。

---

[24] 資訊硬體包括個人桌上型電腦、筆記型電腦、螢幕、掃描器、鍵盤、滑鼠、主機板、音效卡、顯示卡、繪圖卡、光碟機等個人電腦與周邊零組件和配套設備等。

[25] 請參閱〈注意大陸資訊硬體產值超越台灣的消息〉，《聯合報》，2000 年 11 月 8 日，2 版。

表六 1999年世界主要國家資訊硬體產業產值分析

（單位：百萬美元）

排名	國家	1998年	1999年（預估）	1998/1999 成長率
1	美國	90630	95162	5%
2	日本	42558	44051	4%
3	台灣	19240	21023	9%
4	新加坡	18660	18473	-1%
5	中國大陸	14196	18455	30%
6	英國	15398	15552	1%
7	愛爾蘭	8667	9360	8%
8	德國	8844	9197	4%
9	南韓	8169	8862	8%
10	巴西	8395	8227	-2%

資料來源：Yearbook, EIAJ等，資策會MIC IT IS計劃整理，1999年11月。
http://mic.it is.org.tw

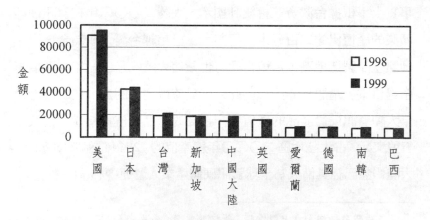

圖六 1999年世界主要國家資訊硬體產業產值分析圖

表七　台灣資訊硬體海內外產值（1994-1999）

單位：億美元

年度	台灣本土產值	海外生產產值	其中大陸生產產值	總值
1994 年	115.79（79.4%）	30.03（20.6%）	缺	145.82（100%）
1995 年	140.71（72.0%）	54.72（28.0%）	（14.0%）	195.43（100%）
1996 年	169.99（67.9%）	80.36（32.1%）	（16.8%）	250.35（100%）
1997 年	190.36（63.1%）	111.38（36.9%）	（22.8%）	301.74（100%）
1998 年	192.23（57.2%）	143.84（42.8%）	（28.9%）	336.07（100%）
1999 年	210.23（52.7%）	188.58（47.3%）	（33.0%）	398.81（100%）

資料來源：http://www.ttimes.com.tw/2000/11/16/mainland-taiean/200011160476.html

　　此外，根據經濟部的資料顯示，二〇〇〇年前三季台灣對大陸投資十七億八千萬美元，較上年同期增加了 106%，其中僅電子產品製造業就占五成六。**表八**及**圖八**的統計資料顯示，台灣二〇〇〇年一到八月核准對大陸投資金額中，僅電子、電力產業便達九億美元，占全部核准金額的 55.9%，且較一九九九年同期增加了 203.15%[26]。因此，台商西移大陸的產業趨勢自是相當明顯。

　　台灣資訊業除了核准項目加快投資大陸的步伐外，就連屬於禁止項目的筆記型電腦業也都趕赴大陸投資。截至二〇〇〇年為止，廣達、仁寶、英業達、華宇、宏碁及大眾等廠皆已完成部署，而最嚴謹保守的華碩電腦也將挑戰大陸政策，計劃在蘇州廠區架設筆記型電腦生產線[27]。此外，倫飛電腦也敲定崑山做為大陸投資生產基地，並計劃於未來將研發中心與主機板等模組的生產

---

[26] 請參閱先機，〈台商湧大陸一浪高一浪〉，《亞洲周刊》，2000 年 11 月 6 日 -11 月 12 日，頁 18-20。

[27] 資料引自《工商時報》，2000 年 11 月 11 日，第 21 版。

表八　台灣2000年核准對大陸投資金額

行業	金額 （萬美元）	占總金額 比例（％）	較上年同期 增長率（％）
電子、電力	90,200	56	203.15
金屬基本工業	11,690	7	116.47
塑膠產品	9,568	6	37.48
精密器械	5,654	4	559.72
食品、飼料	2,109	1	-49.23
其他	42,030	26	131.18
總數	161,251	100	146.92

註：2000 年 1 月至 8 月累積統計。
資料來源：台灣經濟部，轉引自《亞洲周刊》，2000 年 11 月 6 日至 12 日。

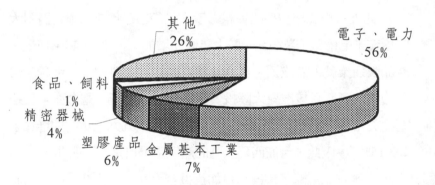

圖八　台灣 2000 年核准赴大陸投資金額比例圖

線，陸續移往該處生產[28]。由此可以確定，台商對大陸資訊硬體產
值的貢獻度還會持續擴大，而兩岸資訊硬體產值的差距將更為明

---

[28] 資料引自 《明日報》，http://www.ttimes.com.tw/2000/11/13/tech_online/
200011130007.html。

顯。

　　從開放赴大陸投資以來，在數量及質量上都大幅提高。目前在中國大陸的投資，累計金額超過五百億美元，常駐大陸的台商超過五十萬人，而投資的件數亦超過五萬筆。投資的產業亦從早期的製造業、服務業，轉為高科技高增值企業，而廠商的規模也從過去的低成本、中小型、低增值的勞動密集產業形態，逐漸轉化成大型化、集團化、高增值產業化投資形態[29]。

　　對於兩岸經貿互動所產生的政經影響，基本上有兩種不同的看法。一種是屬於自由主義學派的論調，認為兩岸的經貿活動不應有所限制，應當按照市場機制的運作原則，以追求個人與企業的最大效益，亦即強調台灣方面的推引效果（push effects）。因此，當台灣的工資上漲、保護意識抬頭、土地取得不易、勞工運動興盛，以及政治情勢不穩定時，台商出走乃是極其自然的現象。另一方面，從大陸所釋放出來的拉引效果（pull effects）亦加速了台商赴大陸投資的步伐。大陸的各項優惠政策、廉價勞工、廣大市場，以及獲得美國「永久正常貿易關係」之待遇，及加入世界貿易組織（WTO）後所產生的各項競爭優勢等，皆使台灣產業外移大陸成為無可避免的結果。另一種看法則是屬於國家主義（民族主義）學派的論調，認為台商外移大陸乃如同飲鴆止渴，不但嚴重影響國家安全，更會因此而造成產業空洞化，不僅削弱國力，同時亦厚植了大陸經濟。因此，戒急用忍成為維護國家安全與經濟發展的必要之惡，至於過度依賴大陸的結果，則將會造成大陸牽制台灣的重要籌碼。換言之，國家主義學派論者直覺認為，在不對稱的依賴關係中，依賴程度較低的一方（中國大陸）可以將其在經濟上的實力，直接轉化為對依賴程度較高一方（台灣）的

---

[29] 同註 26。

政治影響力（Hirschman, 1980）。

在知識經濟的網絡中，國家主義式的論調不但不符合全球化潮流的趨勢，更在理論上有其值得商榷之必要。首先，從二次世界大戰之後布列敦森林會議（the Bretton Woods Conference）的召開起，建立一個較自由的貿易體系（freer trade system）一直是各國努力的目標。雖然其中歷經了保護主義、新保護主義的挑戰，亦使關稅暨貿易總協定（GATT）的功能喪失，但是 WTO 的建立與運作正代表著各國並沒有放棄原先的理想，仍力圖為世人創造出更多的經濟利益。因此，在「國民待遇」、「最惠國待遇」，以及「平等互惠」等非歧視性原則下，WTO 要求所有的成員國能遵守諸項原則，並開放其國內市場。因此，一旦台灣加入 WTO，其戒急用忍政策則勢必要放棄。雖然台灣仍可申請使用「排他條款」，但其效果及包括中共在內其他國家的反應，則須納入考量。因此，與其被迫取消戒急用忍及開放三通，何不有計劃地來因應全球化對台灣產業所造成的衝擊。

其次，或有人說，若中共對台灣沒有敵意，不會以武力犯台，不堅持兩岸必須統一，則台灣又何須採取戒急用忍政策？這些人所擔心的是一旦台灣在經貿上過度依賴大陸，則中共便可利用此「不對稱的互賴關係」在政治面上向台灣施壓，並以切斷兩岸經貿關係或限制台商自由進出做為威脅，迫使台灣在政治議題上低頭。換言之，此種論調背後的邏輯即是「在不對稱的互賴關係中，經濟實力可以直接轉化政治影響力」（Hirschman, 1980）。然而，此一論證卻在理論上犯了以下數點的誤謬。

第一，不同議題之間沒有必然的連結關係，換言之，政治歸政治，經濟歸經濟。從遊戲理論（game theory）的架構來看，兩者的報酬結構（payoff structure）完全不同，參與者與參與的人數（number of the players）在兩項議題中亦不盡相同，而對於未來的

期望（shadow of the future）也不一樣（Oye, 1986）。就經貿議題而言，它是一種持續而且長遠的現象，一旦開始便很難回復到原來毫無往來的狀況。但是，就政治議題而言，它可以是一種「類別」的變數（categorical variabe），例如兩岸的「統一」與「不統一」。它也可能因外在因素的影響而使現有的狀況迅速改變，例如兩岸的互動關係在一九九二年「一個中國、各自表述」原則下，開始了良性發展，一九九三年的第一次辜汪會談，亦重啟了兩岸協商機制，但之後，隨著一九九五年李登輝總統的訪美、台海危機、兩國論等事件的發生，而使兩岸政治互動關係又再次跌到谷底。雖然如此，但在此期間，兩岸經貿往來並未因此而遭受阻礙，雖有短期震動，但很快便又恢復了原有活力。因此，政治與經貿議題並無必然之連結關係。

第二，在不對稱的互賴關係中，依賴程度較低的一方（中共）亦不必然能夠以其經濟優勢，迫使依賴程度較高的一方（台灣）在政治上就範。市場機制運作的特色即在於交換而非脅迫，因此，若要某國承諾對自己的政治效忠，便可能需要以經濟的優惠做為付出。這也就是說，他國對自身的政治承諾雖然能夠獲得，但必須是經由議價過程（bargaining process）的交換方式達成，而非藉由脅迫使對方就範（Wagner, 1988）。舉例而言，冷戰初期，美國為了完成其在西太平洋圍堵陣線的建立，因此願意對台灣開放其美國國內市場，並容忍台灣所採保護國內市場的措施，以換取台灣對美國的政治效忠，做為美國在其圍堵陣線上的重要盟友。因此，兩岸互動上，台灣雖然沒有籌碼（因為台灣依賴大陸程度遠高於大陸依賴台灣的程度）與大陸進行政治交換，但是大陸亦不可能只因其有經濟優勢，便可單方面以脅迫方式強逼台灣在政治議題上就範。

第三，在經貿互動上，任何一方片面中止彼此的往來，雖然

會造成對方的傷害，但對自己的影響亦不可輕忽。因此，問題在於任何一方是否有意願來承擔因中斷經貿關係所導致的損失。對台灣而言，大陸市場絕對是台灣經濟發展最主要的外部要素之一，台灣的傳統產業因開放大陸投資而開啟了事業的第二春，即使政府企圖以戒急用忍來減緩台資的外移大陸，但其效果絕對有限。上述的資料顯示，台灣不但傳統產業西移，即使是資訊科技、電腦產業等，亦正加快其外移大陸的速度，此股風潮政府勢必無法阻擋，而必須順勢以對。反觀大陸，積極加快其經濟發展步伐，擴大其與全球市場接觸範圍，完成其經濟現代化目標，應是其當務之急，其中，台商與台資在此過程中實扮演重要角色。因此，如果中共因政治因素考量而片面中止兩岸經貿，則其本身在經濟發展上所將遭受的打擊，亦會相當嚴重。在經貿全球化的網絡中，中共此一作為不但損及本身與台灣，更會使與兩岸有經貿往來的各國企業遭受池魚之殃，此種會造成中共經濟發展停滯、台商與外商遭殃的三輸狀況是否是中共所樂見的結果，實不無疑問。

從實務面上觀察，在以科技、網路為主導的全球新經濟網絡中，國家對於資訊的控制與干預程度已大幅降低，而個人及企業的自主性則持續上揚，那裏有商機便向那裏前進的企業精神，實非政府所能阻擋。從整個知識經濟的潮流來看，大陸市場的優勢已逐漸在形成。舉例而言，當中國大陸在資訊硬體的產值已領先台灣並即將超越日本之際，台灣的競爭力何在，實在值得思考。台灣的資訊硬體工業多集中在附加價值低的測試與製造，利潤原本就少，因此廠商如果無法赴大陸尋求降低成本，則不要說成長，可能連生存都會產生問題。此外，高科技人才的尋覓亦是問題。以同等的待遇在台灣可能無法找到，但在大陸卻容易得多。更嚴重的情況是大陸已漸成為全球資訊產業的「營運中心」之一，各種重要營運資源薈萃於此，如果台灣不儘早爭取到「全球布局」

的優勢地位，則台灣的資訊產業將可能就此被邊陲化。台灣資訊科技業鉅子張忠謀的「戒急用忍只會扼殺企業生機」，確實具有警惕作用[30]。

六、結論

國際體系的結構性特徵隨著冷戰的結束、全球化的風潮，以及新經濟時代的來臨，出現了明顯改變。國與國之間的互賴程度持續擴大，軍事安全議題固然重要，但是經濟、人權、環保等議題對世人的影響程度，絕對不亞於軍事安全。此外，武力的使用亦不再成為解決國際爭端的主要工具。在此種情況下，國家不再是唯一的行為者，且它也無法再如同往昔一般，以疆域做為控制資金、訊息進出的有效工具。同時，個人、企業，以及各種跨國性組織的自主性亦節節生高，至於權力的內涵也因資訊科技及網路等的出現，更加豐富而多元。

在當今的國際體系中，資訊科技的實力變得格外重要。在知識經濟的網絡中，彼此追求相對獲利的競爭形態雖然存在，但是其重要性絕對沒有比彼此追求雙贏的合作形態來得高；雖然獲利如何分配可能會影響到彼此合作的可能性，但是在這第三波工業革命剛開始之際，如何擴大彼此共享的利益應是優先考量的重點。

兩岸資訊科技產業在全球知識經濟網絡中的地位實不容忽視，然而，受限於兩岸特殊的政治關係，使得雙方無法將彼此既存的競爭優勢予以結合，以擴大屬於兩岸中國人的共同利益，實屬可惜。台灣正面臨產業轉型，諸多內部因素使廠商的生產成本

---

[30] 同註25。

直線上升，再加上「戒急用忍」的政治性考量，更使得廠商必須透過各種不同方式的自力救濟才得以生存。反觀大陸，市場的廣大、人力資源的充沛，以及大陸當局的旺盛企圖心（例如各項優惠政策的釋出），都展現出冀望於未來在知識經濟網絡中爭得一席之地的決心。本篇論文嘗試從國際政治理論的爭辯出發，重新思考權力與互賴的內涵及關係，並說明兩岸在知識經濟網絡中的地位及彼此相對地位之所在，以期待兩岸政府能力求終止彼此之政治歧見，共同創造出屬於兩岸共有的資訊科技王國。

參考書目

■中文部分

Lester Thurow 著，齊思賢譯，2000，《知識經濟時代》（*Building Wealth*），台北：時報。

T. G. Lewis 著，陳子豪、張駿瑩譯，1998，《零阻力經濟》（*The Friction Free Economy: Marketing Strategies for a Wired World*），台北：天下。

Don Tapscott, Alex Lowy & David Ticoll 編，樂為良、陳曉開、梁美雅譯，1999，《新經濟：數位世紀的新遊戲規則》（*Creating Wealth in the Era of E-Business*），台北：麥格羅‧希爾。

王思粵，2000，〈兩岸對高科技產業優惠政策之比較〉，《經濟前瞻》，71 期，頁 70-75。

石齊平，1999，〈知識＋全球化＋網路革命＋創業板＝新經濟＝知識經濟〉，《商業周刊》，1999 年 12 月 6 日，http://www.bwnet.com.to/ column/shi/628.htm。

吳榮義，2000，〈台灣新經濟指標之衡量與國際比較〉，「中華經濟協作系統第六屆國際研討會：新經濟與兩岸四地的交流協作」，2000 年 11 月 25 至 28 日，中國，廣州，中山大學。

李明軒，2000，〈WTO 後兩岸科技爭鋒〉，《天下雜誌》，2000 年 8 月 1 日，頁 146~157。

林仲廉，2000，〈建構大中華知識經濟產業研究發展體系——從台灣科技競爭力談起〉，「中華經濟協作系統第六屆國際研討會：新經濟與兩岸四地的交流協作」，2000 年 11 月 25 至 28

日，中國，廣州，中山大學。

張鐵志，2000，〈知識經濟的研發困境：知識經濟需創新、台灣研發待加強〉，《新新聞》，第 710 期，2000 年 10 月 12 日，頁 112-115。

梁榮輝，2000，〈新經濟與台灣科技產業的發展〉，「中華經濟協作系統第六屆國際研討會：新經濟與兩岸四地的交流協作」，2000 年 11 月 25 至 28 日，中國，廣州，中山大學。

陳文鴻，2000，〈產業大舉西進加劇台灣經濟轉型壓力〉，http://www.ttimes.com.tw/2000/11/16/mainland-taiean/20001116 0476.html。

楊艾俐，2000，〈新經濟搞砸華爾街？〉，《天下雜誌》，http://www.cw.com.tw/magazine/220-9/221/221d42.htm。

鄭端耀，1997，〈國際關係「新自由制度」理論之評析〉，《問題與研究》，第 36 卷，第 12 期，1997 年 12 月，頁 1-22。

瞿宛文，2000，〈什麼才是真的新經濟？〉，《天下雜誌》，2000 年 5 月，頁 96-97。

■英文部分

Baldwin, David, 1993, *Neorealism and Neoliberalism: The Contemporary Debate*, New York: Columbia University Press.

Hasenclever, Andreas, Peter Mayer & Volker Rittberger, 1997, *Theories of International Regimes*, New York: Cambridge University Press.

Hirschman, Albert, 1980, *National Power and the Structure of Foreign Trade*, Berkeley, Los Angeles: University of California Press.

Kennedy, Paul, 1987, *The Rise and Fall of the Great Powers: Economic Change and Military Conflict from 1500 to 2000*, New

York: Random House.

Keohane, Robert ed., 1986, *Neorealism and Its Critics*, New York: Columbia University Press.

Keohane, Robert & Joseph Nye, 1989, *Power and Interdependence*, second edition, New York: Harper Collins Publishers.

Keohane, Robert & Joseph Nye, 1998, "Power and Interdependence in the Information Age," *Foreign Affairs*, Vol.77, No.5, pp.81-94.

Keohane, Robert & Lisa Martin, 1995, "The Promise of Institutionalist Theory," *International Security*, Vol.20, Summer, pp.39-51.

Kling, Rob, 2000, "Asking the Right Questions About the Internet," http://www.cisp.org/imp/september_2000/09_00kling-insight.htm.

Krasner, Stephen ed., 1982, *International Regime*, Cornell, N.T.: Cornell University Press.

Krugman, Paul, 1997, "Speed Trap: The Fuzzy Logic of the 'New Economy'," *Slate*, Dec. 18. http://slate.msn.com/Dismal/97-12-18/Dismal.asp.

Mearsheimer, John, 1995, "The False Promise of International Institutions," *International Security*, Vol.19, Winter, pp.5-49.

Meyer, Carrie, 1997, "The Political Economy of NGOs and Information Sharing," *World Development*, Vol.25, No.7, pp.1127-1140.

Morgenthau, Hans, 1973, *Politics Among Nations*, 5th ed. New York: Knoft.

Nye, Joseph, 1990, *Bound to Lead: The Changing Nature of American Power*, New York: Basic Books, Inc., Publishers.

Nye, Joseph & William Owens, 1996, "America's Information Edge," *Foreign Affairs*, March/April, pp.20-36.

Oye, Kenneth, 1986, *Cooperation under Anarchy*, Princeton, New Jersey: Princeton University Press.

Rothkopf, David, 1998, "Cyberpolitik: The Changing Nature of Power in the Information Age," *Journal of International Affairs*, Vol.51, Spring, pp.325-359.

Shepard, Stephen, 1997, "The New Economy: What It Really Means," *Business Week*, http://www.businessweek.com/1997/46/ b3553084. htm.

Strange, Susan, 1988, *States and Markets*, New York: Basil Blackwell.

Strassmann, Paul, 2000, "The Perverse Economics of Information: an Extended Conversation with Paul A. Strassmann," http://www. cisp.org/imp/september_2000/09_00strassmann.htm.

Wagner, Harrison, 1988, "Economic Interdependence, Bargaining Power and Political Influence," *International Organization*, Vol.42, Summer, pp.461-483.

Waltz, Kenneth, 1979, *Theory of International Politics*, Reading, Massachusetts: Addison-Wesley Publishing Company.

資訊時代下的兩岸關係
：認同和主權問題的討論

李英明
政治大學東亞研究所教授

兩岸關係發展迄今，之所以陷入政治膠著的狀態中，主要是卡在認同和主權問題上。如果無法跨越這個問題，兩岸的政治關係很難有新的突破。而隨著人類經濟生產方式正從工業主義向資訊主義（informationalism）轉折[1]，更使得認同和主權問題更形複雜。要瞭解未來兩岸關係的可能發展方向，除了必須弄清兩岸關係的發展脈絡外，更應該瞭解資訊主義時代來臨，對兩岸關係所可能帶來的衝擊。

一、民族認同

民族做為一個社群之所以能夠形成，並不是透過面對面貼身的來往互動和接觸，也不是因為社群的成員具有共同的形體或文化特徵；而是透過想像，進而形成一種信念，相信彼此屬於同一個族群。不過，這種想像當然不是憑空進行的，而是透過包括印刷出版、報紙、雜誌、收音機、電視機、電腦或其他種種電訊或通訊媒介做為工具的。印刷出版對於近代西方民族的凝聚，以及民族主義的昂揚，曾經扮演相當重要的促進角色。而隨著傳播手段的發展，民族主義的訴求和民族認同的操作，更加需要依賴傳媒。我們可以說，如果不能透過有效的傳媒手段，去創造集體的想像，並從而凝聚彼此的認同，民族是不能存在的。因此，民族可以說是依託在各種傳媒之上的一種想像的社群（imagined community）[2]。透過想像，進而相信彼此屬於同一個社群，並且相互承認對方的存在，願意共同生活在一起。由想像而延伸出來的

---

[1] Manuel Castells, 1996, *The Informational City*, Blackwell Publishers, p.10, pp.17-19.

[2] Anderson, B., 1991, *Imagined Communities*, second edition, London: Verso.

信念：相互承認對方，是民族之所以能夠形成的重要條件[3]。

透過以傳媒為中介的想像，之所以能延伸出相互承認的信念，主要是因為這種想像創造出集體的記憶，強調彼此擁有共同的過去，從而具有共同的民族性。過去性（pastness）的堅持和宣稱，是民族主義訴求的核心，透過這種核心訴求，就會形成如下的推論：因為彼此擁有共同的過去，因此應該共同面對未來。而這也就是說，因為擁有共同的集體記憶，那麼就應該共同再創造有關未來的記憶。於是對過去性的堅持就會延伸出共同面對未來的義務要求，這種要求被認為是民族成員必須遵守的倫理準則。準此以觀，民族又是一種倫理的社群[4]。

民族做為一種透過相互承認和上述的義務要求而建構起來的社群，其成員除了願意共同生活外，更願意為維護彼此所屬社群的安全和尊嚴而採取行動；因此，民族也是一種以實踐為取向的社群。

此外，民族認同還會把一個族群和一個特殊的地理位置連在一起，並且效忠在一定領土範圍內宣稱擁有主權的國家。於是，領土因素讓民族和國家連在一起，而民族也就因此成為政治社群[5]。

而且，從擁有共同的過去性之堅持，不只會延伸出所謂民族性的宣稱，更會強調民族可以共享一個共同的公共文化；而這種所謂公共文化是對於社群是如何共同生活在一起的理解。不過，民族宣稱享有共同的公共文化，並不見得是指一種要求高度一致的（monolithic）文化，而是指一種共享的生活世界，在其間，可以允許不同的文化表現差異性。當然，這種所謂公共文化也有可能是一種以某種文化為中心的定於一尊的模式。準此以觀，民族

---

[3] David Miller, 1997, *On Natimality*, Clarendon Press, pp.22-23.
[4] Ibid., pp.23-24.
[5] Ibid., pp.24-25.

也是一種文化社群[6]。

透過以上的論述可知，民族認同是一種相互承認並且願意共同生活的信念，是一種對擁有共同歷史的堅持。更重要的是，對一定地理範圍內的主權堅持，是民族認同的政治表現；因此，民族被認為是主權的承載者，而國家則被視為是體現民族集體意志的制度設計，代表民族行使主權。

就西方的歷史而言，民族認同是一種現代現象，不只經常被賦予啟蒙的理性意涵，而且還經常和進化主義連結起來。能夠透過民族認同形構民族的族群，不只是集體理性的體現，更是人類進化或進步的象徵；而其他無法如此的族群，則被視為是落後的。因此，前者應該成為人類歷史發展的主體，而後者則只能附著以前者為中心的歷史發展之下，沒有自己獨立的歷史。這種進化主義很容易轉折成為社會達爾文主義，進而為弱肉強食的帝國主義行徑作出合理化的辯護。如此一來，民族認同就會向民族沙文主義方向轉化。

在另一方面，西方資本主義的確立和發展，與民族國家的形成演變緊密地聯繫在一起；民族國家一方面是資本主義發展的推動者和動力，但另一方面又受到資本主義不斷超越西方往外擴張的制約；而其要者，主要表現為資本的流通和市場的擴大，不斷突破主權和地理界限的限制；從資本主義的邏輯來看，資本和市場的本質，就是必須要求取消區域的局限，不斷向全球和世界外延擴伸。

而在資本主義與民族國家的互動過程中，首先就西方國家而言，西方國家的資本主義也透過各自各見特色的民族認同道路來獲得發展；其次，在資本主義越過西方往外擴張時，也是受到各

---

[6] Ibid., pp.25-26.

地不同民族認同道路的洗禮，然後才能在世界各地獲得發展；而在這個過程，就涉及到前述以西方為中心的社會達爾文主義或由此延伸出來的西方民族沙文主義和各地本土化的民族主義的互動和衝突。資本主義的擴張確實和以西方為中心的民族沙文主義的表現，互相證明，互相支撐，互相滲透；而非西方的民族主義和民族認同，可算是對於這種資本主義和西方民族沙文主義辯證結合的一種反應。因為這種結合相對於非西方而言，成為一種「他者」，而透過這個「他者」，非西方地區會因此而形成種族區隔意識，或進而建構民族認同並且進行民族主義的訴求。

二、中國的民族認同過程

中國一直到鴉片戰爭，長期以來以文化主義（culturalism）來操作中國人的集體認同。這種文化主義首先強調中國文化的優越性，以及不可替代性，從而延伸出一種信念：就算中國遭到外來力量征服，但這些力量終究會被同化，融入中國文化這個熔爐之中；其次會強調統治者的正當性不在於種族性或民族性的正統與否，乃在於是否遵奉中國文化所綿延下來的道統。這種文化主義的認同模式，經過從鴉片戰爭到五四運動的掙扎，中國人才逐漸想從文化主義向民族主義轉折。

而中國人的這種轉折，與前述西方資本主義擴張和民族沙文主義或帝國主義的衝擊是直接連繫在一起的。於是，擺在中國人當時很迫切的問題是應該採取什麼樣對待資本主義和西方民族沙文主義的態度。中共在蘇聯和共產國際的制約下，透過把社會主義當作是超越資本主義的另一種選擇，企圖把中國大陸帶往所謂社會主義方向。社會主義成為中共替中國人所找到的一種集體認

同方向;不過,中共在朝這種方向操作中國人的集體認同時,卻面臨到如何面對蘇聯經驗的問題。如果遵循蘇聯經驗道路,雖有社會主義方向,但卻有違中國人的自主性,於是在中共延安時期之前,就爆發路線之爭,而且進一步在延安時期進行攤牌;而毛澤東以「馬克思主義中國化」的訴求,擊敗當時恪遵蘇聯路線的國際派;把社會主義和民族主義結合起來,社會主義變成表現民族主義的槓桿;而在「抗日民族統一戰線」的旗幟下,毛澤東更加直接地利用民族主義,企圖把中國人的集體認同和認同共產黨連接起來。

但是在另一方面,由於現實的需要,國共內戰期間,中共就接受蘇聯的幫助;建政後以至五○年代中期,更直接接受蘇聯援助,並朝和資本主義世界體系隔離的方向發展,而後經過大躍進和文革,在毛澤東的主導下,中共更想走一條和資本主義完全隔絕的道路,把與資本主義對抗當作中國集體認同的方向;在這個幾十年的過程中,中共不承認資本主義世界體系存在的正當性,連帶地也不承認以西方為中心的國際體系的正當性,因此,中共也不承認國與國間應具有至少在形式上的平等地位。

不過,這一條路經過實踐被認為是行不通的;因此,在後毛時代,透過鄧小平的主導,中共重新要讓中國大陸進入資本主義世界體系,不敢再把社會主義直接看成是比資本主義優越的另一種選擇。重新進入資本主義世界體系,又不能再高舉社會主義與資本主義相對抗,來解決集體認同的問題,於是就必須回到民族主義和國家主義的訴求上,作為處理後毛時代集體認同的基礎。

中共在建政後的向蘇聯傾斜的階段,或許是基於現實的需要,但卻無可避免地傷害到中國人的集體尊嚴;毛澤東在發表〈論十大關係〉後,想走自己的社會主義道路,具有解決上述中國人集體尊嚴危機的意義;可是他在另一方面,也只能用走比蘇聯更

激進的社會主義道路，來為當時中國的集體認同尋求另一種出路。毛澤東的這條路，其實是一種以群眾運動為主體的民粹主義的集體認同模式，在後毛的時代遭到否定，從而被扭轉到以國家主義為基礎的民族主義方向去。

於是，中共從八〇年代以來，開始以所謂民族利益或國家利益作為制定對外政策的基礎，而且也開始以現實主義的取向去面對國際社會，從而也承認國際體系和資本主義存在的正當性，以及國與國之間具有形式上的平等地位。這也就是說，中共在建政後，歷經滄桑，到了後毛時代，才正式以西方意義的民族主義或國家民族主義，作為處理對外關係以及中國人集體認同的依據。

不過，中共從八〇年代開始讓中國大陸重新建立和資本主義世界體系的關係，面臨了透過以電訊和資訊科技為基礎的加速發展之全球化的形勢。這種全球化的形勢，當然是以資本主義為基礎的全球化，因此，主要是以經濟層面為主體，其中尤以資本流動的去國界和去區域化，以及市場的更進一步的普遍化最為重要。

三、資訊化、全球化與認同和主權問題

以電訊和資訊科技為基礎所形成的網路，已經不再只是作為一種溝通媒介，而是成為一個具體的生態環境，成為人人可以進出來往和互動的領域，這可以叫做資訊領域（infosphere），它不只成為企業運作、資本流通、市場操作的領域，並且已經逐漸占據人們生活的更大部分的時間，甚至已經成為人們生活世界的一部分；我們或許可以說，它已經逐漸成熟到可以做為人們生活和安身立命的地方。這樣一個地方是以全球為範圍，跨越國界和地理界線，它已經逐漸地使人類各方面的事務都無法脫離它而獨立運

作。

　　隨此而來的是，不只人的生活世界不再局限在國家範圍內，呈現全球化的格局，就連市民社會也跨過國界和地理界線，變成以全球為範圍；而且，非政府性的國際組織也以此為槓桿獲得進一步的發展，這些發展都直接衝擊民族國家的權力和角色。國家有關調節資本需求和社會需要的宏觀手段，受到相當大的掣肘；所謂政治系統不再只是限於國家範圍內，參與政策討論，甚至參與影響決策的已經從「國內」轉移到不少跨國界的個別人物或團體手中。國家的正當性面臨必須重建的地步，而隨此而來的是，主權也逐漸地不再是個不可爭議的基本價值；主權的權威如果有所式微，認同問題就會成為嚴重的課題。以特定國家為取向的公民身分對人而言，不再是非常重要，甚至還有可能變得無意義，多重忠誠和認同有可能逐漸普遍化。

　　依照前述，傳統的有關民族認同的操作，是透過宣稱在一定地理範圍內的人群擁有共同之過去，塑造所謂的民族性來創造民族；可是在資訊時代，透過資訊領域，流動空間正在取代地域空間，以物理實體為基礎的地域空間正被以資訊和電訊科技為基礎的網路所取代，這種網路是既無形又有形，無法由固定的地域或國家所限制。人們的生活世界，尤其是經濟空間，不再需要和以國家為中心的政治空間直接聯繫在一起。而且，在這個資訊領域中，時間也是流動的，不再完全需要以國家為中心，甚至傳統的歷時性時間觀，已經被多元和共時性的時間觀所取代。一個地域內的族群，其所謂的歷史，不再只是局限在固定的地理範圍內的歷史，而是在流動時間和空間交叉制約下更為複雜的一種集體記憶，這種記憶不會只是固著在某個特定的地理疆界上，而可能是以全球為範圍的。

　　全球化突破了民族國家和具體地理界限，實現了時間和空間

的流動化，從而也增加了個人和團體認同的選擇機會，本尊雖然只有一個，可是卻可以有不同的化身或身分；因此，個人和團體的身分也變成是流動的，也許，這也為個人和團體創造自己更多的獨特性騰出了更多的空間和機會。準此以觀，民族國家有可能會遭到其內部更大、更多的個人主義、種族主義或其他形形色色的階級主義、階層和團體意識的挑戰。國家將因此更難操作民族認同，如此一來，個人和團體就更要尋求不同於民族認同的其他次認同，來確立自己的身分。

資訊科技的發展促使人類社會、政治和經濟運作的全球化趨勢更為明顯。而在以電腦為基礎的資訊化科技發展的衝擊下，資訊化知識成為社會生產力主體的同時，國際政治以爭奪資訊化知識的主導權為核心，而那些掌握資訊化知識的生產分配主導權的跨國企業，更有可能成為影響國際政治經濟甚至軍事文化發展的主要力量。因此，當人們在關注亨廷頓（S. Huntington）的文明衝突論時，也必須更加注意由於資訊科技發展所導致的國際政治的主體範疇從「權力」、「經濟」到「資訊化知識」的轉移。

在資訊科技發展的列車中，各個國家和跨國企業將爭奪提供資訊化知識的內容、軟體和硬體的主導權，其中尤其以提供內容的主導權最為重要。而搭上和沒搭上資訊科技發展列車的國家之間，經濟發展的差距可能將更為明顯，其間的經濟依賴和宰制可能將更為明顯；值得注意的是，沒有能力搭乘資訊科技發展列車的國家，有可能選擇逃離資訊科技或形成反對以資訊科技發展為主的文化和文明發展趨勢的態度。此外，面對以資訊科技發展為槓桿的文化發展一體化之趨勢壓力，許多民族國家到頭來可能會回到文化、宗教和民族主義中，尋求抗衡的憑藉；因此，整個國際社會所呈現的是一體化和分歧化的基本教義訴求交織在一起的後現代現象。

不過，基於地緣概念的主權和國家安全觀，正在因為資訊化所加速促成的全球化趨勢，而顯得過時。主權的範圍不再能夠從包括領土、領海等自然空間來加以界定，而對國家安全的威脅，已不再只是對自然空間的武力侵犯和打擊。網路空間的出現，使得國家疆界就不再限於自然空間的界限上，而網路疆界成為國家必須重視的課題，網路疆界突破自然空間的局限，顛覆了傳統的主權和疆界觀念；它雖說是虛擬的，但卻又是真實無比，對傳統的國際法和國際政治，將形成重大的衝擊。

　　未來一個國家有可能擁有雙重的主權：一種是地緣或自然空間延伸出來的主權，另一種就是網路主權；這兩種主權絕不可能一致。不過，網路主權的延伸或不斷擴張滲透，將越來會越能代表國家力量的展現；捍衛網路主權和疆界的重要性將不會亞於對有形主權和疆界的捍衛；而且，對有形主權和疆界的捍衛，將必須更加借助資訊化的手段。

　　當然，對於網路主權和疆界的維護，其困難度將不下於對有形主權和疆界的維護，甚至有過之而無不及。防不勝防，易攻難守，將是這種困難的最佳寫照。因此，資訊網路大國一方面似乎神氣活現地掌握資訊優勢和主導權，可是另一方面卻必須經常繃緊神經，面對各種可能突如其來的突擊。大國無法真正地成其大國，在其所擁有的龐大資訊網路疆界中，處處存在著可能被攻擊的點。在傳統的強權國際社會中，小國或力量小的團體，必須在強權的肆虐下卑躬屈膝地苟延殘喘，可是在資訊網路世界中，卻存在著以小博大的可能性。

　　況且，資訊網路疆界是一個多維的世界，跨越三度空間，虛擬中有真實，真實中又見虛擬，在其間可以進行綜合式的互動，涵蓋貿易、金融、軍事和非軍事的種種層面；因此，從資訊網路疆界所延伸出來的是一種全方位和多維的國家安全觀。「禦敵於國

門之外」式的安全觀已經一去不復返，戰場就在你身邊，敵人就在網路上，差別只在於可能沒有硝煙味，或沒有血腥氣而已。與網路疆界觀相應的，就絕不只是國際安全問題，而更需要把政治安全、經濟安全、文化安全等各方面的安全需要都納入目標區，這是一種大安全觀，而這種多維的安全觀又以確保資訊安全做為最高的統攝性目標。

　　資訊化加速全球化的發展，並且把個體更為迅捷快速地拋入全球化的漩渦中；一方面，個體（個人或社群、族群）除了紛紛感受到全球化趨勢的不可逆轉壓力外，另一方面，則會因為這種感受而產生一種被驅逐感與被剝奪感——感到個體的無力、孤獨與空虛。每個個體似乎都覺得自己被架著走，而沒得選擇地必須順著資訊化和全球化的勢頭走。在這種被驅逐和剝奪感的制約下，個體就可能會想重建他們所謂個性或主體性，於是民族主義，對外國（特別是西方）的恐懼討厭，或其他形形色色的部落主義、種族主義和基本教義主義就會紛紛出籠。資訊化一方面加速全球化趨勢和一體化，可是另一方面又提供了人們企圖重建或回歸個體性的憑藉，它對個體而言是具有一體兩面的效應。全球化、一體化和不斷要求打破國界主權，不可避免地會導致更多突顯差異和反對開放的現象，而這種反向趨勢，可算是對全球化和一體化的一種反動。全球化和突顯差異，或是世界主義與沙文主義或基本教義主義，其實是一體的兩面，它平行地進行著，互相強化和印證對方。因此，世界各地可能會出現一種現象：一方面看好萊塢的電影、影集，收看 CNN 的新聞，吃麥當勞的雞塊，喝可口可樂，可是一方面卻會宣示所謂傳統價值或種種基本教義主義的重要性。

　　全球化被議論的核心議題是，是什麼因素或力量主導全球化，亦即全球化指的是誰的全球化，因此，有不少論者認為全球

化是西化的普遍化，其基礎是西方沙文主義。資訊科技和網際網路的發展，一方面加速經濟和文化的全球化，西方取向或中心的文化和經濟價值不斷擴散，不斷要求具有更廣的普世地位；但在另一方面，卻允許更多突顯差異性的族群匯集在一起。因此，其結果是，全球化的現象越滾越大，可是同時主張差異的群體和族群可能會越分越細。如此一來，國家一方面應付不來全球化經濟的大肆擴張，另一方面則必須面對越分越細的具有更纖細基本教義性質的群體之挑戰。

總之，全球化發展既實現了許多層面的一體化，但同時也解構了秩序、進步和理性這些西方啟蒙以來為多數人所信奉的東西，出現了許多論者所謂的後現代現象。亦即，全球化促使了啟蒙以來所形塑的現代性的轉變，以及後現代性的某種程度的實現。

隨著冷戰的結束，意識型態操作不再能做為人們或團體尋求認同歸屬的基礎；而隨著全球化的發展，大一統的以國家為中心的民族主義的操作，同樣地也不能滿足人對認同歸屬的要求。認同歸屬問題隨著全球化的發展更為緊迫地成為人現實生活中的嚴峻問題。種族性、個體性的強調當然是確立身分和認同的有效途徑。國家面臨來自全球化一體性和國內個人和團體差異性的要求，除了一方面仍然必須堅持國家主義和民族主義外，另一方面則必須強調回歸傳統文化或文明，以維繫民族國家內部的內聚力；當然，國家機器這麼做，就如前述，因為時間和空間的流動化，其成效如何值得商榷，但這是國家機器不得不然的選擇。

四、後毛時代中國的民族認同

二十世初葉，中國人所訴求的民族主義，與中共在後毛時代

所訴求的民族主義，其實在內涵上是有所不同。前者主要求中國能在西方帝國主義的肆虐下，組建成獨立自主的國家，並以此為基礎，創造一個跨越中國境內種族差異的統一的民族——中華民族。而後者則主要是為了因應全球化的衝擊。當然，中共一方面必須接受全球化，可是在另一方面又經常把全球化解釋成西方主導下的另一種新形式的帝國主義表現；可是，畢竟中國已經是個主權獨立的國家，其國際政治地位已非昔日可比。因此，中共將全球化作如上述的解釋，主要是擔心全球化造成對中共國家機器權威的打擊，以及不願見到全球化的發展，影響中國人的民族認同或集體認同，甚至釀成認同危機。

基於上述的憂慮，中共透過相當功利的「體用論」的模式對待全球化，以民族主義和國家主義的訴求為體，而把全球化當「用」，如此一來，所謂民族主義和國家主義，就表現為種種管制與接受全球化的國家政策。而中共迄今仍會講到的社會主義，其實也就依託在中共所強調的國家主義之下，表現為種種管制與接受伴隨著全球化而來的資本主義和資訊主義的國家政策。

不過，就如前述，在全球化的制約下，民族主義和國家主義的操作，無法像工業主義時代那樣有效。因此，中共必須強調回歸傳統文化或文明，以維繫中國大陸的內聚力。而在如此操作時，中共就會把全球化解釋成西方化，進而企圖從後殖民主義論述，一方面解構所謂的西方中心主義，而另一方面為排斥或抗拒外來的文化滲透作出辯護。更重要的是，中共在作這樣辯護的時候，又會以全球化的發展已經成為往後現代性轉移的機制，強調中共這樣做並不逆「全球化」的勢來操作。

當然，中共強調回歸中國文化傳統時，其實也是在配合其民族主義的操作。因為中共訴求文化傳統時，主在強調中國人擁有一個共同的「中華性」，或一個共同的過去和歷史。不過，中共在

這樣處理時，掉入了一種本質主義中。西方中心主義固然是一種本質主義，中共要反對，但在宣稱回歸中國文化傳統時，又掉入另一個本質主義極端中，並且企圖強化「中國／西方」的二元對立的強度。

在這種企圖以文化認同為基礎的政治認同和民族認同的操作中，中共會強調近現代中國文化的「他者化」（西化）；而在全球化的衝擊下，中國人再不反思警覺，那麼在世界的文化論述中，更會完全沒有中國的聲音；而要解決此種危機，必須向傳統文化回歸。中共透過這樣的訴求，企圖延續並強化一種本質主義的族性觀念，以化解中國人在全球化衝擊下的認同危機。

五、全球化 & 資訊化對中共的挑戰

馬克思主義認為，直接勞動是社會生產力的主要、甚至是唯一的來源；可是伴隨著科學和技術的快速發展，科技已成為直接的生產力，而後二十世紀七〇、八〇年代以來，資訊和資訊科技更成為直接的生產力，在社會各領域的生產過程、生產原料和結果，都是資訊，然後人們再把資訊轉化成各種財貨和服務。準此以觀，馬克思主義的勞動價值論，都失去了合理的基礎，必須面臨被改造、重建或甚至放棄的命運。因此，中共在現實上或理論上，都很難再宣稱馬克思主義是合理的，或甚至繼續要以馬克思主義做為意識型態操作的基礎。

在資訊化的制約下，資訊和由資訊所延伸出來的知識被融入所有物質生產與分配的過程中，經濟運作必須資訊化與全球化，否則就可能會全面崩解。其中最好的例子，就是前蘇聯的工業和經濟體制非常戲劇化地瓦解，其原因之一在於其結構無法向資訊

化轉化[7]；甚至企圖在相對孤立於國際經濟體系的狀況下，追求自身的成長。中國大陸從七〇年代末以來的對外開放，其目的之一就是要與國際經濟接軌，納入經濟全球化的行列當中，而七〇、八〇年代全球化的經濟結構之所以快速發展，主因之一就是因為資訊化動力的驅使。因此，中共要中國大陸對外開放，就必須接受資訊化時代來臨的現實，讓中國大陸能全面地向資訊化轉化。此外，中共從七〇年代末以來的經濟改革，主軸是朝市場化和私有化的方向發展，但是，中國大陸的經改如果要真正成功，甚至跳脫傳統窠臼的制約，就必須朝資訊化全面平移化，否則經改就不算徹底，甚至無法支撐中國大陸持續能與國際經濟循環接軌。

由於一九三〇年代的經濟危機，西方經濟在戰後，依循凱因斯主義（Keynesianism）的精神和原則，進行重建，朝福利經濟的方向發展，並且強調規模經濟和有效管理；而伴隨著一九七四和七九年的石油能源危機的爆發，西方經濟進入戰後的第二次重建。值得注意的是，這次的重建是與資訊科技的發展相配套來進行的。換言之，整個經濟的重建是朝因應資訊化趨勢來開展的。資訊化促使七、八〇年代以來經濟全球化的快速發展，西方資本主義經濟幾世紀以來不斷向外擴張，但是一直到二十世紀七〇、八〇年代以來，世界經濟才能以資訊和通訊科技為基礎，真正變為全球性。這是人類歷史以來，人們首次能以即時操作的方式，整合全球金融市場，並且日夜不斷地操作資本，在遍布全球的電子網絡中，數十億美金的交易幾秒內就可以完成。新技術讓資本可以在非常短的時間內，在經濟體間來回移動，從而使世界各地的資本，包含儲蓄和投資，可以互相銜接。在這種以資訊化為基礎的全球化經濟中，經濟體如果自外於這個強調即時操作、並且

---

[7] Manuel Castells 著，夏鑄九譯，1998，《網路社會之崛起》，台北：唐山出版社，頁 97-98。

可以快速移動資本的經濟循環，就有可能被國際經濟體系所淘汰，失去國家經濟的競爭力以及經濟成長的可能基礎；因此，包括中國大陸在內，如果要在全球化的經濟體中立足，就必須朝全面資訊化的方向轉化。

資訊和資訊科技的操作，基本上是跨越國界、地理時空界限和主權的，所以才能促使全球化趨勢的發展；但也因為如此，最容易挑起人們敏感的神經，視資訊和資訊科技為主權國家的大敵；於是有不少人對資訊和資訊科技愛恨交織，既想運用它但又害怕它，中共目前的心態正是如此。其實由於全球化趨勢的發展，互賴主權（interdependence sovereignty）的概念正在受到人們的重視，環觀層出不窮的國際問題如經濟整合、國際貿易、經濟糾紛、環保、貨幣危機、恐怖主義等，都需仰賴國際合作或國際組織，方能解決問題；這種國際現實形勢的發展，也是互賴主權觀興起重要結構性的原因。雖然在目前的環境下，互賴主權觀依然無法替代絕對的國家主權觀，但其重要性正與日俱增中。中共面對全球化趨勢以及亟需透過國際合作才能解決問題的國際環境，其實也有必要認真思考互賴主權的觀念。資訊和資訊科技雖然具有跨越主權、疆界的特性，但並不必然意謂著對主權和疆界侵犯；而中共卻將這兩者之間幾乎畫上等號，這是一個非常嚴重的錯誤，資訊和資訊科技之所以能讓全球的政治和經濟體之間串成了一個全球性的網絡，這是靠其跨越主權和疆界這個特性所促成的，而在全球性網絡中，各政治經濟間，互賴的關係日益強化，中國大陸目前已然置身於這個全球網絡中，就不能再對資訊、資訊科技甚至網際網路的跨主權和疆界特性心存偏頗性的害怕，而必須更健康合理地去面對它。

在面對資訊化大潮的衝擊，人們會遭受到資訊負擔過度和種種不健康資訊的壓力和困擾，世界各國都在思考如何解決這些問

題，中共當然有權力如同其他各國積極來面對這些問題，這無人會反對；此外，由於資訊、資訊科技和網際網路的發展，確定是以西方為主導的，因此，有可能形成以西方為中心的資訊提供源，這個問題同樣困擾非西方國家，可是，面對這個問題，如果純從管制的角度去處理，也有可能讓自己自外於資訊全球化的流程之外；其實，面對這個問題，最健康的心態，是從市場競爭的角度出發，由國家主導配合民間資本一起投入龐大資金，和西方國家競爭資訊源提供的主導性地位，而不應該消極地從片面管制的方式去逃避競爭的責任。中共目前把以美國為主的西方掌握全球化資訊源的主導，無限上綱地解釋成西方對中國大陸的和平演變，這是百年來中國人受壓迫情緒的再一次表現；中國大陸面對改革開放，重新面對世界，必須調整這種受壓迫情結，重新立基在尊重中華文化的前提下，有自信並且健康地去和國際經濟體系互動。況且，資訊、資訊科技和網際網路的跨主權和疆界的特性，基本上也不是透過行政和法令管制手段所能改變的，因為資訊科技總是有能力可以突破種種的管制。

許多國家在面對以西方為中心的網際網路系統，基本上也努力積極地在建構所謂屬於自己國家內部的互聯網；但同時他們也不排斥否定以西方為中心的網際網路，因為他們非常瞭解否定和排斥的結果是非常嚴重的。中共應充分有效地利用全球信息網絡，擴展中國大陸甚至是華人的資訊空間，增強華人的資訊影響力；當然，我們也不會反對，中共因為要維護資訊網絡的安全性，設置防火牆、防護柵欄或資訊選擇平台；但中共若以限制人們言論自由和公共討論空間為由，去對資訊和網際網路的使用進行管制，恐怕會引起反彈，而且在現實技術上也很難辦到。

六、兩岸間的主權和認同問題

中共從一九四九年以至於一九七九年與美國建交為止，一直從改朝換代的角度處理兩岸關係，堅持中國主權已完全由中共繼承，在台灣的中華民國，只不過還不願或尚未被中共收服的名不正言不順的政治力量；而一九七九年中共人大常委會所發表的「告台灣同胞書」，表現出中共對台政策和態度的微妙調整。

一直到一九七九年，中共都不願認定台灣是一個政治和經濟實體，一九七九年〈告台灣同胞書〉的發表，中共透過承認台灣是一個經濟實體，間接且比較隱晦地承認台灣是一個政治實體；只不過，台灣被看成是一個實體的身分位階則未定位；及至一九八一年「葉九條」發表，才正式把台灣定位成地方性的特別行政區，這等於表示，兩岸內戰已然結束，改朝換代已經完成，中共代表中國主權，台灣充其量只是中共治下的地方性特別行政區。

「葉九條」所揭櫫的「特別行政區」概念，成為後來中共「一國兩制」的張本，而中共在一九八四年的「中英聯合聲明」中，按「一國兩制」處理香港問題；接著，中共更進一步宣稱，要用「一國兩制」解決台灣問題。迨至一九九〇年代以來，特別是在中共一九九三年的「台灣問題與中國統一白皮書」中，則直接以兩岸已進入「一國兩制」的框架下這個原則來處理台灣問題。

長期以來，台灣在主權問題上，一直存在著爭實質主權和法理主權差距的問題，在現實上，政府所能控制管轄、行使主權的範圍僅及於台澎金馬，可是我們卻在憲法及相關法律上宣稱主權及於全中國；而隨著台灣的大陸政策模式移轉到對等政治實體時，就必須同時去處理上述這個問題，隨著動員戡亂臨時條款的

終止及幾次的修憲，上述這個問題獲得初步的解決。與這種主權主張差距相呼應的是，台灣主事者也靜悄悄地進行新的民族主義的重建，這種重建的內涵主要是：促使在台澎金馬範圍內的各族群，透過效忠中華民國，跨越族群的區隔和差異，融合成一個更大內涵的民族。這裏所指的中華民國當然不再是號稱主權及於全中國的中華民國，而是以台澎金馬為主權範圍的中華民國。

　　台灣有關主權差距問題的解決，在另一個角度來看，代表著國家體質的轉變。從蔣經國總統晚年就已經開始的政治變革，中間透過一九八七年的解除戒嚴，一九九一年的終止動員戡亂體制，以及隨之而來的開放黨禁、報禁，以及從中央到地方各層級直接普選的進行，台灣從威權體制轉變成自由主義公民國家，這種國家的特徵是，獨立自主的公民可以透過自由的政治參與，特別是選舉去影響或改變國家的政策方向。而由此所延伸出來的是，國家的權力基礎不再是奠立在反共之上，而是在台灣本土的民意上。因此中華民國的政治正當性就不再來自號稱代表全中國，而是直接來自於台灣人民和民間社會的支持；這種轉變就是所謂中華民國的本土化或台灣化；而隨著這種轉變而來的是，中華民族作為一個民族與中華民國作為一個國家之間就失去了直接的聯繫關係；因此，若中華民國再作為一個民族國家，那麼「民族」這個範疇的內涵就必須重建，而不再是過去所宣稱的是涵蓋全中國範圍的中華民族。中華民國這樣的國家體質的轉變，當然意謂著中華民國不再願意和中共繼續糾纏在國共內戰的漩渦中，而希望和中共重新來過，重建正常化的新關係。

　　中共一方面在「朝廷意識」以及與這種意識互為表裏的「中原意識」的制約下，處理所謂的台灣問題。而中共對台灣主權宣稱，其實也必須從這種取向來加以理解。但在另一方面，從九五年江澤民發表「江八點」以來，中共也不斷以海峽兩岸共同擁有

一個過去或歷史文化，來爭取台灣方面的認同。

　　台灣在兩位蔣總統的時代，透過政治上爭正統，以及不斷宣稱復興或堅持中華文化，來統一台灣內部的文化和政治認同。而在後蔣時代，透過民族主義的重建，揚棄了上述的文化和政治認同的模式；不過，隨之而來的，也使內部認同問題開始湧現出來。其中一個力量，企圖透過「大陸／台灣」二元劃分的方式，來重新確立台灣內部族群的文化和政治認同，而另一種力量，則仍然希望以回歸中華文化作為解決台灣內部認同問題的依據。當然，他們所謂的回歸中華文化不盡然與中共的意涵相同；中共的文化訴求，只是做為建構以中共為中心的國家主義的工具而已；而台灣內部的回歸中華文化訴求，基本上還是以對生活在台灣的「感情」做為基礎。不過，在回歸中華文化的訴求中也有更為激進的表現方式，這種力量很容易被理解為和中共的文化訴求接近。而透過這些不同的文化認同模式的區隔，台灣內部就大致出現到底是「我是台灣人」，或是「我是台灣人也是中國人」，或是「我就是中國人」的政治認同的差異。

　　台灣政治認同的操作，有傳統權威時代與後傳統威權時代的區隔，而這種區隔大致上與冷戰和後冷戰的區隔也相聯繫。傳統權威時代，受冷戰的制約，透過意識形態操作的工程，處理政治認同問題；隨著蔣經國總統的逝世，世界的冷戰結構也大約同時解體，台灣的政治認同也無法再用傳統的意識形態操作的模式來處理，必須訴求於民族主義的重建。而在這個時候，台灣也與大陸一樣籠罩在全球化的衝擊下，必須也準備從傳統的工業主義向資訊主義過渡轉折。因此，台灣內部的個體也因此而增加尋求認同的機會和空間，從而使得台灣政治認同的操作工程，憑添許多複雜性和困難度。

七、結論

　　兩岸間非政府層面的互動交流，特別是經濟層面，其實也是全球化制約下的產物，台灣處在資本主義世界體系靠近中國大陸的前沿地帶，是中國大陸開放、進入全球化浪潮制約下的重要關鍵之一。但是透過全球化做為機制的經濟互動，並不能化解由於全球化所牽動出來的文化和政治認同的複雜性和難度。而資訊主義發展的特點，就是不只要求經濟上的去中心化，同時也要求文化和政治上的去中心化；兩岸如果能夠體認這個現實，多一點去中心化的體認，少一點本質主義的堅持，並且站在對等基礎上，進行互為主體的溝通，也許兩岸關係才能真正朝良性的方向發展，否則在各自極端的本質主義的堅持下，恐怕很難有樂觀的發展。

　　前蘇聯解體的歷史經驗告訴我們，歷經了七十四年可說人類史上最嚴格的國家主義的操作，前蘇聯並無法創造一個新的大一統式的民族認同；因此，社群或民族也許可以被想像建構，但這種想像建構並不必然會被相信；這也就是說，前蘇聯的歷史顯示，蘇聯的國家主義操作，並無法使前蘇聯境內的各民族真正而且完全地融入蘇聯國家體系之內。而隨著蘇聯解體而來的意識型態真空，前蘇聯內部各共和國必須透過民族認同來解決各自的集體認同危機；而民眾的認同建構則必須回歸到家庭、社區、歷史、宗教和民族性等集體記憶上。不過，依託民族主義來解決認同問題，基本上是屬於個人化或人格化的自我認同途徑，與國家機器所訴

求的以建立國家為標的民族認同是有所不同的[8]。

而獨立後的各共和國建立了國協式的互動關係，允許經濟相互滲透和共享經濟基礎設施，持續推動區域的整合，並因應全球化經濟發展的需要進行合作。於是，就形成一幅非常引人注目的畫面：雖然在民族認同操作上要求各自的自主性，但是揚棄了古典的 Westphalian 的主權觀，向互賴主權轉折；而在這個轉折上，就促使各共和國間更為彈性和動態地去安排彼此之間的政經關係。

歐體的形成，在某種向度上，其實也是資訊化和全球化制約下的結果。資訊主義時代的來臨，就如前述形成一個以資訊和電訊科技為基礎的資訊領域，而歐洲（特別是西歐）也因此連成一個網絡，出現多元的交叉關係；歐體的形成，基本上是對這種現實的承認；於是，在民族認同自主的前提下，歐洲國家也紛紛走上互賴主權的方向。

八〇年代以來的兩岸關係的發展，一方面是資訊化和全球化制約下的結果，而另一方面也參予推動了資訊化和全球化的過程；兩岸已經進入上述的資訊領域中，並且正在連結成一個網絡；準此以觀，從傳統絕對主義的主權觀向互賴主權的轉折，也許是兩岸無法迴避的問題，如果這種轉折完成，兩岸才有可能進一步整合，而以此為基礎，兩岸間的「一中」爭議或許才有可能被解消。

---

[8] Manual Castells, 1999, *The Power of Identity*, Blackwell Publishers, pp.39-40.

參考書目

王寧、薛曉源，1998，《全球化與後殖民批評》，北京：中央編譯
　　出版社。

江宜樺，2000，《自由主義、民族主義與國家認同》，台北：揚智
　　文化。

李英明，1999，《中國：向鄧後時代轉折》，台北：揚智文化。

李英明，1995，《鄧小平與後文革的中國大陸》，台北：時報文化。

阿里夫‧德里克著，王寧等譯，1999 年，《後革命氛圍》，北京：
　　中國社科院出版社。

Manuel Castells 著，夏鑄九譯，1998，《網路社會之崛起》，台北：
　　唐山出版社。

Anderson, B., 1991, *Imagined Communities*, second edition, London:
　　Verso.

David Miller, 1997, *On Natimality*, Clarendon Press.

Manuel Castells, 1996, *The Informational City*, Blackwell Publishers.

Manual Castells, 1999, *The Power of Identity*, Blackwell Publishers.

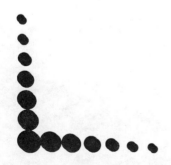

第五篇

電子化政府的治理與民主

電子化政府與電子民主
：以台北市政府為例

王佳煌

元智大學社會學系助理教授

＊本文感謝台北市政府研考會與聯合報民調中心提供資料。

一、導論

電子化政府是許多國家近年來積極推動的政策（牛萱萍，1999；行政院研考會，2000），學界也有論者以此為主題，提出相關的論述與研究，如電子化政府的陰影（資訊控制與監視）（管中祥，2001）、電子化政府的法制調整問題（葉俊榮，1998）、電子化政府的網站內容評估（李仲彬、黃朝盟，2001）、電子化政府網站的可用性（黃朝盟，2001）、地方政府的網路民意論壇滿意度（項靖、翁芳怡，1999）、電子化政府與政府再造（邴鴻貴，2000）。電子化政府的基本構想是利用資訊與通信科技，提高政府行政效率（朱斌妤，2000），改善行政流程，提供優質服務（包括文件資訊的數位化與網路傳送、網路申辦），增強民眾與政府的互動，立意本屬良善。但是，電子化政府是否只能以服務思維為導向？是否一定要局限在行政效率的提升？既然政府是一個社會自我管理所形成的功能組織與機制，用以決定誰得到什麼，如何得到，以及政治資源與權力的分配，公共事務處理的規則制定與執行，那麼電子化政府的理念與實踐就不能技術化、專業化，陷溺在非政治化的思維裡，而是將電子化政府的規劃與推行政治化，思考電子化政府能否推動電子民主，鼓勵民眾參與治理，發表意見，與行政首長、官僚體系的成員形塑頻繁的、密切的、有效率的、有效果的互動。也就是說，有關電子化政府的思維不應只是停留在技術與工具的層次，而是從批判的、整體的角度出發，深入思考如何運用資訊與通信科技，提升民主層次，推動參與式民主。可惜的是，我國積極推動的電子化政府所樹立的格局有限，缺乏宏觀視野，始終陷溺於技術官僚構築的空間之中，未能藉此從事上

述結構性的、根本的觀察、分析、檢討與批判。就連政府委託的研究計畫也是以技術導向為主，缺乏政治化的思考[1]。

有鑑於此，本文希望藉這個機會，以台北市政府為例，提出幾個問題，以利思考、討論。這裏要問：電子民主或數位民主的定義是什麼？目前台灣電子化政府的問題是什麼？電子民主與電子化政府應該是什麼關係？民眾需要什麼樣的電子化政府？電子化政府能否或如何促進民眾的參與？電子化政府是否、能否或如何促進官員與民眾的對話？官僚體系在電子化政府中扮演什麼角色？

本文首先談電子民主的定義問題，其次評述台北市政府推動電子化政府所做的努力與相關的問題。第三部分挑選三個實際的案例，論述現有電子化政府理念與實踐中值得檢討的地方，最後再予總結。

二、電子民主的定義問題

從當代政治學、社會學與新聞傳播媒介的文獻來看，每次傳播科技有某種突破或進展的時候，傳播科技或媒介與政治制度，尤其是傳播科技與民主政治之間的關係，或者說新穎的傳播科技與媒介如何強化民主，改善民主政治弊病的相關論述，即紛紛出籠。這些論述通常可以分成三種立場或觀點：樂觀論、悲觀論及中立論（有好有壞，端看如何運用）（Buchstein, 1997）。不論是以

---

[1] 吳定（電子化政府與公民信任關係之研究）與項靖（電子化民主與民主行政——探討地方政府網路公共論壇）等人的研究計畫是少數的例外。關於其他政府委託的電子化政府研究計畫，請查詢國科會網站，這裡不再贅列（筆者以「電子化政府」做關鍵字查詢時，共有二十一筆計畫）。

前的實驗，還是目前的網路熱潮，這三種立場或觀點的論述總會出現。

　　首要的問題倒不在於我們要支持哪一種立場，儘管這個議題頗值得探討。真正需要先解決的問題是名詞定義。以往針對科技如何應用在民主運作或政治參與上的論證或說法，所用的概念並不一致，出入甚大。這種差異可能是因為著眼的科技與工具不同，也可能是因為論者要強調的重點有異。舉例言之，除了電子民主（electronic democracy）之外，還有電傳民主（teledemocracy）（Schudson, 1995）、網路民主（cyberdemocracy）（Tsagarousianou, Tambini & Bryan, 1998）、數位民主（digital democracy）（Hacker & van Dijk, 2000）、虛擬民主（virtual democracy）、電子共和國（electronic republic）（Grossman, 1995）、電子雅典（electronic Athena）（Toulouse, 1998）、電腦民主（computer democracy）、按鈕式民主（push-button democracy）（Buchstein, 1997）。

　　究竟哪一種名詞比較適當，自是見仁見智。不過，若要深究，那麼採取電子民主一詞，或許比數位民主一詞妥當，理由有二。

　　第一，雖然電腦與網際網路已是熱潮，廣泛運用在政治、經濟與社會互動上，但就經濟互動與活動而言，電子商務（electronic commerce）已經是約定俗成的用法，很少人用數位商務一詞，稱呼廠商與廠商之間或廠商與一般消費者之間的交易活動。由此觀之，電子民主似乎是比較對應的用語。電子民主就是運用資訊科技（電腦與網路）、電信裝置（電話）與大眾傳播媒介（電視、線纜電視、廣播），進行直接與間接的、同步與非同步的、一對一的、多對一的、一對多的、多對多的、電腦中介與非電腦中介的對話、討論與互動。

　　第二，哈克爾（K. L. Hacker）與范迪克（van Dijk）等人認為，數位民主是比較妥當的術語，因為數位民主是指運用資訊通信科

技（information and communication technology, ICT），透過電腦中介傳播（computer-mediated communication），超越時間、空間及其他具體的限制與障礙，進行民主實踐，加強政治民主，推動公民參與的民主溝通。相形之下，虛擬民主似乎太過強調用另一種民主實踐（電腦傳播中介）取代傳統的民主實踐。電傳民主比較強調直接民主，頗有未來學的意味。電子民主太過廣泛，因為它把傳統傳播媒介帶進來。網路民主則是最寬泛的用語，甚至有網際網路才是唯一的新媒介或技術的意味（Hacker & van Dijk, 2000: 1-2）。不過，筆者的看法與哈、范等人相異。這裡特地使用電子民主一詞，涵括數位民主，不但求其周全，也是針對電子化政府的概念，建構一個整體的概念架構，提出規範性的電子民主論述。這個概念架構如圖一所示[2]。

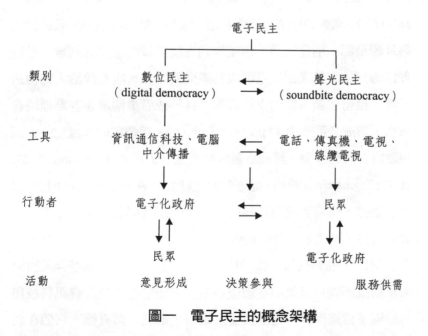

圖一　電子民主的概念架構

---

[2] 關於意見形成與決策參與的部分，係參考 van Dijk（2000）所提的數位民主模型，簡化而成。

這個概念架構不但納入數位民主,更有四種意涵:

第一,如上所述,電子民主的概念超越范迪克等人的定義蘊含的對立性。今天論者會討論電子民主與數位民主的議題或概念,基本上是根據兩種觀察。一是民主政治與制度出了問題,二是資訊通信科技有長足的、快速的進步與發展,故而論者的基本假定是以科技來彌補或解決民主政治與制度的問題與缺失。可是事實證明,每次新科技引起的希望與相關的樂觀論述都有技術決定論的嫌疑。更重要的是,將所有希望寄託在單一的技術突破與工具運用上,都沒有達成未來學家、技術決定論者預期的目的,發揮民主化的功能。廣播曾被視為一大發明,可以超越時空,讓大眾分享資訊,可是廣播卻也成為極權政體遂行獨裁統治,對人民洗腦的武器(當然,廣播也非一無是處,如玻利維亞的礦工即曾運用廣播,交換訊息,促進討論與對話)(Buckley, 2000: 181-182)。電視曾經讓人滿懷希望,因為它能傳布資訊。若公民能夠耳聰目明、消息靈通,那麼他們應該能做出理性的判斷,進行理性的討論。結果卻是電視成為娛樂的工具,成為政治人物塑造形象、精密包裝、煽動支持者的工具,或者讓觀眾在客廳裡消費政治,形成旁觀政治(spectator politics)。線纜電視本應加強人民與政府之間的互動,然而實驗成績也難令人滿意(Arterton, 1987: 16-17; Buchstein, 1997)。從這些歷史經驗來看,如果不顧慮制度與社會脈絡,政府也沒有積極的、宏大的願景與計畫,只靠單一工具或科技,勢將重蹈歷史覆轍。

第二,既然只靠一種科技或工具不足以成事,那麼今天討論的焦點就不能只是集中在數位民主上,而是必須整合資訊科技與一般電子傳播媒介,包括廣播、電視、電話、傳真機。它們在民主重整的過程中有一定的角色,人機介面遠比電腦單純,互動性與效率、效果不見得比電腦中介傳播差。而且,在短期內,一國

或一個社會之內的數位落差（資訊貧富，包括電腦、近用、寬頻的有無）將難以徹底解決，電腦人機介面的問題也沒有太快太完善的解決方法（語音輸入與手寫輸入的效率與效果有限，按鍵輸入對某些群體有一定的障礙），傳統的電子傳播媒介仍有其用武之地。因此，在我們討論傳播媒介、科技與政治制度或民主運作之間的關係時，似乎可以不必將數位民主與電子民主看成互相排除的用語，而是將前者納入後者，以電子化政府為核心，提出完整的電子民主計畫。

第三，超越直接民主與代議民主的二元性。以往有關科技與民主的討論，焦點常放在新興科技能克服時空的限制，強化對話與互動，因而樂觀論者認為直接民主取代代議民主的可能性似乎也隨之水漲船高，當然懷疑或批判論者也指出在技術上與理論上，不宜依據新興科技，一味追求直接民主，因為這樣很可能造成民粹主義、暴民政治，忽略審議民主（deliberative democracy）的可貴。本文不打算再捲入這種爭辯，因為直接或代議民主究竟何者比較妥當，不僅是理論的問題，也要看各國的政治、社會脈絡與歷史過程。真正的重點在於新興科技與制度的設計、調整能否促進、鼓勵民眾參與政治過程，尤其是意見形成與決策參與。

第四，此一概念架構特別強調政府，尤其是電子化政府在電子民主中的角色，這個論點跟以往的研究比較不同。到目前為止，國內外有關電子民主的討論，大致上依循兩條軸線，一是電子或數位公共領域的論述與研究，二是政治權威（尤其是政府）與民眾之間的關係。圍繞前者而展開的論題多半聚焦於公共領域，在理論上訴諸哈伯瑪斯（Jurgen Habermas）（王佳煌，2000）、漢娜鄂蘭（Hannah Arendt）等人，或進行歷史與理論的批評（如女性主義者批評哈伯瑪斯的論述間接肯定父權體制，對公共領域的宰制與資產階級公共領域的排他性）（Sassi, 2000: 92-94），或在概念上

重建公共領域的結構，把公共領域分成宏觀（全球）、中觀（通常以一個民族國家為單位，但不一定限於國界之內）、微觀（人際對話及網路上無以數計的公共領域）三個層次（Keane, 2000），經驗研究上則針對具體的個案，研究方法包括參與觀察、問卷調查等（項靖、翁芳怡，1999）。沿後者而行的研究則常援引古典民主理論與模型（或理念類型），如古雅典民主、盧梭（Jean J. Rousseau）的全意志論、馬克思稱頌的巴黎公社、歐陸基爾特民主等（McLean, 1989: 5-20），論評二十世紀的實驗，如電子投票（公投案、創制案等）（Arterton, 1987）或經驗個案，如白宮電子郵件信箱（Hacker, 2000）。這兩條軸線的諸多相關研究集中探討電子化政府的並不多見，即使有也是以概念的鋪陳為主，如直接民主是否能夠取代代議民主，實際的經驗分析則以個案為主。致力於將電子化政府與電子民主連結起來，構築系統化論述的著作，似不多見。在台灣推動電子化政府的學界與社運界人士不多，反而是政府相當積極。然而我國推動的電子化政府計畫，卻是從工具論的角度出發，並未思考如何以電子化政府促進、推動電子民主。本文認為，電子化政府不宜只是停留在工具論的層次，而是應該做為電子民主的主要推動力量。這不僅要靠政治領袖與政府官員的意識調整，更要靠社會有識之士的鼓吹與推動。否則電子化政府將淪為文書政治的電子化，聚焦於一般政府服務的提供，忽略民主的真諦在於參與，包括意見形成（溝通、討論）與決策制定。

三、台北市電子化政府的努力與問題

瞭解我國電子化政府的規劃方向與重點之後，再參照上列電子民主的概念架構，可以看出我國電子化政府的規劃與推行有三

個問題，這三個問題在全國首善之區尤其嚴重。雖然馬英九市長上任之後，配合中央政府的電子化政府計畫，積極推動「網路新都」，喊出「多用網路，少用馬路」的口號，將前任市長的「阿扁信箱」轉變為「市長信箱」，提供免費電子信箱、免費撥接與上網訓練，設置鄰里網站，進行公文電子化。但在中央與市政府努力的背後，缺乏根本的、結構性的思考。

第一，完全沒有考慮電子民主的願景、理想，只是強調服務與數位資訊的供給。到目前為止，只能說我國電子化政府勉強與數位民主沾上一點邊，而且重點完全放在服務的供需上，包括網站、網頁、資訊搜尋與提供，至於意見形成、對話討論（電子公共領域）與決策參與（線上選舉、罷免、創制、複決），並無大規模的、全面的努力與計劃。例如，在研考會出版的《政府再造運動》一書中，電子化政府與政府再造連成一起，或者說是政府再造的表現。電子化政府的重點是提供資訊與客製化服務（customized service）、推動網路申報業務（多用網路、少用馬路）、建立單一窗口、提升行政效率（行政院研考會，2000: 153-157）。中央的電子化政府共有十項主計畫，二十六項子計畫，包括網網相連電子閘門、資訊安全稽核、電子認證機制、行政應用服務、便民應用服務、「課股有信箱，訊息瞬間通」、「村村有電腦，里里上網路」等子計畫（**表一**）。

表一顯示，我國電子化政府的理念比較偏向技術與工具論的思維，並未將電子化政府的概念政治化，也就是沒有考慮到民眾在政策制定與意見溝通當中，可以扮演什麼樣的角色，發揮什麼作用。民眾不過是電子化政府的顧客而已。

在這種架構之中，馬英九市長的「網路新都」也就難有突破，只能停留在技術與工具的層次。第一個是硬體部分，包括寬頻市政資訊網站、公文電子化（每月十六萬件）、免費電子信箱（十六

表一　電子化政府各項子計畫

網網相連電子閘門子計畫												
資訊安全稽核子計畫						電子認證機制子計畫						
電子公文	電子採購	電子人事	電子計畫管理	電子政府出版品流通管理	電子法規	識別證卡合一子計畫	電子稅務	電子就業	電子公路監理	電子公共安全	電子工商	電子保健 電子公用事業服務
行政應用服務子計畫							便民應用服務子計畫					
課股有信箱、訊息瞬間通子計畫						村村有電腦、里里上網路子計畫						
電子窗口		電子目錄		電子郵遞		檔案傳輸		電子新聞		電子民意信箱		
骨幹網路基礎服務子計畫												
網際網路骨幹網路子計畫												

資料來源：行政院研考會。

萬個）、免費撥接、中小學班班有電腦、公用資訊站、鄰里社區網站（廖國寶，2001）。第二個是軟體部分，如資訊教育訓練、網站資訊提供、「市長信箱」、市民論壇、線上業務申辦。也就是說，「網路新都」的設計與運作顯然還是集中在服務部分，意見形成只局限在市民論壇與「市長信箱」。台北市政府的免費電子郵件網頁雖提供「市民論壇」，但若點選進去，即可發現其中多半沒有任何留言或熱烈的討論，市政府對這類「市民論壇」沒有具體的經營與觀察。「市長信箱」也只是局限在個別市民與市政府各單位之間的訊息交流與互動，對意見形成與決策制定也沒有作用。

當然，這種技術導向與工具論的思維並不是只有台灣才有。英國政府在一九九〇年代後期推展的電子民主，也是將決策與執行分開，如梅傑（John Major）政府的 Government.direct 與布萊爾（Tony Blair）的 Better Government，都是如此。但是這種觀念與作法並未正視政治的根本問題，亦即誰得到什麼、誰如何得到等權力與資源分配問題。而且，推動電子民主，若只是聚焦於輸出面的資訊取得問題，而不注意輸入面的意見形成與決策參與問題，那麼這種電子民主只是消費者民主（consumer democracy）的另一種展現而已，難以解決民眾對政治疏離與失望的現象（Hagen, 2000: 60-62）。

　　或許有論者會說，以電子化政府推動電子民主恐怕有很多困難。一是目前電腦與網路還不夠普及，要推動線上選舉、罷免、創制與複決，似乎言之過早。二是技術問題，電腦中介傳播的可貴，就在於它能兼有同步與非同步傳播的特性，其中後者尤其重要，若要推動建立電子公共領域，那麼網路會議何時召開？頻寬能夠容納或負荷多少人同時上線？誰會有耐性讀完一百則或一千則發言（Toregas, 2001: 237）？三是相關配套的法律，包括憲法、選罷法與創制複決法等尚未調整或制定，倡言線上民權的行使，未免不切實際。這幾點誠然有其道理，但本文認為，正因為如此，我國的電子化政府計畫與理念，才需要從根本上檢討政府電子化在電子民主中的角色、作用或功能。電腦、網路與其他電子傳播工具既然能降低民眾近用資訊、聯絡消息的時間、金錢成本，那麼如何儘快全面修改法制，運用資訊通信科技與工具，進行實驗，鼓勵民眾直接、間接參與電子公共領域的對話與討論，參與決策過程，應該是電子化政府規劃的願景與目標才對。過去美國各地進行的線上討論、投票與公投、複決等實驗，包括電子市鎮會議、互動式線纜電視（interactive cable TVs）、視訊會議（audio and video

表二　台北市民對市政府網路服務功能的知曉程度與使用情形

(2000 年，單位：%)

	知曉程度		使用經驗		網路功能評價	
	知道	不知道	用過	未用過	正面	負面
上網查詢市府資料	73	21	31	63	46	22
上網表達市政建言	57	37	5	89	50	35
上網申辦市府案件	53	41	4	90	73	9

資料來源：聯合報民意調查中心。

conferences）、電傳視訊、電腦網路（Arterton, 1987）、美國加州與亞利桑那州實驗的電子創制與複決（Westen, 2000），都可以參考。

　　事實上，即使是純粹服務的供給，成績也是差強人意。根據《聯合報》電話隨機抽樣的民意調查結果（二○○○年十二月十五日至十九日），台北市知道可以上網查詢市政府資料、表達市政建言、申辦市政府案件的居民所占比例分別是 73%、57%、53%，情況差強人意，可以看出台北市政府在網站上的表現、相關宣導與任務賦予均以提供資訊為主。另從使用經驗來看，可以看出這三項功能的實際作用有待加強。從來沒有上網查詢市政府資料的占 63%，沒有上網表達市政建言的占 89%，沒有上網申辦的占 90%。至於網路功能評價（只問知道有此服務的民眾），查詢市政府資料的正面評價占 46%；表達市政建言的正面評價占 50%，但負面評價亦達 35%；申辦市政府案件的正面評價是最高的，占 73%，負面評價只占 9%（見**表二**）。此外，市政府資訊中心與民政局聯合主管的鄰里網站，也曾遭市議員批評內容空洞（蔡慧貞，2000）。

　　第二，對於數位落差的問題，沒有全面的、徹底的解決辦法。雖然我國的國家資訊基礎建設一直強調要在三年內推動三百萬人

上網，並且提早達成目標。但這種總體的、概略的數字，仍然掩蓋不了數位落差的現實。數位落差不僅僅是財力、教育、性別、年齡差異的表現，更顯示單靠電腦與網路，不足以促成、推動電子民主。它還需要民眾有意願、有技能，政府有計畫的鼓勵（包括補助、教育訓練、提供軟硬體），以及網頁內容、人機介面彼此搭配與互補，才能提升民眾與政府的互動。

　　根據台北市政府研考會於二〇〇一年七、八月對台北市民所做的民調，市民擁有電腦的比例占 77%，不可謂不高。在這些擁有電腦的受訪者家庭中，電腦能夠上網的有 84%，使用寬頻者有 37%。會上網的使用者占 60.5%，其中有 69.3% 上過政府網站。在上過政府網站的使用者當中，上過市政府網站的有 76%（楊金嚴，2001）。從這些數字來看，台北市民家有電腦、能夠上網、上過政府網站，而且上過市政府網站的比例只有兩成左右。這種比例對台北市的電子化政府，或者是馬英九市長「網路新都」理念的落實，似嫌不足。

　　市政府當然不是完全忽視數位落差的問題。截至二〇〇〇年初為止，全市已有十萬人參加三小時免費上網課程，中小學班班有電腦的目標也已達成 57%。全市四百三十五個里已加入鄰里社區聯網，並在各區公所及公共場所設置二百零三台公共資訊站與公用電腦，供市民使用（廖國寶，2001: 73）。市政府社會局也結合民間團體，捐贈舊電腦給所謂的弱勢家庭（王超群，2002）。但這些普及措施也有問題，一是這些參加免費上網訓練的人是否在上完課之後，即有能力、有意願購置電腦及周邊設備，持續上網。二是各區公所的公用電腦與公共資訊站使用時間與上班時間同步，不可能二十四小時提供市民使用。筆者在某一區公所的訪查結果也發現，公共資訊站的使用頻率不高，而且上網功能有限，沒有印表機，使用者沒有座位，難以吸引人駐足使用，何況到區公所洽公的民眾多半來去匆匆，不太可能逗留。除了多一張椅子

可用之外，公用電腦也有類似的問題，甚至沒有印表機，沒有喇叭，配備也較老舊，多為區公所辦公室淘汰的設備。換句話說，公用電腦與公共資訊站的普及作用相當有限。

第三，忽略官僚體系的中介作用與互動的程度。依照韋伯（Max Weber）刻畫的官僚體系理念類型，官僚體系是理性的產物。這種組織體制內部依其業務，各分畛域，各有專門訓練，有上下階層之分，依據既定規則與白紙黑字的文書檔案而運作，強調效率（Weber, 1968, v2: 956-958）。但是，眾所周知，這些理念類型的特質在現實生活當中也有其反面的表現，諸如推卸責任、互踢皮球、規則僵化、不知變通等。這些負面特質的表現在原子時代固然有之，在數位時代也不會因為資訊科技與網際網路的應用而消失，甚至可能更形擴大，理由有三：

一是目前資訊科技軟硬體介面的親和度還不夠，頻寬與軟硬體質量還不足以促成靈活的互動，以文字為主的對話方式不利於某些教育程度與電腦技能不足的群體，繁雜的議題，尤其是牽涉到地方事務的問題，不是猶如芝麻綠豆（路燈不亮、水溝蓋、隔壁狗太吵），就是盤根錯節，牽涉到有力人士（如「四、市長信箱個案論析」所示），並不是三言兩語就能交代清楚或圓滿解決的。

二是文字來往缺乏肢體語言、語氣、語調的輔助，往往容易造成誤會。使用網路的民眾的時間概念不是我們習以為常的時間，而是網路時間。雖然市政府研考會已盡力督責各單位依標準作業程序處理信件，縮短處理時間，但若整體觀念仍停留在坐等信件進入再予處理的階段，而非建議來信民眾留下聯絡電話，由單位負責人員與主管主動聯絡處理，那麼即使標準作業程序處理得再快，也不足以符合民眾的期望。此外，「市長信箱」處理電子郵件時，回信因屬官方文書，格式與語氣常予人官樣文章的印象，

同一個問題需要幾個單位分別處理回信，也容易令民眾不滿，認為市政府各單位互踢皮球，這種現象在台北市的「市長信箱」特別嚴重（見「四、市長信箱個案論析」）。

三是「市長信箱」帶來大量的電子郵件，也加重官僚體系的工作負擔。久而久之，異化的狀況就會出現，回應常常流於形式，或者負責處理的人員發展出一套處理模式，令民眾更加不滿。這個問題顯示：「市長信箱」的效用必須考慮到所處城市的規模，包括轄區面積與人口。加州聖塔摩尼卡市的電子化政府是電子民主的研究與報導中頻頻稱頌的範例，人口才八萬多人，約等於台北市中正區人口的一半，地位只是洛杉磯大都會中的小市鎮。如果要經營「市長信箱」，聖市的規模算是比較妥當的，台北市以其國際大都會的規模，「市長信箱」的管理負擔相對要重上百倍，效果卻不見得隨之水漲船高。因此，「市長信箱」的經營管理必須制定整體的策略，配合其他可以推動電子民主的工具，包括廣播電台、電話、傳真機、行動電話，甚至平面廣告，才能善用電子化政府，促進電子民主。再以市政府聯合服務中心的統計數字為例，在二〇〇一年七月至九月之間，處理的件數共 104990 件（包括電話聯絡、傳真、面晤、書面），遠多於同季「市長信箱」的 11031 件，可見傳統面對面、電子傳播工具還是主要的互動方式，「市長信箱」能夠扮演的角色有限。而且以目前「市長信箱」的工作量，要再大幅擴展恐怕也有難度。

正因為台北市的規模太大，「市長信箱」的設計與管理又沒有整體的策略與配套措施，使用民眾的不滿意程度自然比較高，市政府官員更容易吃力不討好。台北市政府研考會針對二〇〇〇年十月至十二月的「市長信箱」做統計分析，民眾不滿意答覆內容的比例達到 50.58%。時隔將近一年，調查結果並無太大改變。研考會在二〇〇一年第三季（七月到九月）處理的「市長信箱」滿

意度問卷調查發現，不滿意與很不滿意的共占 50.81%，很滿意與滿意的占 38.49%。根據市府官員的解釋，這是因為滿意的民眾達成目的之後，多半不會填寫問卷，不滿意的民眾一定要填答問卷，以表憤怒，所以填答滿意的人數自然比不滿意的人少。此論誠然有其道理，但不滿意的人也可能因為挫折、憤怒而乾脆不填答問卷，以致不滿意的黑數增加，而且不滿意與滿意的相對比例也應注意案件的性質與相關處理單位。如果只是單純索取資訊或發表個人意見，不期望市府有太多回應，那麼滿意度理應較高。反過來說，如果是陳情、申訴、比較複雜的案件，或者是集中在交通局、工務局、警察局、環保局等與民眾權益關係較大的單位，那麼單靠「市長信箱」，也不足以圓滿解決問題，不滿意度更可能增加。上述台北市政府研考會的調查也發現，比較第二季（四月到六月）與第三季，雖然答覆內容為制式例稿及答覆內容過於簡短的比例，分別從 6.85%降到 6.11%，從 9.95%降到 4.22%，但處理態度不佳或內容語氣冷淡、曲解法令、答覆內容與實際處理情形不符、相關單位推諉責任、處理結果與期望有差距的比例，均有增加，其中尤以答覆內容與實際處理情形不符、處理結果與期望有差距的比例增加最多，分別從 12.61%增加到 19.44%，以及從 21.78%增加到 28.27%（見**表三**）。由此可見，如果不從整體上調整，只是在標準程序上要求各單位縮短處理時間，加快處理流程，並在回信上加上「親愛的市民」等字樣，恐怕會事倍功半。

表三　市長信箱問卷調查不滿意之原因

	2001 年第 2 季	2001 年第 3 季
處理態度不佳或內容語氣冷淡	1.78%	2.97%
處理時效太慢	6.85%	6.11%
答覆內容為制式例稿	20.65%	15.57%
曲解法令或引用法令錯誤	1.41%	3.00%
答覆內容與實際處理情形不符	12.61%	19.44%
相關單位推諉責任	8.57%	12.98%
處理結果與期望有差距	21.78%	28.27%
答覆內容過於簡短	9.95%	4.22%
其他	7.44%	7.44%

資料來源：台北市政府研考會。

四、「市長信箱」個案論析

(一)古亭路檢舉陳情案

　　本案為一陳年老案，歷經許水德、吳伯雄、黃大洲、陳水扁、馬英九等數任市長，均未圓滿解決。當事人透過白紙黑字的陳情書、電子郵件，往往只獲得制式化回應，該做的調查均未進行。

　　本案起因為某一大樓住戶因房屋老舊，需要改建，但因其中某樓為市政府宿舍，住戶為前任某區長遺孀，依市政府內規，其遺孀可住至老死或自願主動遷出為止，然而其子不可享有此種福利。該大樓住戶與市政府協調，希望市政府另行提供宿舍供其遺孀居住，皆因該遺孀堅拒而未果。按該遺孀所以拒絕，乃因其子

利用公家房舍，開設地下餐廳，並占用巷道預定地，蓋起違建，以利擴大營業，同時專做黨、政、軍及部分學者老饕的生意。大樓住戶認為，該遺孀之子違反市政府規定，建築違章建物，並未向市政府建設局申請營業登記，有逃漏稅之嫌，而且該地下餐廳顧客多為國民黨黨政官員，附近亦無停車場，以致司機與車輛常占用路邊停車位，並排停車，妨礙交通秩序，部分官員與軍官座車司機素質低落，時常在路邊大聲喧鬧，妨礙住戶安寧，故屢次向歷任市長陳情檢舉，但均未獲得認真處理。

陳水扁市長上任後，延續市長選舉時的策略，設立「阿扁信箱」，以利與民眾透過電子郵件溝通。部分當事人認為，陳水扁市長在立委期間以打擊特權為特色，遂投書至「阿扁信箱」（當時的介面還是 telnet），但未獲回應。隨後另一部分當事人又向新黨議員檢舉、陳情。議員向當時的財政局長表示關切，局長以書函回覆議員，答稱查無實據。議員將此答覆轉知當事人，當事人即透過其他管道，將《聯合報》記者的專題報導（台北市的地下餐廳）及相關人證（包括《中華日報》記者、台糖員工及政大某退休教授）提供給局長，局長囑其秘書回覆，答應將妥善處理，但後來不了了之。

馬英九擔任台北市長之後，部分當事人再度燃起希望，紛紛透過「市長信箱」與傳統書信，提出檢舉，但國稅局、區公所的回覆為：「違規營業查無實據。」建管處的回覆為：「違章建築雖蓋在巷道預定地上，但在一九九五以前建成，依陳前市長之行政命令，列入分期分類緩拆，而且預定巷道左右已有道路與其他巷道，居民改走其他道路即可。」財政局亦稱已妥善管理，對於案件背後可能牽涉的賄賂、貪污、瀆職（據聞該區長與某位前任市長頗為親近）及相關證據，一概不予聞問。

此一案件說大不大，說小不小，端看主事官員與官僚體系是

否願意追根究柢，探尋真相。但是，從這個案件十餘年來的發展來看，可以發現市政府相關單位與當事人之間的互動並不靈活，敏感度也不高，不論當事人透過議員協調關切、傳統陳情方式，還是電子郵件，市政府一律是公式化的反應，對於各種證據亦視而不見。「市長信箱」縮短信件傳送的時間，但不能解決問題。官僚體系照章行事，不求有功，但求無過，並未認真考慮案件。真相就此籠罩在電子化政府的美景陰影之下，涉嫌貪污賄賂的官員安然無事，運用特權獲利的人士遠走高飛，只留下鄰居受害人因房屋無法改建，至今仍住在破舊的房屋內。

(二)東南路垃圾清理回收衝突案

馬英九市長上任之後，為兌現其政見，大力執行垃圾減量與回收政策，實施成效良好，但因台北市為一大都會，環保局清潔隊人力有限，各地需求亦多，以致垃圾收集點必須增加，收集時間縮短一半以上。加上部分清潔隊員勤前教育不足，欠缺職業素養，工作負擔過重，以致態度惡劣，經常喝斥民眾，與民眾衝突爭吵。

當事人因屢遭清潔隊員喝斥，理論無用，只能透過「市長信箱」向環保局長、台北市長提出申訴，質疑其垃圾回收政策。但自始至終，申訴人始終未能與市長、環保局長做理性的討論，「市長信箱」回信的署名雖為環保局長沈世宏，卻只能與小隊長做無謂的對話。最後經過市議員協調，才勉強與環保局某股股長見面，接受小隊長的道歉，並提出許多政策建議。然而，負責該路段之清潔隊員服務態度並未改善，申訴人提出之政策建議亦未獲採用，申訴人亦未獲告知不採用或未能採用之原因。

此一案件顯示，「市長信箱」名為市長的信箱，但真正能與市長或高級首長做理性政策對話的例案，少之又少。當然，台北市

人口超過兩百萬，不可能讓市長、局長與市民一一對話，但就垃圾收集與回收政策而言，市政府與相關首長並未針對此一政策，利用網際網路、廣播電台及其他電子傳播媒介，進行線上會議或論壇活動。市民若有任何意見與建議，只能在「市長信箱」的架構之下，個別發出電子郵件，再由官僚體系依權責分工的原則，一一處理回覆。依照這種處理流程與架構，電子或數位公共領域根本無從建構。換句話說，「市長信箱」不過是將以往的意見信箱電子化，縮短收發時間與流程，並未充分利用網路與其他電子傳播媒介的特性，構築完整的電子民主模式。意見形成、決策參與，都不在設計範圍之內。「市長信箱」的用意不是把市政政治化，而是把市政事務化。「市長信箱」運用的電腦中介傳播，最多只達成互動與反饋（feedback），卻沒有達成相對性（reciprocity）：興趣與觀點的分享（Hacker, 2000: 117）。在溝通的過程當中，相對性能否成立，要看雙方的權力關係。具備較多權力的人可以選擇溝通的始終、長短與主題。相對缺乏權力的溝通者只能坐等對方的回應選擇。在這個案例中，申訴人在「市長信箱」無法得到網際空間的相對性，只能透過市議員建立實體空間中的相對性，藉由市議員的權力促成對話。但這種相對性相當短暫，畢竟實體中的權力關係還是不對稱的，不論是美國的白宮電子信箱（Ibid.: 124），還是台北市的「市長信箱」，都是如此。

三、平常路攤販檢舉案

一位市民某日發電子郵件給市長信箱，檢舉平常路上攤販占據騎樓，阻礙行人通行，經秘書處第四科處理，轉由某分局查處。該分局於三日後處理結案，稱已開出罰單三張，並將持續派員前往取締，同時發出滿意度問卷調查給檢舉人。但檢舉人於檢舉十二日後途經該地，發現該攤販仍在原地營業，於是再度發電子郵

件給市長信箱，要求徹底執行，並上網查看進度，得知已分派權責機關處理，時限將近十天。然而，此後檢舉人數度上網查看進度，發現並未如網頁所言，逾期以紅字警示。從第二次檢舉到最後一次查看，為時近半年，相關警局並無任何進一步處理及答覆。尤有甚者，就在檢舉人最後一次上網查看之前，市政府委託世新大學學者所做的研究案「轉換民眾意見為施政知識：知識管理與資料採礦的觀點」，所用該案資料為第一次處理回覆之內容。也就是說，研究者不知道第二次檢舉信函內容與相關處理狀況，從而設計之問卷無法查知真正的處理狀況。

這樣漏失後續處理狀況的案子究竟有多少，不得而知。究竟是類似案子太多，造成資訊超載（information overload），警方不堪其擾，時間有限，只能做第一次處理，後續狀況則任其自生自滅，還是警方根本不想處理這類芝麻綠豆大的小事，或者攤販與轄區員警有某種「共生的利益交換關係」，也不得而知。如果去問負責員警，自然可以得到一套官方說法，但這種說法是否能夠真的解釋第二次檢舉案資訊漏失的原因，更是不得而知。就算真的是警方疏失，也不是什麼大事。比起疑似白嫖案、縱放案，這種案子根本沒有新聞性，也難追究責任。

這個案子與電子化政府、電子民主有什麼關係？乍看之下，這跟決策參與、意見表達、公眾討論沒有什麼關聯，頂多是電子化政府作業中的微小插曲，既無官商勾結，也無明顯違法亂紀之事，只要下次改進即可。然而，從另一個角度來看，這也顯示電子化政府與電子民主的盲點。本來電腦、網際網路等新興傳播媒介，可以減少政府與民眾傳收資訊的交易成本，加快資訊流通的速度，擴大資訊交流的範圍，但網路跨越時空的特性卻很可能、很容易造成資訊超載，使得官僚體系無法負荷，只能依案件與情況的嚴重程度，選擇處理，結果諸多案件只是一次交易，問題卻

未完全解決。如果這類一次交易卻未解決的事例越來越多，那麼民眾的政治效能感恐怕將越來越低。如果這類小事情都不能處理好，那麼更大的議題、更多的意見，又怎麼能期望市長及市長以下的官僚體系能夠有精力、時間，聽取、整理透過新（網際網路）、舊（電話、傳真、紙張信件等）媒介傳遞而來的訊息？

五、結論

本文首先釐清電子民主與數位民主的定義，其次論述台北市電子化政府的相關政策行動及背後的問題，繼而輔以三個案例的評析，呈現電子化政府只重服務的生產與供給，輕忽意見形成、決策參與的理念與結構問題。

本文認為，電子化政府不應視為單純的技術問題，只注重政府業務電腦化、電子化與網路化等事宜，而是依循民主的理念，建立各種電子或數位管道與平台，減緩數位落差，鼓勵民眾透過電腦中介傳播、資訊與通訊科技，發表意見、討論市政、參與決策，促成民眾與高層行政首長、官僚體系成員形塑頻繁的、密切的互動。也就是說，電子化政府應該扮演積極的角色，發揮作用，以期建立完整的電子民主（Chambat, 2000: 275）。

這種電子民主的工程相當浩大，不是一個直轄市或地方政府能夠達成的，因此中央與地方政府的民選首長與官僚體系都應該做反向的思考，討論如何調整理念、政策、策略與結構，重定電子化政府的角色與功能，超越服務導向的觀點，將電子化政府政治化。

如果要用電子化政府推動電子民主這麼浩大的工程，有兩個誤解與一個重點值得注意。

第一，政治文化的問題。根據市政府處理「市長信箱」的經驗，來信常有許多謾罵與不理性的批評，因此推動電子民主是不可能的。事實上，政治文化是可以轉變的，政治學所說的公民文化與其說是一種最終境界，不如說是努力的目標。在這麼紛歧多樣的社會裡，要期待每個人都是翩翩君子，恐非可能。不能因為某些人的不理性行為，就認定電子化政府不應該推動電子民主，或沒有能力建立以市政為中心的、一般的電子公共領域。

第二，專業問題。官僚體系以其分工、理性運作的原則，常以民眾漠不關心、專業知識不足為由，排除民眾的參與。事實上，如果要爭辯，論者也可以說，民眾之所以漠不關心，乃因過去的經驗讓他們缺乏政治效能感，或者令他們難以滿意。尤其市政建設關係到市民的生活與權益，如果市政府能夠整合各種電子民主可以利用的媒介、管道與平台，充分提供市民發聲的工具，減少市民的參與成本，官員能夠縮減不必要的會議、業務，主動與市民聯繫、溝通，強化互動性、相對性，當可提升市民參與市政、形成意見的意願，增加市民的參與機會。

第三，新韋伯學派的學者研究指出，官僚體系絕不只是單純的組織工具。一方面，一個完整的官僚體系猶如一個自主的行動者，有自己的思維、算計與行動邏輯。另一方面，一個官僚體系內的各個單位也有其運作規則、組織文化與對外的互動模式。因此，在我們探討如何以電子化政府推動電子民主時，必須注意官僚體系具備的這些特質，思考如何調整官僚體系，讓其中的權力結構去中心化，把金字塔組織轉變為網絡組織，在網絡上的各個節點配置一定的權力與資源，即時就地解決問題。如果不此之圖，把本文的論述意見斥為書生之論，那麼單靠電腦中介傳播與資訊通信科技，還是不足以徹底解決問題。「市長信箱」的不滿意度恐怕仍會居高不下，市民論壇仍將各說各話，區公所的公用資訊站

與電腦仍將成為市民洽公時偶爾試用的玩具，市政府官僚體系仍將面對異化與資訊超載的壓力，電子化政府除了提升某一部分行政流程的效力之外，仍將成為政治人物的戰績（Arterton, 1987: 199）。

參考書目

■中文部分

王佳煌，2002，《資訊社會學》，台北市：學富文化。

王超群，2002，〈舊電腦贈弱勢家庭，數位落差拉 e 把〉，《中國時報》，第 6 版，1 月 26 日。

牛萱萍，1999，〈電子化政府與網路行政〉，收入詹中原主編，《新公共管理》，台北市：五南圖書出版公司，頁 405-440。

朱斌妤，2000，〈電子化／網路化政府政策下行政機關生產力衡量模式與民眾滿意度落差之比較〉，《管理評論》，第 19 卷，第 1 期，頁 119-150。

行政院研考會，2000，《政府再造運動》，台北市：行政院研考會。

李仲彬、黃朝盟，2001，〈電子化政府的網站設計：台灣省二十一縣市政府 WWW 網站內容評估〉，《中國行政》，第 69 期，頁 47-73。

邴鴻貴，2000，〈政府再造理論與實務之探討──建構電子化及優質的政府〉，《黃埔學報》，第 39 輯，頁 159-174。

黃朝盟，2000，〈電子化政府網站的可用性原則〉，《行政暨政策學報》，第 3 期，頁 185-212。

項靖與翁芳怡，1999，〈我國地方政府網路民意論壇版面使用者滿意度之實證研究〉，第三屆資訊科技與社會轉型研討會，http://itst.ios.sinica.edu.tw/seminar.htm。

葉俊榮，1998，〈邁向「電子化政府」：資訊公開與行政程序的挑戰〉，《經社法制論叢》，第 22 期，頁 1-35。

楊金嚴，2001，〈七成七市民家中有電腦〉，《聯合報》，第 20 版，

8 月 15 日。

管中祥，2001，〈從「資訊控制」的觀點反思「電子化政府」的樂
　　觀迷思〉，《資訊社會研究》，第 1 期，頁 299-316。

廖國寶，2001，〈台北市的科技首都爭霸戰〉，《數位時代》，第 21
　　期，頁 72-74。

蔡慧貞，2000，〈鄰里網站內容空洞〉，《中國時報》，第 18 版，1
　　月 19 日。

■英文部分

Arterton, F. Christopher, 1989, *Teledemocracy-Can Technology
　　Protect Democracy?*, Newbury Park, Calif.: Sage Publications.

Buchstein, Hubertus, 1997, "Bytes That Bite: The Internet and
　　Deliberative Democracy," *Constellations*. Vol.4, No.2, pp.
　　248-263.

Buckley, Steve, 2000, "Radio's New Horizons-Democracy and
　　Popular Communication in the Digital Age," *International
　　Journal of Cultural Studies*. Vol.2, No.2, pp.180-187.

Chambat, Pierre, 2000, "Computer-Aided Democracy: The Effects of
　　Information and Communication Technologies on Democracy,"
　　In Ken Ducatel, Juliet Webster & Werner Herrmann eds., *The
　　Information Society in Europe-Work and Life in an Age of
　　Globalization*. Lanham/Boulder/New York/Oxford: Rowman &
　　Littlefield Publishers, Inc., pp.259-278.

Grossman, Lawrence K., 1995, *The Electronic Republic*, New York:
　　Penguin Books.

Hacker, Kenneth L., 2000, "The White House Computer-mediated
　　Communication(CMC) System and Political Interactivity," in

Kenneth L. Hacker & Jan van Dijk eds., *Digital Democracy-Issues of Theory and Practice*. London/Thousand Oaks/New Delhi: Sage Publications, pp.105-129.

Hacker, Kenneth L. & Jan van Dijk, 2000, *Digital Democracy-Issues of Theory and Practice*. London/Thousand Oaks/New Delhi: Sage Publications.

Hagen, Martin, 2000, "Digital Democracy and Political Systems," in Kenneth L. Hacker & Jan van Dijk eds., *Digital Democracy-Issues of Theory and Practice*, pp.54-69.

McLean, Ian, 1989, *Democracy and New Technology*, Oxford: Polity Press.

Keane, John, 2000, "Structural Transformations of the Public Sphere," in Kenneth L. Hacker & Jan van Dijk eds., *Digital Democracy-Issues of Theory and Practice*, pp.70-89.

Sassi, Sinikka, 2000, "The Controversies of the Internet and the Revitalization of Local Political Life," in Kenneth L. Hacker & Jan van Dijk eds., *Digital Democracy-Issues of Theory and Practice*, pp.90-104.

Schudson, Michael, 1992, "The Limits of Teledemocracy," *The American Prospect*, No.11 (Fall), pp.41-45.

Toregas, Costis, 2001, "The Politics of E-Gov: The Upcoming Struggle for Redefining Civic Engagement," *National Civic Review*, Vol.90, No.2 (Fall), pp.235-240.

Toulouse, Chris & Timothy W. Luke eds., 1998, *The Politics of Cyberspace*, New York and London: Routledge.

Tsagarousianou, Roza, Damian Tambini & Cathy Bryan ed., 1998, *Cyberdemocracy-Technology, Cities and Civic Networks*, London and New York: Routledge.

Weber, Max, 1968(1978), *Economy and Society*, Berkeley/Los Angles/London: University of California Press. 2 Vols.

Westen, Tracy, 2000, "E-democracy: Ready or Not, Here It Comes," *National Civic Review*, Vol.89, No.3 (Fall), pp.217-227.

資訊科技與電子化政府治理能力

張世杰
佛光人文社會學院公共事務學系助理教授

蕭元哲
義守大學公共政策與管理學系副教授

林寶安
義守大學公共政策與管理學系副教授

一、前言

　　二○○○年六月二十四日的《經濟學人》(*The Economist*, 2000: 3-5）對於「政府與網際網路」這個主題所做的調查報告指出，由於在網際網路上進行線上購物、銀行轉帳與商業交易，逐漸替人們帶來許多方便和好處，而許多私人企業也因為「電子商務」（e-commerce）的運作，使得每年營運成本大幅降低，這些商業電子化的趨勢和成功的例子，在在迫使許多國家的政府必須急起直追，紛紛投入所謂「電子化政府」（e-government）的行列。這種電子化政府理念的興起，不單反映了人民要求政府服務的效率和品質水準必須跟私人企業一樣；同時，也反映了當今許多國家的政府已警覺到，其國家競爭力的表現和「電子化政府」的建立具有密切的關聯性。因為他們必須針對「數位化經濟」（digital economy）的來臨，為私部門電子商務的運作，建立出一個完善的資訊基礎架構（information infrastructure），必須在妥善的管制法規和公共政策支援的背景下，為整體私人企業的經營，以及人民的工作與生活居住條件，創造出一個有利的環境。

　　然而，就在我們禮讚資訊與通訊科技（information and communication technologies, ICTs, 以下中文簡稱「資訊科技」）可以為人類的生活帶來更多的便利與好處時，一個值得注意的問題就是：我們是否過度樂觀地認為資訊科技可以有效地提升政府服務的效率和效能？這種態度是一種明顯的「科技烏托邦主義」（technological utopianism）。事實上，也有不少學者提醒我們，資訊科技雖然可以讓我們傳輸與儲藏大量的資訊，但是，也會讓我們的隱私資訊容易被別人擷取，而政府機構也將獲得無比的技術

能力，可以監控人民的一舉一動（Brin, 1998; Loader, 1997）。資訊科技對於我們生活的影響似乎並不是完全無害。

　　誠然，就資訊科技對於我們人類社會生活的影響而言，社會科學界一直普遍存在有「科技烏托邦主義」和「反烏托邦主義」（anti-utopianism）這兩套相對立的論述（Dunlop & Kling, 1991; Bellamy & Taylor, 1998）。首先，在本文中，我們將依循著上述這兩種論述的對立架構，鋪陳出本論文的一個論證主軸：資訊科技在政府體系中的應用，並非是在一種「制度真空」（institutional vacuum）的情況下運用[1]。資訊科技只是政府治理工具的一種，它對於政府治理能力的提升，必須取決於其所依存的制度系絡來決定。因此，資訊技術只是影響公共政策或政府制度運作結果的某一個自變項而已，卻非主要的影響變項。基本上，在不同制度系絡中，資訊科技都可能扮演不同的工具角色，所以，研究的重心應該放在資訊科技所要服務的制度目的與文化價值為何，而非認為資訊科技本身便足以涵蓋一切人類社會價值的追求。

二、電子化政府的實質內涵

　　「電子化政府」這個名詞似乎成為當前全世界新一波政府改造運動的代名詞，從一些歐美國家推動「電子化政府」方案的內容來看，其主要的立論觀點不外是認為，先進的資訊科技將可以大大改善民眾與政府之間的互動關係，在這個互動關係中，主要是讓民眾能夠便利地享受快速與高品質的政府服務，同時，透過

---

[1]　此處「制度真空」這個名詞概念，來自 Les Metcalfe, 2000, "Linking Levels of Government: European Integration and Globalization", *International Review of Administrative Sciences*, Vol.66, No.1, p.121.

網際網路、電話詢問或社區公共通訊網站（neighborhood kiosks），每個民眾對於政府各個組織單位的服務運作狀況，也能隨時擷取有用的相關資訊，以利他們自己解決一些問題（National Partnership for Reinventing Government, 2000）。雖然，電子化政府的主要意涵是為了滿足民眾對政府服務的期望要求，但也涉及到政府組織的作業流程改造與政府結構功能的改變，而其意涵也隨著資訊科技發展的日益創新，不斷注入新的內容，茲就這兩個面向說明如下：

(一)政府作業流程的改造

舊有官僚體系的僵化與複雜的作業流程早已讓民眾不滿，電子化政府的理念就是運用資訊科技的協助來改變這種曠日廢時的作業流程，讓民眾面對龐大與迷宮式的政府體系時，不會不知所措，而能很快瞭解他們的申請案件或所需的服務項目將會由哪些政府單位來承辦。這種企圖縮短作業流程和讓民眾對政府服務流程能夠一目瞭然的做法，就是目前政府官員時常提及的「單一窗口服務」（one stop service）的理念，例如我國行政院研考會（1999）在《全面發展電子化政府提升效率及服務品質》報告書裏頭，便指出電子化政府服務的理想形態就是：

1.尚未走進機關：豐富資訊，唾手可得。

2.單一機關辦事：隨問隨答，立等可取。

3.事涉多個機關：一處收件，全程服務。

4.不需走進機關：突破時空，連線申辦。

這種政府作業流程的改造，有相當程度是受到私部門企業流程改造（business process reengineering, BPR）觀念的影響，這套改革做法除了可以讓民眾更方便獲得政府的服務之外，許多國家的政府也亟思透過這種企業流程改造的方式，來促進現代化資訊科

技在政府部門中應用的附加價值，例如減少政府人事與服務的成本，促進部門之間資訊的流通與分享。然而，在一九九〇年代開始，這種作業流程改革的觀念雖然已經存在，但是在推動上，仍然出現不少問題，這主要跟整個政府資訊系統應用的基礎架構與制度環境有關。

其實，早期各國政府對於資訊科技應用的重視，主要還是因為有些繁雜的政府行政事務，需要仰賴電腦快速運算及大量資料處理的能力來解決，因此一些大型電腦主機的採購者仍是以政府部門、大型企業組織或學術研究機構為主，而一般小型企業的經營規模似乎無法購買這些昂貴的電腦設備。直到一九八〇年代開始，個人電腦逐漸興起，一般企業與民眾才能夠負擔得起電腦這種時髦的玩意兒。也因為個人電腦的價格低廉，許多政府單位也逐漸添購這些資訊設備，透過系統網路的架設，一些政府的派出機構可以連線到中央部會的大型電腦主機，即時獲得業務上所需的資料。

因此，在一九九〇年代之前，資訊科技在政府機構中的應用，仍只停留在所謂的「自動化資料處理」（automatic data processing）這個階段，它對於政府服務輸送與作業流程的改變意義並不顯著（Bellamy & Taylor, 1998: 39）。而大型電腦主機的功能仍然凌駕在個人電腦之上，是故，整體政府的電腦系統仍然依循過去部門功能化的結構設計，許多派出機構的電腦設備必須要符合中央部門電腦主機的應用程式，才能發揮作用，因此大大減損了資料處理與應用的彈性。而不同部門之間的電腦系統時常無法相容，使得電子資料交換（electronic data interchange）的好處無法發揮。總之，在一九九〇年代之前，同一個部門內資訊科技的應用似乎有助於「中央集權化」的控制傾向（Kraemer & King, 1986; Kraemer, 1991），而各個部門間電腦系統無法連線的問題，也造成一種「自

動化的孤島效應」(islands of automation)(Bellamy & Taylor, 1998: 38),從而大大減低電腦資訊系統的應用價值。

有些學者用「資訊化」(informatization)或「電腦化」(computerization)這兩個名詞,來代表一九九〇年代之前資訊科技在政府部門中的應用狀況(Snellen, 1994: 285),其實更早之前可推溯到一九七〇年代的「自動化」(automation)時期,當時電腦資訊系統便被認為是解決政府人事成本日益膨脹和提高行政效率的良方(Bellamy & Taylor, 1998: 38- 39)。「自動化」標示著電腦只是一種「生產工具」,而非目前我們所推崇的「資訊功能」。電腦「資訊化」的應用,似乎是在一九七〇年代晚期才逐漸為人所強調,它不僅能讓管理者容易地儲存和獲取管理有關的資訊,並且也成為決策輔助的分析工具,但是這並不意味著電腦在公部門中的資訊化功能從此便一路順暢,例如,就英國政府在一九九〇年代之前的電腦應用情況而言,威爾科克斯(Leslie Willcocks)(1994: 15-16)便曾經指出,許多問題癥結還是在於政府部門的主管對於電腦的功能仍然是一知半解,也許非正式的資訊管道反而是他們獲得重要情報的來源,而公部門第一線服務人員也十分欠缺電腦應用技能,這些都讓電腦的應用效果大打折扣。畢竟,如果第一線服務人員和管理者都無法充分「欣賞」電腦科技在資訊處理與分析上,所可能蘊含的無限潛力,電腦科技是不可能成為影響組織變革的重要因素。

此外,電腦資訊系統的投資成本也是政府預算的一大負擔,在我們期待分享電腦資訊科技可能帶來的好處之前,也許必須先算出政府組織是否有充分的財力和人力,可以應付這種高科技設備的投資與維修成本。例如,根據美國會計總署(General Accounting Office)在一九九四年出版的《行政導覽:透過策略性

的資訊管理科技來改進任務績效》這份報告書中指出[2]，在過去十年內，美國聯邦政府花費了近二千億美元在資訊系統的設備與人員訓練的投資上，單就一九九四年來看，美國聯邦政府投入在資訊系統上的設備與服務，便占了其年度支出的 5%（Brown & Brudney, 1998: 422），而英國政府在一九九三年之前，每年也在整個公部門的資訊系統設備上投入將近 1.5%的支出（國防部的資訊作業系統除外）（Willcocks, 1994: 13）。

雖然，英、美兩國政府持續投入不少資金來充實他們的資訊系統設備，但是整體的應用成效並不顯著，例如，前美國參議員科亨（William Cohen）便曾針對聯邦政府在資訊系統管理上的浪費情況，提出一份調查報告，並抨擊指出，「事實上，拙劣的資訊管理是政府財政的一大威脅來源，因為它讓政府的方案流於浪費、欺瞞和浮濫使用的弊病」[3]（Brown & Brudney, 1998: 429），由於這份報告的出現，導致參議院在一九九六年通過了一個「克林格─科亨法案」（The Clinger-Cohen Act），這個法案要求聯邦政府管理與預算局（the Office of Management and Budget），必須詳實調查政府方案的績效表現有多少程度是受惠於資訊科技資本投入的效益，並且也要調查這些效益是否有助於政府機構目標的達成，從而使得美國聯邦政府更加重視資訊科技的投資與政府機構績效目標之間的關係。同時資訊系統的管理和相關專業人員的訓練問題，以及政府機構主管是否能夠做好推動資訊管理的領導角色，便成為美國聯邦政府往後需要去正視與解決的問題（Brown & Brudney, 1998）。

---

[2] 該報告英文名稱為 Executive Guide: Improving Mission Performance Through Stratrgic Information Management Technology (GAO/AIMD-94-115)。
[3] 此一調查報告的英文名稱為 Computer Chaos: Billions Wasted Buying Federal Computer Systems。

值得注意的是，早在一九九三年時，美國副總統高爾（Al Gore）便在其領導的政府改造運動過程中——「國家績效審核」（National Performance Review），發表了一份《透過資訊科技來進行再造工程》（*Reengineering Through Information Technology*）的報告書，這份報告書是柯林頓（Bill Clinton）政府最早揭櫫「電子化政府」理念的方案文件。然而，從參議院通過「克林格—科亨法案」，以及高爾又在一九九七年重提一份《進入美國：透過資訊科技來進行再造工程》（*Access America: Reengineering Through Information Technology*）的改革報告書來看，在將近四年期間，可以發現初期這種再造工程理念的實現似乎仍有一些問題亟待克服，或者是因為政府內外在環境的快速演變，使得柯林頓政府必須再重提一份新的類似方案，以充實電子化政府的實質內容。這之間的原委，除了因為先前科亨所提到的一些問題之外，最重要的就是在這短短幾年內，資訊科技的快速發展已經超乎人類的想像，在其中，全球網際網路的蓬勃發展，更使得電子化政府的理念很快地變成所謂「網路化政府」的意涵，而「全民上網」也成為新一波電子化政府的理想願景，例如，柯林頓政府在二○○○年七月便宣示其電子化政府的理念是（National Partnership for Reinventing Government, 2000）：

> 當有越來越多的美國人能夠進入網際網路時，他們就會希望能夠接上一台電腦，並盡可能快速且容易地辦完他們需要完成的事情。因此，政府下一步就是要跳脫出只提供基本資訊的窠臼，轉而讓美國人有更多的機會能夠在線上和政府打交道。同時，這也需要整合不同聯邦機構的服務，讓每個人民能夠就其獨特需要，獲得政府替他們量身裁製的服務。

此外，在這短短幾年中，全球網際網路的蓬勃發展也造就了一個新的全球化經濟體系的誕生，在其中，全球企業之間電子商務的逐漸興起，迫使各國政府必須加速充實其國內的資訊基礎建設，否則將會危害其在全球經濟體系中的競爭表現，準此而言，電子商務（e-commerce）的運作模式也將成為政府在網路上和民眾進行線上「服務交易」的範本，例如，英國布萊爾（Tony Blair）政府在其一九九九年行政改革白皮書《政府現代化》（*Modernising Government*）中便宣示（Prime Minister, 1999: 46）：英國政府將推出一套企業化政府資訊科技的發展策略，試圖整合各級政府的資訊系統（例如整合協調各部門間在資訊技術與設備的採購程序），在這種驅向整合且相連的資訊基礎架構上，讓民眾和企業界都能透過電子商務的運作模式，獲得政府的相關服務，以滿足他們的個別需求。

(二)政府結構功能的改變

從上述資訊科技在英、美兩國政府部門中應用發展的歷史階段來看，我們可以得到下列兩個觀察結果：(1)電子化政府的興起在一九九〇年代早期是為了改變政府作業流程，使其能夠順應民眾對政府服務效率與品質的要求，而電腦資訊技術正好可以幫助政府將原來複雜且冗長的作業程序，轉化成平行並進的流程（parallel process），在這種轉化過程中，電腦資訊科技可以讓政府方案主管充分掌握這些平行流程中的作業狀況，促進他們即時追蹤和快速解決問題的能力（吳定，1997；孫本初，1998；Martin, 1993）；(2)直到一九九〇年代後期，網際網路的蓬勃發展和全球化電子商務的興起，使得電子化政府的意涵趨向「網路化政府」的概念，劉怡靜（2000: 59）曾就這種「網路化政府」的概念做了一個頗為妥適的說明：

究其實際，電子化政府的內涵，便是網路化政府，亦即職能不同的行政機關透過網路互相連結，發揮其行政效能的概念：在基礎建設的層面，乃是將行政機關內部現有的系統與新興科技互相整合，並且使得此一政府網路系統和其他外部系統互相連結，而最重要的，則是使人民易於使用政府網路，獲得其所需要的行政服務。從這個角度來看，網路化政府不但使政府降低運作所需的成本，更具有徹底改變政府日常行政推動方式，和政府提供各種服務給人民的方式的功能。

　　從上述這個網路化政府的定義來看，可以瞭解的是，如何讓政府體系內部的網路系統跟外部企業組織和一般民眾所使用的網路系統相互連結，似乎便成為一個重要的議題，例如，我國在這部分便推動有所謂的「電子閘門」計畫，使得各行政資訊系統能夠和外在開放的網際網路連接起來，當然「電子閘門」計畫也須配合網路安全認證的機制，即設置防火牆和侵入偵測系統，以維護政府重要機密和民眾個人資訊隱私，不會遭受非法擷取（行政院研考會，1999）。此外，例如英國政府近年來也推動一項「電子化政府跨平台相互可運作架構」（E-government Interoperability Framework）（Cabinet Office, 2000），企圖提高各級政府資訊系統之間的整合能力，使得這些資訊系統之間能夠達到網網相連和資訊流通順暢的目的。凡此種種皆說明了網際網路的資訊科技已經為電子化政府帶來了更多豐富新穎的內涵。

　　值得注意的是，上述對這些電子化政府內涵的說明，不僅表現出各國政府在科技應用層次方面的創新，更深層來講，也預設了政府的結構功能將會發生改變，目前已經有一些學者針對這個問題，提出許多「未來學式的」（futuristic）研究觀點，茲就這些

學者的觀點簡單分述如下：

■行政體系結構網絡化的形態

　　抱持這種觀點的學者認為，過去政府官僚體系講求命令統一的垂直分化結構，資訊的傳遞路徑是以上下傳輸的方式為主，雖然另一方面官僚體系也呈現水平式分部化（compartmentalization）的複雜功能結構，但是各個功能部門之間的資訊傳輸，仍是透過各部門主管之間的交流管道來進行，因此本位主義的問題在官僚組織結構中非常嚴重，各部門人員之間無法充分進行知識的交流與學習（Bellamy, 1998: 297）。然而， 如今拜網際網路與資訊科技之賜，基於一種類似「虛擬組織」（virtual organization)的概念（Ahuja & Carley, 1999），政府官僚體系各部門之間的人員可以透過電子郵件或電傳視訊的溝通方式，即時進行相關任務的溝通與協調事宜，不必受制於地域或機關權限的阻撓，而能夠共同完成一些相關問題的解決。

　　當然，資訊科技對於政府官僚體系結構的改變，並不意味著整個官僚體系將失去任何形式的控制機制，畢竟各部門間人員仍然是為了一些共同處理的問題與事項，才會進行資訊的交流與溝通，因此對於共同問題與事項的處理似乎成為他們共同追求的任務目的。此時的控制形式是由「官僚式控制」（bureaucratic control）轉變成「分權式控制」（Daft, 2000: 650- 653），這種轉變預示了部門內或部門之間的人員是基於共享的任務價值與目的，而結合在一起，部門主管也不是沒有管理權威，只是權威的基礎並不是以層級地位與法規職權為依據，而是以專業指導代替命令；以團隊任務與自我監督代替法規程序的管制。基本上，人員之間的互動是以信任為基礎，而非依據上級命令或標準運作程序來安排彼此之間的互動交流。

可以預見的是，當政府行政體系的結構由傳統「官僚式控制」轉變成「分權式控制」時，「網絡化的組織結構」將成為引領行政作業與行政問題解決的重要流程架構，而傳統金字塔的層級結構將會逐漸趨向扁平。

■行政機關之間的組織界限會逐漸模糊

行政機關之間組織界線若有模糊不清的問題存在時，一般在行政法上是以「管轄競合」或「權限爭議」的問題來處理，我國行政程序法也有就這些問題的解決，規定一些相關的處理程序（陳敏，1999: 819-821），可見這些權限不清的問題似乎時常發生，否則行政程序法是不會針對這些問題列舉專節條文來討論。

誠如上述，如果既定法規條文都無法預先避免這些權限爭議的發生，那麼，當電子化政府在進行政府作業流程改造，或是在積極推動資訊共享與交流時，便有可能會讓許多權限不清的問題更加被凸顯出來。當然，此處資訊科技對於「行政法上權限爭議」的影響，也許較不為人所理解；但是，假定許多權限爭議的案例，是因為有一些機關刻意或無意地忽略了他們在這案例上應有的管轄權時，也就是說，當某種「資訊缺乏」（無論是有意或無意）的狀況會讓一些機關無法清楚辨識到他們在這案例的權限所在時，相對而言，資訊傳播的發達便有可能反映出一些狀況，凸顯出一些權限的爭議，同時也可以使相關單位無法以不知情為藉口來推卸責任。

然而，組織界線的模糊並不限於權限爭議的問題，有時也涉及到組織認同感或功效逐漸喪失的問題，換言之，資訊科技有時容易改變一個組織和外在環境之間的界線範圍，從而讓組織的專業價值也跟著產生變化（Bekkers, 1998）。例如，某些行政機關會將某些特殊的資訊視為是其事務管轄的範圍，或者視其為職務專

業內容的核心，如果其他機關能夠輕易獲得這些資訊，則似乎容易被視為是侵犯了他們的專業價值，舉例而言，稅捐稽徵單位會將納稅人之稅收資訊視為他們工作或權限的重要內容，當這些資訊越容易被其他單位（例如健保局）所取用，或者其他單位對這方面的資訊內容能夠整理得更好，多多少少會讓稅捐稽徵單位失去了組織專業的認同感。

■實作單位和幕僚單位之間職責權威區分不清

電子化政府的一個重要特徵就是賦予「前線公務單位」（front offices）一個重要任務，即期望透過單一窗口的服務，將民眾所要詢問和辦理的事情一次解決，依照這種設計邏輯，「前線單位」和「後方公務單位」（back offices）之間的職責分野，將顯得有些模糊，換言之，在過去，這些「後方單位」主要的職責是提供「前線單位」執行業務時所需的資訊或指導，但是如今「前線單位」可以透過資訊科技，很快地取得「後方單位」知識庫中的所有資訊，甚至「前線單位」可以一次連線到好幾個「後方單位」的知識庫，像這種情況就使得「前線單位」的角色變得比過去更顯重要，總之，資訊科技可以讓過去官僚體系複雜冗長的諮詢過程縮短不少，並使得一些幕僚單位的知識基礎向前方實作單位推進（Bekkers, 1998: 74; Bellamy & Taylor, 1998: 78-79）。簡言之，前線的士兵不必等後方的將軍發號施令，便可單兵作戰。

■代議制度與國會監督的民主程序將會式微

同樣是延續上述之推論邏輯，由於電子化政府極度強調「顧客取向」的公共服務精神，因此公共行政部門將會替代國會，成為反映民眾實質需要的傳達工具。過去代議制度的存在基礎之一是建立在國會議員表達民意的功能上，如今，某種形式的「顧客民主體制」（consumer democracy），將會重新塑造民眾與政府之間

的關係，因為民主意見的表達可以透過行政服務輸送的程序來傳遞，在這方面，行政部門對於民眾獨特需求的滿足甚至比國會議員的選民服務更能充分被滿足（Bellamy & Taylor, 1998: 92）。不過，也許會有人反問，顧客民主體制所處理的民意表達功能，應只限於一些政治熱度不高的議題上，國會廟堂上的議決事項絕對是像「核能電廠興建與否？」這種高度政治性的議題，而非是「如何填寫表格？」這種技術問題。

然而，即便是如此，當科技的應用成為人們日常生活的例行公事時，科技便成為一種制約或引導人們行動的結構程序，對於政府施政的監督與批判，電子媒體和網際網路若持續扮演更重要的角色，而民眾若逐漸習以為常它們的這種角色時，資訊科技的力量似乎能夠改變民主政治的全貌，事實上這種改變從電視逐漸進入我們日常生活之中開始，便已經發生了。

準此而言，前任美國 NBC 新聞網總裁格羅斯曼（Lawrence K. Grossman）（1997）便曾勾勒出下列的一種情節，即電訊傳播科技將會帶來一種新形態的治理模式：「電子共和國」（electronic republic），在這種共和國體制中，國會代議制度將只是其中一項民意表達的工具而已，透過電子媒體和網際網路，人們可以隨時隨地知道民選官員的一言一行，讓他們的醜聞無所遁形，並且也能夠對他們進行疲勞轟炸，向這些官員發電子郵件，抱怨人民的失望與憤怒，甚至在網路上糾集同道發動罷免或來個網路公投。總之，一小撮人只要透過電子媒體或網際網路的威力，便足以號召或勸誘遠端許多不識者加入顛覆當道的行列，在這種情況下，單一議題也能串聯出不少人來支持與論辯，而政黨的功能也將隨著國會代議制度的式微而衰退。

三、電子化政府的烏托邦世界

　　前面所敘述的只是政府體系結構功能改變的幾個可能情節罷了，當然，目前還有一些很熱門的話題，是圍繞在政府該採取哪些政策工具來管理網際網路裡頭的秩序？或者是否應該交由網際網路裡頭的參與者來進行自我管制？例如：該不該管制色情網站？網域名稱的分配問題該如何解決？網路交易的安全性該如何促進？政府資訊公開的程度到底有何底線？民眾的個人隱私資料該如何保密？以及當前最重要的議題：即如何縮短社會中優勢與弱勢者之間的「數位隔閡」（digital divide）？凡此種種問題雖然頗為重要，但跟此處本文所要討論的問題較無直接關聯，所以許多只好割捨不論，因為此處我們想要瞭解的是：資訊科技對於政府治理能力的影響為何？如何影響？或者為何無法影響？

　　值得注意的是，在前述有關政府結構功能改變的預測情節裡[4]，其實仍潛存著一些崇拜資訊科技烏托邦主義的看法，當然，也一樣存在有反對這種烏托邦主義的論述，在警告我們資訊科技所可能帶來的負面影響。我們觀察到在一九九〇年代，全世界學術圈層和文化圈層便不斷就資訊傳播科技對於政府結構功能的影響與改變，做了不少劇本推演或情節式的敘述（scenarios）[5]，在這方面確實有不少學者也進行相關的經驗研究（不論是量化或質化的研究）。但是，一般而言，在這方面相關論述的方向似乎都是在下列兩個對立觀點之間游移——科技烏托邦主義 vs.反科技烏托邦

---

[4] 我們已經儘可能對其作一些較為中性的描述。

[5] 例如，只要我們從亞馬遜網站上敲入「information and government」的搜尋指令，便能夠獲得將近一千多筆的相關書籍資料。

主義：

(一)科技烏托邦主義

　　服膺這類看法的人認為，歐威爾（George Orwell）在《一九八四》這本小說中所述的獨裁者運用電子監控儀器控制人民一舉一動的情節過於誇張，這些科技烏托邦主義者則認為在未來現實世界中，資訊科技可以為人類社會生活帶來下面幾個好處（Bellamy & Taylor, 1998: 20- 21; Dunlop & Kling, 1991: 14- 30; Cairncross, 1999: 295- 320）：

1. 由於政治資訊取得方便，將有助於增進政府與人民之間的信任關係，世界各國的居民由於距離感消失，有助於建立世界大同的理想。

2. 由於網際網路發達的結果，將有助於個人或群體透過線上知識探索或相互對談的過程，瞭解自我與群體的價值與利益，從而建立新的且豐富的社會連帶感，並讓一些少數弱勢族群擁有前所未有的機會，可以充分表達他們對於政府與整體社會生活的意見。

3. 由於沒有人可以壟斷資訊，因此在這方面，權力的基礎將被公平分配，平等主義的理想較容易實現。

4. 政府的一切作為將像是玻璃缸中的金魚，「開放透明政府」（open government）的理念得以實現，政府貪污腐敗的情形將會逐漸減少。

5. 有些公共政策問題可以透過科技的進步來解決，例如製造安全性極高的車子，也許比勸導開車者遵守交通規則來得有效，故政府應該投入更多經費在科技研發上，而非訂定太多毫無效果的法令規章。

6.資訊科技將有助於政府接收更多創新的知識與資訊,使得公務人員能夠將工作做得更好,創新的政府再造工作就是減少官僚體系的控制傾向,政府體系將由集權化轉變成分權化,隨時因應民眾獨特的需求,掌握政策問題最新變化的情況,資訊管理就是知識管理的重要核心部分。

(二)反科技烏托邦主義

跟科技烏托邦主義相反的觀點卻相信歐威爾的小說預言會成真,認為資訊科技對人類生活的壞影響,就是促使政府對人民的監控能力更為加強(Bellamy & Taylor, 1998: 22- 26):

1.當資訊通信與網路設備成為人類不可或缺的生活工具,公司老闆或政府官員透過網路線上監控、架設全像監視器,或直接進入儲存個人機密資料庫中,將很容易掌握員工或老百姓的一舉一動。

2.「數位隔閡」的問題將會更為嚴重,資訊科技的發達未必會讓每個人獲得資訊的機會趨向平等,相反地,資訊科技更能強化既得利益者在社會與經濟生活中的優勢地位。

3.資訊科技會替人類生活帶來更多風險因素,例如Y2K或一些重要程式設計的錯誤問題,都可能會對飛航、金融交易、核能管制或緊急救援系統等領域,造成無法彌補的災害。

資訊科技對於我們未來生活到底會造成什麼樣的影響?關於這問題,是否我們沿著上述這兩種論述的方向來進行討論研究,便可獲得一些全面性的解答?答案當然是否定的,因為這兩個論述的方向都過於簡化。我們以為,單就資訊科技和政府組織之間的關係來看,以及資訊科技會對政府與人民之間關係帶來那些影

響，這種關係是無法獨立於政府體系內外其他系絡因素而存在的，由於政府環境系絡的複雜程度極高，這使得我們想去探討這層關係將是一項高難度的研究挑戰。

誠如胡德（Christopher Hood）（1995a: 176）所指出的，就資訊科技對公共行政的影響而言，有些研究之所以認為資訊科技可以提升政府的效率和效能，這是因為他們的研究有許多是建立在「其他條件不變」的基礎上，換言之，「資訊科技並非是一個半路殺出來的程咬金，一下子就能夠轉換政府的組織」（Kraemer & King, 1986: 494）[6]。也就是說，資訊科技到底有沒有用處，還要視其應用的政府組織環境或制度系絡來決定，在這方面的問題，譬如：它是為了達到哪些公共政策方案的目的而被應用的？在其應用的過程中，它是和哪些政策工具一起配套使用的？而這政策工具是為了達到哪些治理的目的而設計的？政府機構的使用者對於資訊科技應用的方式是否可以接受？組織管理者是否支持這些新興科技的應用？凡此種種都是可以進一步研究的問題。

此外，公共行政學界是否有在持續針對這些問題作長期的追蹤研究？基本上，針對資訊科技對政府體系治理能力的影響意涵，公共行政學界若能對這些問題持續投入研究努力的話，這絕對有助於對資訊科技的掌握與理解能力，進而有助於塑造更多有利於科技應用的公共行政環境。可惜的是，到目前為止，就一九九七年一項針對全美國一百零六個公共行政碩士班課程內容所做的調查研究，布朗（Mary M. Brown）和布魯德奈（Jeffrey L. Brudney）（1998）發現，雖然電腦教學和統計方面的應用是這些碩士班必備的基礎課程，但是在政府資訊管理方面的課程仍然是零

---

[6] 這段原文很有意思，特別抄錄如下：Despite its attractiveness as a new and interesting technology, it is not the *deus ex machina* that transforms government organizations.

星點綴而已。從這個調查結果可知，公共行政學界若想深入探討資訊科技對於政府組織效率或效果的影響如何，似乎需要投入更多的研究努力。

四、資訊科技應用的制度系絡

在這節中，我們將進一步指出本論文的論證要點，即資訊科技雖然是一種中立性和可塑性很高的政策工具，但它們在政府體系中的應用，會因為「使用者的價值目的」和「選擇使用的時機場合」不同，而呈現不同的功能結果，這就是它們對社會的影響結果至今仍無法確切掌握的原因。例如，就使用者的價值目的對資訊科技應用方向的影響而言，警政機關的功能就是防止不法行為的發生，在這方面，資訊科技的應用勢必會朝向監控與控制的目的。至於資訊科技是否會改變警政機關既有的功能？亦即從一個衝鋒陷陣的執法單位轉化成一個柔性的犯罪預防單位（類似社工單位）？其實，今日警政機關若真的發生這種轉變，真正的原因應該是社會對警政單位期許的改變，而非資訊科技本身。

從上所述，我們可以瞭解到，資訊系統的應用效果必須視其應用的組織制度系絡與目標而定，對於政府機構而言，組織的制度系絡與其目標之決定與達成，往往涉及到複雜的政治過程，同時也涉及到主要參與者之間對於某些價值目標的承諾程度（Kling & Iacono, 1989），為了使上述這個論證能獲得更進一步的支持理由，我們有必要去瞭解公共部門的制度系絡特徵為何。

(一)公、私部門組織制度系絡的差異

公部門與私部門之間，因為要應付的制度環境系絡有所不

同，因此也會導致資訊管理系統的應用效果不同。James Y. L.
Thong 等人曾經指出（Thong, Yap & Seah, 2000: 248），將私部門資
訊管理方案的架構應用到公部門時，往往會因為不瞭解公共部門
特有複雜的制度系絡因素，而使得這方面的許多努力宣告失敗。
在這方面，布雷契奈德（S. Bretschneider）（1990）便曾強調，基
於下列公、私組織之間制度特質的不同，使得公共部門管理資訊
系統必須要在一個較受限制的環境下運作（此處引自 Thong, Yap &
Seah, 2000: 248）：(1)公共部門管理者面對的組織間資源互賴問題
要比私部門來得嚴重，亦即權威的割裂化程度較高。(2)公部門管
理者必須時常應付繁文縟節的程序。(3)要選擇何種軟硬體，公共
部門管理者的選擇限制較多。(4)公共組織資訊管理系統的配置時
常要顧慮到其他組織資訊系統相容的問題，而私部門組織主要則
是對內協調的問題而已。

(二)政府政策工具的配置形態

政府必須動用許多政策工具的配置來達成某些公共政策的目
的。資訊科技雖然也是一項政策工具的運用，但馬格茨（Helen
Margetts）（1995: 92）則指出，資訊科技在政府組織中的應用效果，
須從其是處在哪些政策工具配置的基礎架構上來決定。由於，政
府的治理能力取決於這些政策工具的配置形構（Howlett, 1991;
Peters, 2000），因此，資訊科技對於政府治理能力的促進，也須視
其如何增強這些政策工具達成某些政策目的的效果來決定。
對於政策工具的種類，公共行政與政策學者已發展出許多分
類架構，一個最原始的分類架構，就是洛伊（Theodore Lowi）（1966）
的「分配型政策」、「管制型政策」和「重分配型政策」這三種政
策工具的形態，根據這些政策工具的特徵與功能，我們可以發現
資訊科技確實頗能促進這些政策工具的功效，例如，就「分配型

政策」來講，這涉及到許多社會福利服務輸送的問題，在這方面，資訊科技確實可以幫助政府社福單位掌握標的人口的特徵與福利需求，當政府能夠掌握這些標的人口的特徵需求，一個自然的推論邏輯就是他們所需要的服務可以很快被提供出來。

不過，政策工具的執行並無法完全仰賴資訊科技就能發揮效果，因為如果政府無法在服務輸送過程中提供適當的誘因，以激勵服務提供者能夠以較少的成本來提供較高品質的公共服務，在這種情況下，即使有資訊科技的協助亦是枉然。另一項值得注意的地方就是，許多政策工具的選擇，往往是關乎一種政治承諾與價值的抉擇，甚至有時是決策者一種意外的發現（Hood, 1986: 135），這些情況使得資訊科技的應用更須注意政府政治環境的變化，以及主政者是否較偏好某些政策工具的使用。

資訊科技對於政策工具選擇過程的影響似乎只局限在：(1)幫助決策者獲得所需要的決策資訊；(2)促進政策參與者之間的意見交流；(3)即時反映外在客觀環境的變化，但是資訊科技始終無法代替決策者做出這些選擇。到目前為止，我們似乎只關注科技對於資訊生產與流通方面的增強作用，卻仍無法讓科技來充分代替人類的思考與詮釋資訊的能力。在政治決策的過程中，最終被運用的資訊可能已經屬雜了決策者主觀偏見的詮釋觀點，也許我們可以這麼說：資訊就是一種偏見[7]。由於許多政策工具的選擇就是一種政治偏見動員的過程，因此接下來一個值得探討的問題就是：這些偏見是從何而來？

(三)制度系絡的偏見來源

威爾達夫斯基（Wildavsky）（1983: 30）曾提醒指出，當我們

關於此，威爾達夫斯基（198 0）有一段話跟此處我們的觀點十分類似：
Information is here considered to be data ordered to affect choice.

在任何組織中,將資訊科技的應用投注在「正式資訊系統」(formal information system)的建置問題時,也不能忽略掉組織中一樣存在有所謂的「非正式資訊系統」(informal information system),這些非正式的資訊系統主要存在於組織的個人關係網絡中。當管理者在短期內需要對某些問題作處理時,就資訊的可信度與適切性來說,他們往往較依賴非正式資訊系統,特別是當組織正式的資訊系統能夠接收到的訊息越多,管理者反而沒有更多的時間來消化這些訊息,如此一來,就越依賴非正式資訊系統所提供的資料或建議。實際上,有些組織資訊的偏見來源便是來自這些非正式資訊系統。

其次,組織資訊的偏見來源也可能植基在所謂的標準運作程序(standard operating procedures)中,這些標準運作程序是由組織成員長期學習發展下來,在其中包括有「資訊傳輸路徑的規則」(routing rule)和「資訊過濾的規則」(filtering rules)。前者指明出:關於哪些問題可以跟誰來溝通;後者則引導組織成員哪些資訊是重要的,而哪些資訊可以忽略不管(Cyert and March, 1992: 129-130)。克林(Rob Kling)和雅科諾(Suzanne Iacono)(1989)曾經指出,一些電腦資訊系統(computer-based information systems)在許多組織中的應用,時常會受到既存標準運作程序的影響與限制,而無法發揮當初預期的效果,而這些標準運作程序可以是一些正式的組織規則,但也包括許多非正式的作業習慣與實務技巧。當一個組織想要推動一個全新具有整合能力的電腦資訊系統時,由於每個部門單位對於其個別所需的特定資訊早已發展出一套標準運作程序,除非每個單位都認為他們現時的標準運作程序確實需要改變,否則這個資訊系統的整合計畫得耗費長時間的推動才可能成功,有時甚至會導致執行失敗的命運。

最後,另一種組織資訊的偏見來源,可能來自於組織成員所

崇尚的價值信念、社會關係與生活方式──亦即「組織文化」（Thompson & Wildavsky, 1986）。前述所謂的「科技烏托邦主義」與「反烏托邦主義」之間的爭論，基本上也是由於雙方在一些價值信念上的差異所致。因此，當組織管理者對於組織目標的設定與達成，早已抱持某種價值與文化偏見時，資訊科技的應用便會朝向如何強化這些價值目標的方向上，誠如克雷梅（Kenneth L. Kraemer）和金（John Leslie King）所言（1986: 488）：

> 電腦化本身在組織中並非是一個強有力的影響力，但是，在某些重要的組織議題上，它確實提供了一個機會，使得既存普遍流行的政策與態度更加被強化，這些政策與態度尤其是受到那些在位者刻意的塑造，因此很自然地，電腦化便成為這些菁英的工具。

同樣地，胡德（1995a: 176- 177; 1998: 17- 18, 198- 200）也曾指出在四種不同的組織文化系絡中，對於資訊科技的評價觀點也會有所不同，故對於資訊科技的運用也將導入不同的方向：

1. 在崇尚層級節制文化的組織中（hierarchist）：資訊系統的設計方式會刻意依照既存組織結構的分工與差異特徵，區分出不同的資訊傳輸路徑，換言之，人員享有資訊的可接近性會因為所處角色地位的不同而有差異，例如不同等級的人員有不同形式的密碼，而享有資訊的深度與廣度也會不同。在這種組織文化中，資訊科技是用來幫助主管監控部屬之用，資訊系統的設計是以主管的需求為主要考量。

2. 在崇尚個人主義文化的組織中（individualist）：資訊系統的設計是用來促進市場交易的活絡，以及即時反映顧客的獨特需求，同時關於契約履行情況的資訊也是資料搜尋記錄

的重點。十分重視電子通訊科技在電子商務方面的應用，從而希望能大幅減少組織交易的成本。

3.在崇尚平等主義文化的組織中（egalitarian）：資訊科技提供了一個機會，可以用來消弭組織中社會差異的不平等狀況，藉由網絡化的溝通路徑，不僅讓各單位或層級之間能夠達成資訊分享交流的目的，同時也能夠允許不同社會地位或背景的成員保有自我的認同感。

4.在充滿宿命論文化的組織中（fatalist）：資訊科技只會為組織生活帶來更多的不確定性，許多硬體設備與軟體程式並非是完美無瑕，因此資訊科技只會替組織生活帶來更多的問題。

胡德（1995b）曾經利用上述這四種文化類型來解析政府體系中的控制模式，他認為，自古以來許多國家對於官僚體系的控制方式，或多或少皆蘊含了這四種不同文化的特質，也就是說，這四種文化價值皆可能同時存在於同一時期的同一個官僚體系裡頭，從而使得官僚體系呈現出多樣化的控制模式。例如，就一九八〇年代以來英國政府所推動的新公共管理運動（New Public Management）而言，表面上，崇尚市場競爭機制的個人主義價值，似乎成為此一政府改造運動的主流觀點，因此我們可以發現到，英國政府試圖將原來許多公共服務機構分離成「提供者」和「購買者」兩個不同單位，並透過服務契約訂定的方式，使得分離出來的這些「服務提供者」需要透過類似市場競爭的過程，來標得「服務購買者」的委託契約（Dunleavy & Hood, 1994）。然而，就在英國政府一方面強調市場競爭與分權化的理念之同時，其所推動的公共部門績效管理運動，卻有意無意地增加了中央部會主管對於各部門服務派出機構或地方委託機構的控制能力（張世杰，

2000；Jenkins, 1996），在其中，各部會主管為了掌握各個機構及其管理者的服務績效表現，必須依賴電腦資訊系統的幫忙，才可能獲得相關績效表現的資訊。

　　總而言之，我們希望能提出下列一個結論式的觀點：資訊科技的應用與對政府治理能力的影響，雖會受到既存政府體系中政策工具配置形構的調節，但由於這些政策工具的配置形構會受到多元文化偏見的拉扯，形成一個獨特的制度系絡，在這種制度系絡中，資訊科技的應用與效果將是處在一種不斷演化的流變過程，也唯有在這種多元文化價值的制度系絡裡頭，科技與人類制度的演化才能有更多創新的機會，而科技對於人類社會的影響才不至於偏走極端，造成無法彌補的憾事。

五、結論

　　從第一部分關於電子化政府內涵的說明，我們可以瞭解我國和英、美兩國所推動的電子化政府之內涵，實際上都是受到企業市場競爭理念的影響，基本上，這也是受到各國推動「新公共管理運動」推波助瀾的影響，特別是在全球化浪潮底下，資本主義市場競爭機制似乎已成為全世界共通的文化表徵，因此我們在此論證指出，此時的個人主義文化偏見已成為引領各國政府改造運動的主流論述，而追求競爭力和效率便是這方面的主要價值，而「電子化政府」也就成為當今各國政府尋求其新的合法化地位之基礎。

　　然而，我們必須指出，對於一個政府的治理能力而言，此種能力的重要核心基礎，依然必須取決於其是否能夠在政府和人民之間經營出一個長遠的和諧關係，譬如，一個國家即使具備典型

民主政體的制度結構，或是其乃為一個運作非常有效率的政府，但是整個制度若運作不和諧，無法充分獲得民眾的信任，即表示這個國家政府的治理能力十分脆弱。根據我們最後面所提出的一種文化理論的觀點，所謂多元文化的制度系絡才是一國政府治理能力的重要基礎，抱持這種文化理論觀點的學者們咸認（Thomspon, Ellis & Wildavsky, 1990; Hood, 1998），一國政府最高明的治理藝術就是讓這四種文化偏見相互抗衡與調和，基本上每個文化的生活方式之所以有意義，是因為對照其他三種不同文化生活方式所可能產生的弊病，另一個文化生活方式的優點似乎可以彌補這些弊病，換言之，這個彌補作用就是另一個文化生活方式存在的合法性基礎。

　　準此而言，電子化政府的未來發展也不能太過強調市場競爭的價值，譬如，一味講求顧客取向的公共服務理念——亦即服務輸送執行面，可能忽略了有時政府的政策能力反而比執行能力來得重要，在某些方面，政府仍須有其統觀全局和控制規劃的能力。同樣地，我們也必須對資訊科技可能為人類社會帶來的一些風險，做好萬全的預防準備，例如平等主義者所一再提出的「數位隔閡」問題，以及全球化對於地方本土文化消失的影響。本文很遺憾囿於時間和篇幅的限制，無法再就這些問題進行更深入的討論，這須留待後續研究來進行；此外，如何將上述這四種制度文化的系絡特徵給予「操作化」的定義與說明，以利後續經驗研究之所需，皆是未來我們可以繼續研究的重點。

參考書目

■中文部分

行政院研究發展考核委員會，1999，《全面發展電子化政府提升效率及服務品質》，http://www.rdec.gov.tw/elecgov/report/。

吳定，1997，〈再造工程方法應用於工作簡化之探討〉，收錄於《政府再造》，高雄市政府公教人力資源發展中心編印，頁 91-113。

孫本初，1998，〈組織再造工程〉，孫本初編著，《公共管理》，台北：智勝，頁 390- 415。

陳敏，1999，《行政法總論》，台北：三民書局。

張世杰，2000，《制度變遷的政治過程：英國全民健康服務體系的個案研究，1948-1990》，國立政治大學公共行政學系博士論文。

劉怡靜，2000，〈資訊時代的政府再造：管制革新的另類思考〉，《月旦法學雜誌》，第 51 期，2 月號，頁 58-65。

■英文部分

Ahuja, Manju K. & Kathleen M. Carly, 1999, "Network Structure in Virtual Organizations," *Organization Science*, Vol.10, No.6, pp.741- 757.

Bekkers, V. J. J. M., 1998, "Writing Public Organizations and Changing Organizational Jurisdictions," in I. Th. M. Snellen & W. B. H. J. van de Donk eds., *Public Administration in An Information Age*, Amsterdam: IOS Press, pp.57-77.

Bellamy, Christine, 1998, "ICTs and Governance: Beyond Policy

Networks? The Case of the Criminal Justice System," in I. Th. M. Snellen & W. B. H. J. van de Donk eds., *Public Administration in An Information Age*, Amsterdam: IOS Press, pp.293-306.

Bellamy, Christine & John A. Taylor, 1998, *Governing in the Information Age*, Buckingham: Open University.

Bretschneider, S., 1990, "Management Information Systems in Public and Private Organizations: An Empirical Test," *Public Administration Review*, Vol.50, No.5, pp.536-545.

Brin, David, 1998, *The Transparent Society: Will Technology Force Us to Choose between Privacy and Freedom?*, Reading, Mass.: Addison-Wesley.

Cabinet Office, 2000, *E-government Interoperability Framework*, London: The Office of the e-Envoy, http://www.citu.gov.uk/ egif.htm.

Cyert, Richard M. & James G. March, 1992, *A Behavioral Theory of the Firm*, 2nd edition, Cambridge, MA.: Blackwell.

Daft, Richard, 2000, *Management*, 5th edition, Orlando, FL.: The Dryden Press.

Dunleavy, Patrick & Christopher Hood, 1994, "From Old Public Administration to New Public Management," *Public Money & Management*, Vol.14, No.3, pp.9-16.

Dunlop, Charles & Rob Kling, 1991, "The Dreams of Technological Utopianism," in Charles Dunlop & Rob Kling eds, *Computerization and Controversy: Value Conflicts and Social Choices*, Boston: Academic Press, pp.14-30.

Falk, Jim, 1998, "The Meaning of the Web," *The Information Society*, Vol.14, No.4, pp.285-293.

Grossman, Lawrence K., 1997, "Technology Governance: A Public Interest Vision for the Telecommunications Age," The Webb Lecture of The National Academy of Public Administration, Nov. 14. Washington, DC. http://www.napawash.org/NAPA/ NewNAPAHome.nsf/ 64d8f1d54bd9b146852564ff00048cc7/c54498bd35b7b0ab85256 58b0008afe9?OpenDocument.

Gore, Al, 1993, *Reengineering Through Information Technology: Accompanying Report of the National Performance Review*, Office of the Vice President. http://www.npr.gov/cgi-bin/ print_hit_bold.pl/library/reports/it.html?Reengineering.

Gore, Al, 1997, *Access America: Reengineering Through Information Technology*, Report of the National Performance Review and the Government Information Technology Services Board. http://www.accessamerica gov/reports/access.html.

Hood, Christopher, 1986, *The Tools of Government*, Chatham, NJ.: Chatham House.

Hood, Christopher, 1995a, "Emerging Issues in Public Administration," *Public Administration*, Vol.73, No.1, pp.165-183.

Hood, Christopher, 1995b, "Control Over Bureaucracy: Cultural Theory and Institutional Variety," *Journal of Public Policy*, Vol.15, No.3, pp.207-230.

Hood, Christopher, 1998, *The Art of The State: Culture, Rhetoric, and Public Management*, Oxford: Clarendon.

Howlett, Michael, 1991, "Policy Instruments, Policy Styles, and Policy Implementation: National Approaches to Theories of Instrument Choice," *Policy Studies Journal*, Vol.19, No.2, pp.1-21.

Jenkins, Simon, 1996, *Accountable to None: The Tory Nationalization of Britain*, London: Penguin.

Kling, Rob & Suzanne Iacono, 1989, "The Institutional Character of Computerized Information System," *Technology and People*, Vol.5, No.1, pp.7-28. http://www.slis.indiana.edu/kling/pubs/INSTI97C.htm.

Kraemer, Kenneth L., 1991, "Strategic Computing and Administrative Reform," in Charles Dunlop & Rob Kling eds., *Computerization and Controversy: Value Conflicts and Social Choices*, Boston: Academic Press, pp.167-180.

Kraemer, Kenneth L. & John Leslie King, 1986, "Computing and Public Organizations," *Public Administration Review*, No.46 (Special Issue), pp.488-496.

Loader, Brian ed., 1997, *The Governance of Cyberspace : Politics, Technology and Global Restructuring*, New York: Routledge.

Lowi, Theodore, 1966, "Distribution, Regulation, Redistribution: The Functions of Governments," in R. B. Ripley ed., *Public Policies and Their Politics*, New York: W. W. Norton, pp.27-44.

Margetts, Helen, 1995, "The Automated State," *Public Policy and Administration*, Vol.10, No.2, pp.88-103.

Martin, John, 1993, "The Two Hottest Words in Public Management—and Why It May Be Worth Wading through the Hype to Understand Them," *Governing*, March, pp.27-30.

Metcalfe, Les, 2000, "Linking Levels of Government: European Integration and Globalization," *International Review of Administrative Sciences*, Vol.66, No.1, pp.119-142.

National Partnership for Reinventing Government, 2000, *Electronic*

Government. http://www.npr.gov/initiati/it/index.html.

Peters, B. Guy, 2000, "Policy Instruments and Public Management: Bridging the Gaps," *Journal of Public Administration Research and Theory*, Vol.10, No.1, pp.35-45.

Prime Minister, 1999, *Modernising Government*. Presented to Parliament by the Prime Minister and the Minister for the Cabinet Office by Command of Her Majesty, March 1999, London: Stationery Office.

Snellen, Ignace Th. M., 1994, "ICT: A Revolutionizing Force in Public Administration," *Informatization and the Public Sector*, No.3(3/4), pp.283-304.

The Economist, 2000, "The Next Revolution," *A Survey of Government and The Internet*, 24th June, pp.3-5.

Thompson, Michael & Arron Wildavsky, 1986, "A Cultural Theory of Information Bias in Organizations," *Journal of Management Studies*, Vol.23, No.3, pp.273-286.

Thompson, M., R. Ellis & A. Wildavsky, 1990, *Cultural Theory*, Boulder, Colo.: Westview.

Thong, James Y. L., Chee-Sing Yap & Kin-Lee Seah, 2000, "Business Process Reengineering in the Public Sector: The Case of the Housing Development Board in Singapore," *Journal of Management Information Systems*, Vol.17, No.1, pp.245-270.

Wildavsy, Arron, 1983, "Information as An Organizational Problem," *Journal of Management Studies*, Vol.20, No.1, pp.29-40.

Willcocks, Leslie, 1994, "Managing Information Systems in UK Public Administration: Issues and Prospects," *Public Administration*, Vol.72, No.1, pp.13-32.

第六篇

資訊科技與政府改造及重建

資訊科技與政府轉型
：社會建構的觀點

江明修
政治大學公共行政學系教授

曾德宜
世新大學行政管理學系講師

一、前言

隨著「全球／國家資訊通信基礎建設」（Global/National Information Infrastructure, GII/NII）、「網際網路」（Internet）的建立，以及近年來「資訊及通信科技」（Information and Communication Technology, ICT）之科技發展，復加上經濟領域的「電信自由化」（Telecommunication Liberation）的進展，遂使得資訊科技廣泛地應用於生活各層面，對現代之社會形態及人類生活方式產生巨大影響（Castells, 1996; 卓秀娟、陳佳伶譯，Don Tapscott 著，1997；OECD, 1998）。當代研究社會變遷之學者卡斯德斯（M. Castells）認為，資訊科技的發展與應用業已造成人類文明之大轉型，出現「資訊科技典範」(Information Technology Paradigm)（Castells, 1996）；可見資訊科技的創新，無疑為當代社會最重要的變革，實已重塑（restructure）全球政治、經濟及社會的風貌（Loader, 1997），置身於當代政治、經濟及文化系絡下之政府，無法自外於資訊科技所產生的廣泛影響之下，故眾多學者曾就公共行政運用資訊科技推動行政發展之方向加以探討，提出如「電子化政府」（Electronic Government）、「遠距民主」（Teledemocracy）、「資訊政體」（Information Polity）、「電子共和國」（Electronic Republic）及「電子民主」（Electronic Democracy）等概念（Arterton, 1987; Browning, 1996; Taylor & Williams, 1991; ）。

在此觀念之下，各國政府遂紛紛進行資訊科技應用計畫與推動「電子化政府」之建設，本文主張政府運在運用資訊科技處理公共事務之時，應避免受惑於「科技決定論」（Technological Determinism）的迷思（Myths），誤以為直接將資訊科技導入公共

事務活動上，即能自行出現新形態的治理關係與行政實務，或誤以為自動化的資訊處理過程可以取代行政人員的裁量與判斷，而忽略了新形態「治理」（Governance）關係與公共行政之發展，除「科技」此一因素外，政府部門尚需透過對於社會正義、民主、自由、人道等價值之反思，以及制度上之安排，役使資訊科技滿足人類與社會發展及成長之需求，嘗試建構出更符合人道關懷的理論與實務體系，方能促發（Enable）政府實質轉型。

關於以「社會建構」（Social Constructionist）（Bergers & Luckmann, 1990）觀點探討公部門資訊科技之應用，業已廣為先進國家之學者所採，渠等認知新形態之政府及網路社會之形成，係為運用科技所處之「系絡」（Context），在其經濟、社會、政治、科技與文化等各項因素互動下，建構出公共組織與實務運作風貌（Scarbrough & Coebett, 1992; Bekkers, 1996; Ballamy & Taylor, 1998）。若只將資訊科技運用於公共部門的活動中，並無法促成政府實質轉型，唯有透過通盤檢視政府部門自身之行政哲學、價值與實務，推動「行政革新」（Administrative Reform），並透過「社會設計」（Social Design）途徑，發展出符合民主行政之組織形態與運作方式，瞭解公部門資訊科技之應用，僅為實踐行政價值及踐行政府職能之手段，唯有建立此一正確認知，方能有助於推動政府轉型，及尋找到適切可因應新時代需求之行政發展方向（Caiden, 1991; Jun, 1986; 江明修，1998）。爰此，本文將從「社會建構」的觀點，分別討論資訊科技應用對行政與政治發展的意涵、資訊科技對當前政府運作的衝擊與影響，並提出政府為因應資訊科技的影響，可採取之轉型策略及行動方向。

二、資訊科技應用對行政及政治發展之意涵

本節將介紹資訊科技應用（Applications of IT）與虛擬實體（Virtual Reality）的特徵，以及就資訊科技的應用對組織生活出現的影響進行分析，藉以說明資訊科技對行政及政治發展的意涵。

(一)資訊科技應用的新發展

自一九八〇年代以來個人電腦普及之後，隨即於一九九〇年代出現網際網路及其他資訊通信科技革命性的發展與應用，人類的生活因傳播、通信及資訊科技三者之「匯合」（Convergence），通信數位化與個人電腦的便利性，致使人們易於利用資訊科技突破地理及空間之限制，使全球各地之活動連結在一起，進行即時性（Real-time）之互動，形成一個全球性的社會實體，其具有下列特質：

1. 資訊化及自動化（Informatization & Automation）：資訊科技利用數位科技進行資料的蒐集、運用、分析與儲存的活動，透過自動化資料處理（Automatic Data Processing），將資料轉化為資訊（Information），取代傳統藉由人力進行的書面（Paper-based）工作，可節省人力與擴大資訊處理能力（Zuboff, 1988; Bellamy & Taylor, 1998）。

2. 網路空間（Cyberspace）：因資訊系統以電子方式蒐集、運用及儲存資料，此一資訊體系能提供人們相互連結及進行資訊交換，因而出現一個虛擬社群（Virtual Community），在此概念化的空間內，人們運用資訊科技進行恍如實體世

界般的溝通及生活，進行不受時空拘束的線上(Online)活動
（Rheingold, 1994）。

3. 整合與連結（Integration and Networking）：透過網路的相互
連結（Interconnection），資訊交換之質與量皆因此大增以及
變得更加迅捷；而傳統組織與組織間的界限，變得更為模
糊，使得組織間（Inter-organization）的互動可能超過組織
內（Intra-organization）的連結，以及小型組織可以克服組
織規模之限制，透過資訊科技取得「網絡」（network）所形
成規模經濟之效益（King & Kraemer, 1998）。

4. 能力增加（Capacity）：資訊科技具有強大資料處理能力，人
們運用資訊科技，將能直接進行傳統無法完成之工作，致
使傳統人力及中介者之服務，大部分得為資訊科技所取
代，並且隨著組織模式扁平化的趨向，以及資訊傳播速度
之不斷提升，人們直接互動的機會及可及性（Access）增加，
人際之間的接觸更加密切（Frissen, 1997; OECD, 1999）。

5. 「去中心化」與彈性（De-centralization and Flexibility）：資
訊科技與網際網路的應用，能將「中心」及「邊陲」區域
連結，並發展「同時性」（Simultaneous）的活動方式；集權
的管理方式及大量生產的作業模式，逐漸為分權與授權之
管理方式、精密及多樣化之分工，以及「量身定做」之個
別化作業模式所取代；此時靈活及彈性的組織與互動關
係，將取代過去層級節制的組織體系及結構，成為多元且
活力豐富的體系（卓秀娟、陳佳伶譯，Don Tapscott 著，
1997）。

6. 使用者及顧客之需求導向：資訊科技的應用將使得組織活動
變得更加傾向使用端及需求導向，各項資訊的傳播及回應
變得更加便捷，使用者可依個別之需求與供應者進行互

動，反映需求及參與生產過程，擴大使用者之自主性及選擇能力（Czerniawska, 1998）。

7.即時性及全球化：在資訊科技及其運用所構成的「虛擬實體」世界，人類得以跨越時空之限制，直接與遠方的人們進行互動與合作，形成一個以全球為其基礎之廣大文化、經濟整合的社會，透過資訊科技克服實體世界（Physical World）所存在的障礙，創造地球村（The globe is a village.）（黃喻麟譯，Frances Cairncross 著，1999）。

(二)資訊科技之應用對組織生活的影響

根據「經濟合作暨發展組織」（OECD）對於電子商務的經濟及社會影響，及美國「國家研究委員會」（National Research Council, NRC）對於資訊科技的經濟與社會影響之研究報告顯示，當代社會資訊科技的發展與應用，業已產生廣泛的經濟及社會性的影響，促成人類整體社會生活的轉型，重新塑造人類當代各項社會制度與生活的風貌（OECD, 1999; NRC, 1998）；藉由資訊科技及其運用所形成的「網路空間」及其「線上」活動，人們得以藉由資訊科技突破組織界限、權力、時空及資訊能力之限制，具備更充分的實踐目標能力；資訊科技的發展與應用，與人類自身及其「人本中心」（Anthropocentric）的世界觀，並駕齊驅地在網路空間中成長（Frissen, 1996）。

然而，此一資訊科技發展與社會轉型（Social Transformation）的互動過程，並非以「科技決定論」之方式呈現。固然社會的發展係由科技之使用所驅動，必須對於科技的發展及其特徵有所瞭解，但這並不意味著技術創新與社會變遷兩者之間，存在著「唯線性之科技決定性影響」（Unilinear Technological Impacts）之關

係，或如某些過於簡化的「社會－科技分析」（Socio-technical Analysis）途徑，所預設之「科技主義」（Technicism）思維，天真地認為引進新科技將無可避免地導致社會、經濟與政治及管理邏輯的改變，並滋生新形態之活動，而忽略特定科技運用時的複雜性，及人類或社會機制的自主性（Scarbrough & Corbett, 1992; Bellamy & Taylor, 1998）。

事實上，「資訊科技基礎建設」及其應用之發展與結果，係一複雜的「社會建構」過程（Bekkers, 1996）。社會各項系絡框架出資訊科技運用的環境及賦與其社會意義，無論是資訊科技的基礎建設建置及其系統之運作，皆非處於價值與意義真空的環境中；而資訊科技之建置與應用，不僅反映出所處系絡的權力、意義與文化價值等社會安排（Arrangement），其並將自身深植於此一系絡中，成為維持（Maintenance）及「再生產」（Reproduction）的手段。因此，將資訊科技運用於公共事務活動中，不僅為一種新科技之使用，同時並建構出該科技對於公共事務處理的意涵與「隱喻」（Metaphor），以及使用此一科技形式的社會意義；故導入科技應用於公共事務此一事件的本身，應視為建構該科技之組織及]政治意義過程；而此一過程，實反映出深植於此系絡中之主導文化及「預設」（Assumption），對於該科技之定義及評價。換言之，科技及其應用僅為影響社會及組織變遷眾多複雜的因素之一，而非主導性力量（King & Kraemer, 1998），吾儕如未能釐清科技與社會變遷的互動關係，本末倒置，誤將科技視為社會變遷的單一主導力量，將陷於追逐時尚而迷失自身行動方向的困境（Jun & Gross, 1996）。

在現代公共部門中，資訊科技業已廣泛使用於工作環境中，如：個人電腦、網際網路及架構區域網路等資訊科技基本建設之建置，發展管理資訊系統（MIS）、知識管理系統（Knowledge-based

System）與邏輯資料庫（Logical Databases），應用多媒體（Multimedia）傳輸及處理資訊，並建立各單位全球資訊網（World Wide Web）、首長電子信箱，民意論壇及電子化之作業處理流程，或運用科技提供公共服務，以及採用資訊科技作為對內聯繫與對外溝通等主要方式（傅冠瑜，1999；張介英、徐子超譯，Tim Berner-Lee 著，1999）。這些使用「資訊科技」進行自動化及資訊化的活動方式，除影響日常操作層面之活動外，並發展出新的生活方式，足以改變當代人文及社會的風貌，對於人類的社會與組織產生眾多及廣泛的影響（Castells, 1996；中央研究院資訊科學研究所，1997；史美強及李敘均，1999）。

　　資訊科技及其應用對於組織生活產生的影響，茲分述如下：

■工作環境

　　資訊科技的應用可以克服時間與空間的物理障礙，重新賦予時間與空間新的意義，故組織在此新意義的時、空系絡中，工作形態與互動方式皆因此有所改變。拜資訊科技之賜，工作場所與居家生活場所之分際漸趨模糊，工作場所不僅局限在辦公室內，並可以隨時隨地進行，故形成工作場域的多元化與分散現象；且因資訊科技具有強大的聯繫及整合能力，使得不同時、地之工作者可以相互配合，不受傳統時空的限制，而各項服務可以採取立即與互動性甚強之方式提供顧客使用。同時，人們可以妥善利用資訊科技，以克服距離及時間的限制與干擾（如跨國公司），為工作者創造更為彈性的工作時間及工作方式，以及更有效率的生產能力。資訊科技也促成工作方式的重組以及生產流程的變遷，創造更為多元、彈性的組織結構及工作環境，並使得身處不同空間的人們依然能保持密切的溝通聯繫，以及進行遠距離之協調與整合，進行遠距離管理，並將工作或任務加以分割，再利用資訊科

技予以整合及重組（Zuboff, 1988; King & Kraemer, 1998）。

唯持批判態度的學者認為，固然時空的限制可能會影響人們進行互動及合作的機會及能力，但網路空間所存在的虛擬社群及匿名性的互動方式，並非發展「社群」及「鄰舍情誼」（Neighborhood）等社會連帶關係的良好基礎；且因工作與人際關係的分散化與片段化，資訊科技應用的普及，反倒成為「疏離」（Alienation）的主要來源（Mosco, 1998）。

■組織權力

由於網際網路本身所呈現的開放性及資訊自由流動之特性，致使人際溝通與意見交換活動更加頻繁與便捷，知識在網路世界中得以容易取得及彼此分享。新的互動方式將有助於改變「權力」（Power）在組織中的分配及運作情形，使得科層組織中高度集中的權力結構，在資訊科技的運用下，出現「去中心化」與「分散化」的現象；而「由上而下」（Top-down）或威權式的決策與控制模式，將因資訊之迅速散布及流通，致使資訊之取得與交換成本降低，因而出現更多「參與」及分享權力或決策的需求；復由於「資訊科技」有助於迅速集結資源及擴大處理資訊之能力，故可擴增個人裁量權（Discretion），因此有助於增加個體及個別部門的自主性（Frissen, 1996; Frissen, 1997）。

惟持反對意見之論者認為，資訊科技亦可能成為新形態的組織及社會控制工具，包括提供組織更全面的監督系統以識別、監視及檢查員工與成員，並可藉由資訊科技的強大訊息處理、分類及儲存能力，追蹤成員的行為、習慣，以及獲致其隱私資料並作為紀錄加以保存，藉此更容易操控個人；而另一方面，藉由資訊散播內容的篩檢與操控，提供特定對象單向的資訊來源，藉以達成控制的目的，得以繼續強化既得利益及權力結構（Beniger, 1986;

Mehta & Darier, 1998）。

■協調與溝通

　　透過資訊科技的連結，個人與個人間、個人與組織間、組織與組織間，以至個人與組織對整個社群的連結，皆能因此更加緊密的聯繫與「互賴」（Interdependency），而組織與組織間之合作與協調能力亦得以加強，故得以形成網絡形態的組織或政策架構，導致組織關係的縱化（Horizontalisation of Relation）（Zuboff, 1998; Frissen, 1997），與增加跨部門整合的重要性；同時認為資訊科技可視為一種「公民科技」（Citizen Technology），能促成權力的轉移及社群主義（Communitarianism）的發展（Etzioni, 1993）；此外，復因資訊科技具有可以進行雙向溝通的能力與特質，可以發展出綿密的溝通網絡及深度之對談模式，致使共識建立以及意義的建構更加迅捷與有效，因而將出現民主、平等與參與式的溝通結構與組織文化，建立更緊密的互動及連帶關係（Laudon, 1975; Barber, 1984; 黃喻麟譯，Frances Cairncross, 1999）。

　　持反對意見者則強調資訊科技可視為一種政治資源及優勢地位的來源之一，資訊科技能增強菁英及既得利益者之影響力，透過資訊科技的進入與使用，散播及普及其所持之價值，可以使他們得以繼續鞏固此一優勢領導地位，並得以透過資訊科技更有效率地管理及控制民主，而非促成開放、主動及參與的民主形式（Mosco, 1998; Metcalfe & Richards, 1987）。而透過資訊科技易集結價值相同的族群，形成特定觀點及擁護意識形態的社群，形成偏見與歧視，反倒破壞社會的整合；同時，資訊科技所帶來的全球化影響，實為文化帝國主義（Cultural Imperialism）（Herschlag, 1996）之展現，其內容與科技形式所呈現的全球一致性，將取代豐富的多元性，形成無特色的單一文化，並深受跨國企業之利益

操控。

三、資訊科技對當前政府運作的衝擊與影響

　　本節將具體檢視資訊科技對於公共行政活動產生的影響，並評估所產生的影響對於公共行政活動的意義，藉此理解資訊科技之應用對當前政府的衝擊與影響。

(一)資訊科技對於公共行政活動可能產生的影響

　　如前所述，資訊科技已普遍運用在日常生活的各層面，公共事務的處理亦包括在其中。處理關於資訊科技對於公共行政影響的議題，弗里森（P. Frissen）認為應在公共行政及政治系統的系絡下，對資訊科技進行分析，他認為相關發展可視為新的治理觀念（New Conception of Governance）的形成與實現（Frissen, 1997）；並對於公共政策之設計及執行活動，產生新的影響（Grossman, 1995; Browning, 1996）。

　　資訊科技的應用對政府運作可能帶來之變化及影響，包括：(1)政府可以藉由資訊科技的運用，採取更為分權及授權之管理方式，並可進行知識管理及發展學習型組織，強調建立學習及分享的組織文化。(2)解除管制及新形態之管制模式出現：政府並與其他部門建立「夥伴」（Partnership）及「協力」（Co-production）關係，政府發展與民間合作之政策執行網絡，並藉由政府與民間發展出新形態的夥伴關係，發展出共同管制之形態（Co-regulation）（OECD, 1998; 曾德宜與甘薇璣，2000）。(3)資訊科技之發展有助於政府施政資訊更加公開及易於傳播，人民及監督單位對於行政責任之控管及考核更加便利，並增加人民直接觀察及接近政府活

動，以及進行直接互動之機會；資訊科技並有助於增進政治過程的公民參與，包括民眾表達意見之途徑增加、增加政府與民眾溝通管道，以及增加弱勢團體直接表達利益之機會，增加決策資訊須更加公開及決策之形成須提出說明的需求（葉俊榮，1997）。(4)政府面臨發展公部門資訊政策、資訊管理，及資訊活動處理的衝擊與挑戰，並且必須處理公民對於資訊公開的需求，以及要求建立「電子化政府」採取線上作業方式提供服務。(5)面對無疆界的網路空間及全球性的聯結，公共事務的處理面臨「全球化」的趨勢，例如，為符合世界貿易組織（WTO）之「通知義務」（Obligation of Notification）及設置 WTO 之電子查詢點(Entry Point)，國內法規及相關措施須翻譯成外文，並作成通知文件送交各國，將增加政府處理國際行政業務之機會；並且由於跨境活動之增加，勢必需要發展全球協調一致之措施或管制架構，以規範跨境活動的進行，並造成政府在進行管制及政策規劃時，必須注意到需與國際之規範相調和，使得國家主權受到全球主義的衝擊與影響（Knuth, 1999）。

政府面對資訊社會所浮現的「新經濟」、「網民」（Netizen）、「虛擬組織」、「虛擬社群」、「電子民主」等與傳統不同的環境，如何進行組織及運作方式之調整、運用新科技處理公共事務活動，以及發展新形態的政府治理模式，將成為當前行政發展與政府轉型的重要議題。同時，政府為社會變遷過程中的重要角色，具有主導社會發展的能力，以經濟事務之電子商務發展為例，政府在無疆界的數位經濟體系中，其重要性並未因此減少，反倒因新形態「線上交易」的盛行，政府必須思考如何建立市場信任機制，推動電子簽章立法及線上消費者保護等數位體系之法律規範，以及面對新的政策與執行環境（OECD, 1997）；另外，就社會整體發展而言，政府仍擔負擘劃資訊社會健全發展的責任，因科技已成

為主要之生產要素及附加價值之來源,而資訊能力及資訊科技資源分配與發展不均的現象,業已使得社會出現另一種不均衡發展的來源,故解決資訊貧富差距所形成的數位落差(Digital Divide)議題,已成為當代政府的重要任務之一(U.S. Department of Commerce, 1999; OECD, 1999)。

(二)資訊科技之運用對公共行政影響的評估

「經濟合作暨發展組織」的「公共管理委員」(PUMA)曾發表一份對於公共部門運用資訊科技的調查報告(Reeder, 1998),主題為「使用資訊科技作為公共管理革新的工具」,該報告檢視澳洲、芬蘭、法國、瑞典及英國運用資訊科技進行公共管理的執行情形,呈現政府部門組織及服務的整合及新服務形態之提供;政府部門內進行水平與垂直之整合,可以發展成為「單一服務窗口」,並且將傳統服務提供之方式,改採以電子方式進行,以及科技本身已成為政府提供服務及公眾期待的變遷來源;而影響計畫成功執行的因素包括:財政壓力、政策議題、政府運作形態的概念、中介因素及電子商務的影響。

該報告指出,政府運用資訊科技對公共管理產生廣泛的影響,政府應思索在資訊社會中所應扮演的角色、如何與服務傳輸過程出現的新夥伴及新中介者互動,以及中央政府的結構變遷及其與其他各級政府關係的改變,並需要關切資訊流動時所面臨的隱私及安全保護議題,以及能對於資訊弱勢之社群提供平等的服務權利與機會等問題。

瓜里特利(R. Gualiteri)(1998)向「經濟合作暨發展組織」(OECD)提出之 "Impact of the Emerging Information Society on the Policy Development Process and Democratic Quality" 研究報告之分析,認為資訊科技之應用,將會對政策制定的過程及利害關

係人，造成不同的影響，例如大眾媒體可取得更多資訊，以及承擔更多監督政府之角色；利益團體則更容易動員及進行施壓；政黨可藉由資訊科技更容易地募集資金、組織群眾及工作人員，以及號召支持者支持政治目標，扮演好選舉機器的角色；而傳統政策機制之中介角色將因公眾直接參與政治過程而式微，例如國會議員；由於資訊科技促成直接民主及公民投票之成本降低，國會議員夾在公眾及行政部門之間，將難以發揮其過去縱橫論政的優勢，而常任文官所處的官僚體系，則因其具備豐富的政策資源及知識，故其政策之影響力相較於過去也有所提升。唯此一報告仍認為，目前資訊科技在現行政府思維中，仍只是政策過程中蒐集資訊的一種工具，或作為宣傳及傳送訊息的方式，對於增進民主參與的品質及頻率或政策與行政的透明度之助益有限；同時亦無法增進政府的可信度，雖然人們期待資訊革命能對於民主發展有所貢獻，唯並無相關證據支持資訊科技可改善政策與治理的民主品質。

此並不意味資訊科技對當代政策過程毫無影響，事實上資訊科技業已改變政策環境，並產生許多不確定的影響，如政策過程變得更加複雜，增加政府設定及執行議題的困難，增加運用新科技進行政策行銷的重要性，需要投入大量資源及時間規劃與執行溝通策略，政府將只訂定象徵性或短期解決方案，甚至對棘手議題不與聞問的「媚俗」（infotainment）現象。如欲使資訊科技實踐其為人所期盼之改善民主生活的潛力，仍必須以其他社會制度的改變為前提，如高層科技應用素養的提升、改善科技的互動性與反饋功能，以及在政策過程中，決策者與公眾更佳的連結，提升「公民參與」之意識及行動，故資訊科技的應用與發展並非促成民主變遷的單一因素（Gualiteri, 1998）。

究竟資訊科技對於公共行政產生何種影響（inpact）？以及此

一「資訊化政體」（Information Polity）應如何加以描述及理解？貝拉米（C. Bellamy）和泰勒（J. A. Taylor）（1998）曾就當前三種途徑進行檢視。第一種途徑為資訊擴散途徑（Diffusion of ICT Approach），即從科技應用的角度進行分析，以量化測量方式分析政府採用資訊科技處理公共事務的情形，藉以說明資訊科技對當前公共行政之影響；然而，此一分析途徑，僅係調查與分析公部門使用資訊科技之情況，但事實上，這些量化的數據並無法解釋為何發生變遷？以及這樣的變遷對行政發展的意義為何？至多只是提供資訊科技運用於公部門的現況。

　　第二種途徑係從企業邏輯（Business Logic）的角度進行分析，即著重於科技創新對於成本結構、組織與策略的意涵，其根據成本法則與經濟邏輯，假設科技的創新必然導致組織結構、功能與運作方式的改變，進而導致公共行政活動產生劇烈的變遷；根據此一企業邏輯變遷的分析途徑，導致僅從反應能力及增進效率的觀點，發展出新形態的組織及管理機制、服務方式之提供，與消費者主義（Consumerism）導向的「新公共管理」（New Public Management），採取如目前國內推動之電子公文、單一窗口、流程簡化及提供線上服務等改善組織績效與流程再造之策略；惟其並未涉及公共行政之核心價值與工作，故未能有效因應政府角色變遷之情況下，所出現之各類衝擊。

　　第三種途徑是「制度」（Institutionalist）之途徑，論者基於體認到資訊科技對於公共行政之影響與意義，係取決於複雜的政治與社會系絡，對於科技本身及其應用的詮釋，而非單方面由新科技的功能或效果所決定；因此，制度論者，係從政治制度與社會關係的角度，理解資訊科技對公共行政的改變（**參見表一**），認為現今因資訊科技的運用，業已出現與傳統截然不同的「新」公共行政原則，並影響行政實務活動的各層面。

表一　舊公共行政法則與新公共行政法則之比較表

「舊」公共行政的傳統法則	「新」公共行政出現的新法則
供應的一致性：行政或平等的法則	供應的特定性：商業法則
在官僚組織下的層級結構：由上而下（top-down）的控制法則	促進公共服務的鬆寬－緊密的結構：網路化管理法則
專業分工：由功能法則所支配	服務的彙聚：整合法則的重要性日益增加
對委託人的父權關係：專業法則	顧客和市民的反應關係：全人（whole-person）法則

資料來源：Taylor, J. A., 1992, "Information Networking in Government," *International Review of Administrative Science*, Vol.69, pp.375-89.

　　事實上，這三種途徑本身對公共行政的意涵及實務，皆有所影響，上述第二種途徑所採取的功利價值取向的公共管理實務，業已蘊涵對於不同公共服務價值的權衡結果，如「普遍性服務」與「選擇性服務」、「公平」與「效率」等價值。這個權衡結果的正當性，即資訊科技對公共行政的意義，應從產生組織價值與文化源頭的公共哲學（即政治價值）而來，而非從資訊科技運用的數量與經濟效率來理解。此外，政府變遷的過程亦無法僅簡單詮釋為運用新科技的結果，因此導入資訊科技，並不能帶來實質的轉型與改變。

　　資訊科技展現的形式，係由框架其價值與決定其意義之系絡所決定。固然資訊科技擁有極為強大的資訊處理能力，但其功能及運用方式，係受制於政治、經濟及文化之系絡；故當我們檢視資訊科技之發展與應用對政府的衝擊及影響時，如未能以「批判論」（Criticism）的觀點，反省及檢視科技運用所處系絡的價值與意義，則政府科技形態的變遷，將與「行政革新」或「行政發展」，成為無交集的兩條平行線，此即意味資訊科技的發展與應用，仍

將受限於既有的制度及價值結構，若未從既有之制度及認知著手，則行動上根本不會改變。

四、政府為因應資訊科技的影響採取的轉型策略與行動方向

　　資訊科技的發展及運用之能力，實深植於政府組織文化與價值的系絡中，繫於當下組織及政治日常活動中所提供的形式與素材，並深受現存社會制度的限制及制約，甚至業已成為組織生活中「權力」及「權威」的象徵（Scarbrough & Coebett, 1992; Bellamy & Taylor, 1998）。根據上述的分析，以資訊科技作為改善行政效率的手段，如推動政府業務電腦化（Computerize）、建置政府網站、採用電子公文（Electronic Document）、以電子傳輸方式提供服務（Delivery Service by Electronic Transmission），或設置首長電子信箱（e-mail）等應用措施，並無助於解決政府自身之官僚體制與邏輯所存在的問題，如人們未能有意識地檢視溝通過程之曲蔽與權力宰制之情境，則無法僅藉由資訊科技之運用，而能推動行政革新與促成政府轉型，科技本身實無法自動地建構出具有意義的政治、經濟等系絡（Bekkers, 1994）。故人們於推動資訊科技應用於公共事務處理時，若未能針對現行制度與結構的安排進行調整，進行組織任務及工作之再設計與文官教育及訓練制度的配套措施，則資訊科技應用只能解決局部組織功能效率不彰的問題，並無法完成資訊時代中政府轉型的任務；甚至，反倒可能增強現行結構或制度之「盲點」（bias），並同時限制資訊科技的運用與發展潛力，僅成為另一種加強社會控制與組織統合的工具；事實上，正如丹齊格（J. Danziger）等學者（Danziger et al., 1982; Bellamy &

Taylor, 1998）所觀察到的現象，資訊科技係增強既有權力結構與影響力模式，僅為官僚或組織系統中權力最大者之利益服務，迎合而非挑戰現有之秩序。

資訊科技運用於公共事務處理的功能與意義，取決於當事者對於資訊科技的概念，故討論政府運用資訊科技進行轉型此一議題，應先行界定此一問題是「誰」的問題（The question is, however, whose problem?）；其次是，在公共事務的系絡下，資訊科技的科技意涵是什麼（Bekkers, 1996）？這些問題包括：使用資訊科技的目的是為了誰（Who）及為何（What）？是為了「國家機器」還是「公民社會」的發展？是為了「社會菁英」還是「普羅百姓」的便利？是為了「商業財團」還是「消費者」的利益？是為了強化「管理階層的控制」還是「職員部屬的成長」？是為了服務「公民」還是「行政官員」？是照顧「社經主流」還是「弱勢族群」？這些問題的答案將決定資訊科技應用的形式與內涵，以及運用資訊科技處理公共事務的價值與意義；故政府採取導入資訊科技應用的策略，進行政府實務組織與運作形態的改革時，應先檢視其公共哲學（Public philosophy）及公民資格（Citizenship）之意涵（江明修，1997），俾以瞭解政府的任務與使命以及運用資訊科技的目標，進而釐定行政發展之策略與方向。

從當前資訊科技運用於公共行政事務處理的活動及項目的種類中，我們可發現目前政府部門對於資訊科技的運用，僅從政府官僚體系權力核心者的角度，視資訊科技為官僚組織的控制與宣傳工具，管理及決策階層可使用資訊科技，管理及儲存員工資料、提升工作生產力與工作效率、發布及傳播消息、迅速溝通以及節省時間及金錢的科技，或作為蒐集政策規劃與執行情報資訊的工具，以及協助高層直接接受民眾反映，以達成監督下級部屬裁量的運用；鮮少利用資訊科技發展知識管理能力與進行發展與教育

的活動，及滿足員工之社會心理需求；以及強化社會（包括官僚組織）的民主發展，促成參與與共享的公民文化與鼓勵公共參與。故有論者認為資訊科技本質為一種控制的工具（Technologies of Control），強化組織中既有的宰制權力結構，不僅無助於人類的自由與解放，反倒有利於統治〔如歐威爾（George Orwell）之名著《一九八四》〕、資本累積及強化強者對於弱者的宰制力量，此固然不是引進資訊科技者所意願，唯在資訊科技的發展及使用上，如未能檢視政府使用資訊科技的目的與科技意涵，則難保此一新科技之運用不會成為強化控制的手段（Bellamy & Taylor, 1998; Beniger, 1986）。

而在實務活動中，政府引用資訊科技處理公共事務的範圍與方式，實緣於深植於此政體之民主原型（Archetype）、政府與公民的互動方式，以及其本身的管理哲學價值中。故吾人主張，政府引用資訊科技建構「資訊政體」（Information Polity），應用於公共事務的處理，其本質並非僅係單純的科技運用過程，而係定義及概念化資訊科技在公共服務系絡中之意義與價值的「社會建構」過程（The process of social construction.）（Bekkers, 1996）。

故政府應用資訊科技於公共事務處理的活動中，必須檢視其自身的使命及目標，反省自身行政及管理哲學，推動行政革新與政府再造，重建政府運作之架構及模式，方能將資訊科技結合於行政發展的過程中，以下簡述政府可採行的轉型策略與行動方向：

1.於當代政治、經濟、社會及文化等系絡中，重新界定政府於資訊社會中的角色與使命。政府處於此一全球化、權力分散及多元文化的新時代，面對一個與過去截然不同的政、經環境，資訊科技的運用不僅衍生出許多新興社會議題，同時對於政府自身的運作方式及國家對於社會發展所扮演的角

色，皆因社會需求及整體系絡的改變而面臨變遷的壓力，此時政府必須釐訂其於新時代的使命及施政方向，以因應時代的挑戰。

2. 規劃公共事務發展之目標與資訊科技應用之政策。政府基於自身使命及公共行政哲學之考量，界定資訊科技於公共事務系絡中應扮演的角色及其科技意涵，並釐清公共部門運用資訊科技的目的與責任，藉此規劃資訊科技處理公共事務的方式，制定政府與政府間、政府與公民間，及政府內部運用資訊科技的目標與方向，以及檢視與分析資訊科技應用環境的需求，發展及建置公共部門資訊應用及基礎建設。

3. 配合當前社會需求、行政發展目標及資訊科技應用政策，進行「組織重組」（Reorganization）及「流程再造」（Reengineering）。面對資訊社會對傳統公共事務處理的衝擊與新興事務發展的挑戰，政府須重新設計其組織與運作實務，就社會環境之變遷，重新釐訂政策目標與工作方向，據以調整機構及執掌工作，並可規劃簡併層級及流程，落實分權授權之管理方式，以建立權力及知識分享的組織系統（Frissen, 1996; 1997）。

4. 發展知識型政府（Knowledge-based government）及進行人力資源發展訓練。資訊科技的運用將可減少傳統藉由人力進行的活動，改由數位科技及電子化方式進行，而資訊科技強大的資料儲存及分類能力，能有效將資料轉換成有意義的資訊，可以創造附加價值與進行知識之累積，故可進行知識管理以及建構學習型組織；而引進資訊科技於公共事務的處理，必須協助人員適應及熟悉資訊科技之作業方式，並應加強人力資源發展與管理，增加發展公私協力之執行架構的協調能力。故進行知識管理及人力資源發展訓練，成為政府轉

型的關鍵性策略。

5. 發展民主行政治理模式，並鼓勵公民參與及建立公私協力之政策執行模式。資訊社會中，權力呈現分散及多元化的趨勢，政府轉型的過程中，勢必必須轉換政府傳統集權式之管理哲學，解除管制（Deregulation）、分權（Decentralization）、授權（Delegation）及授能（Empowerment）等原則，將成為政府在新時代中轉型時所需面對的議題；同時，公共事務的處理，將越發倚賴公民社會（Civil Society）的自主運作，透過從下而上的自主力量，自行集結（Self-organized）的公民組織或社群，發展自律措施或管制架構。而政府將運用資訊科技以建立公開、透明及雙向溝通的民主決策機制，並應發展與民間社會合作之「共同管制」策略及「公私協力」（Public-Private Partership）政策執行架構；並可藉由鼓勵建立社群與發展互動性強的公民文化，強化公共議題的設計與執行（江明修，1997）。

6. 參與國際事務及全球資訊社會，發展全球性法律及政策之協調架構。面對地球村的形成，公共事務的處理必須增加「國際行政」及「國際合作」之新面向，各國無論是在技術標準、法律及政策上，皆因全球業已透過資訊科技及其應用聯成一個無國界的網絡，彼此關係相當緊密且互動頻繁，故在此一全球化國際體系中，以國際經驗與視野處理公共事務，已成為主要的施政方向（吳文雅、賴杉桂及曾德宜，1999）。

五、結語

在工業社會時代後期，「資訊管理系統」（Management

Information System, MIS）已廣泛運用在生產與管理活動中，唯此時資訊科技僅係作為增進組織效率、生產力及達成任務之輔助性手段，資訊科技在此系絡之下，其功能僅局限在單向溝通及管理工具（Metcalfe & Richards, 1987）。唯自一九九〇年代以來，各種多媒體科技及網路，藉由標準通信協定（TCP/IP），整合成為全球性之網路空間；此一以資訊科技應用為主要特質之資訊社會（Information Society），儼然形成人類文明的新典範（Paradigm）（Stalder, 1998; Castells, 1996）。

故當在討論資訊科技所帶來的政、經、文變遷時，政府面對的並不只是如何運用資訊科技來提供電子服務、增進行政效率、便捷民主參與等技術面問題，而是面對一個新典範的挑戰（江明修，1998），故在新形成之資訊社會體系中，運用資訊科技推動政府轉型之工作，應以根本性及批判性之思維方式，將重點置於對行政價值與制度之重新反省與檢討，亦即公部門推動資訊科技應用，在面對新世界觀形成與典範變遷之衝擊下，應著眼於發展涵蓋社會正義、平等、關懷、承諾及關聯性價值之民主行政體制（Democrat Administrative Regime），運用資訊科技之便利，推動行政革新工作，肆應時代變遷及規劃與執行資訊社會新時代之各項治理任務（江明修、蔡金火、梅高文，1999）；僅由技術面之觀點，推動行政機關採用資訊化及電腦化之作業方式或程序，或僅僅為採用資訊管理系統等相關資訊科技之應用措施，難以應付時代變遷所產生的衝擊與影響。

如前所述，就社會建構之觀點而論，科技之運用深受政治及社會系絡之影響，且其意義係由既定的價值系絡所賦予，故資訊科技之應用亦不自外於社會價值及意義體系，科技本身僅係作為達成目標的手段；因此，科技的意義與功能並非僅由科技本身所決定，而係由其所處的系絡的諸多因素所決定（King & Kraemer,

1998; Kling, 1998）。過去在「手段與目的二分法」（Means-end Dichotomy）的理論建構上，曾忽略科技與社會系絡兩者之間的互動關係，不知科技之應用係科技與其所處系絡互動過程中，所框架出來的實務活動，其意義與價值實取決於組織生活及行為的信念與價值。故將資訊科技運用於公共事務活動中，除必須體認到資訊科技的本身意涵，此即多元、即時、開放、相互連結等特性，以及其對於政府、組織、政策過程及行政發展的影響外，尚應反思政府的「公共哲學」及檢視其意義系絡，藉以釐訂推動行政改革與政府轉型的策略與方向。

資訊科技能克服傳統官僚組織架構中資訊能力的不足，增加個人及小單元之資訊處理能力，並可突破傳統組織所具備之時空界線，獲致達成任務所需之知識及資源；故在政府轉型過程中，引進資訊科技於政府活動之同時，應一併進行組織結構之重組、流程再造及人力資源發展的工作，同時，必須在制度上設計促進組織內資訊與權力之開放及分享、發展知識管理能力與建構學習型組織，方能在政府轉型過程中善用資訊科技之利。此外，運用資訊科技進行組織及運作方式之變革時，應採取「轉換型領導」（Transformational Leadership）的策略，領導者必須提供轉型的方向與「願景」（Vision），更新原有的組織文化與價值，以推動政府轉型之任務。

另外，資訊科技不只是具有強大的內部中央資訊處理、集中控制能力，及直接提供人民服務等單向功能，更具有即時性之雙、多向溝通能力與資訊交換能力，透過資訊科技，公民社會與民主政體的力量與潛力得以有效發揮，如：公民可運用資訊科技進行對話與溝通，自發形成社群與公民社會，並藉其進行雙向溝通與意義建構，達成集結民間力之效果；另外，政府在制訂公共政策及決策時，在各項過程中亦可透過公開政策議題之方式，藉由資

訊科技進行溝通及建立共識，整合社會各利益關係者於政策制定及執行過程中，並賦予不同利益相關者擁有平等的參與及決策權力，將可促進公民參與及民主政體之發展（King & Kraemer, 1998）。唯資訊科技絕非中性工具，資訊科技蘊涵使用通路、使用能力、使用資源以及資訊之不對等與不平等之權力面向（Kahin & Keller, 1996），政府必須於使用資訊科技時，注意此一數位落差的現象，避免出現民主政治中的資訊貴族（Information Aristocracy）（Cater, 1997）。

此外，僅採用資訊科技應用於政府的活動中，而未就政府之制度、結構及運作方式進行檢討與改變，將無法藉由資訊科技之導入，達成政府實質轉型的目的。資訊科技的應用只是政府達成其職能的手段，而非政府本身的目的，亦非政府轉型與行政發展的終極目標。政府於資訊時代，推動行政改革及政府轉型的主要工作，並非僅推動將資訊科技應用於政府的活動中，如進行政府業務電腦化、建立華麗的網頁或提供以電子方式之行政服務等電子化措施，而應以重建「社會力政府」為目標（江明修，2000）。換言之，重新定位及界定公民的角色與責任、建立公民意識與社群意識、整合民間資源、重建公民與國家的合作與互賴關係，以及建立主動積極參與公共事務的公民社會，政府方能從容因應資訊時代所出現之「行政發展」及「發展行政」（Development Administration）的雙重挑戰。

沃爾多（D. Waldo）認為公共行政的意涵應視為政治的（Public Administration is Political）（Waldo, 1955）。他反對視公共行政為追求增加政府效率的管理技術，公共行政應反省政府自身所追求的價值與手段，追求社會正義與公道等公共利益之實現，而非一味運用「管理技術」改進效率（Waldo, 1948）。政府將資訊科技運用於公共事務的處理，僅係作為達成效率的管理方式之一，並無法

於資訊科技本身的功能及效用中，創造公共行政之目的與意義；
而公共行政的使命，應為公共利益效力，而非僅追求功利的經濟
與效率價值。此一觀點對於著手規劃政府轉型、推動行政革新及
引用資訊科技進行公共事務處理等活動，深具意義與啟發性，揭
櫫政府的行動應考量社會關聯性（Social Relevance），而非只以達
成「效率」為施政的考量，因為資訊科技、管理技術、法規，以
及其他達成政府使命的工具，只是實踐公共價值的手段而非目的。

　　基於上述的體認，吾人可知，如果未能就政府的使命與行政
發展的方向進行省思，一味接受盛行的資訊科技「迷思」（Mosco,
1998），而忽略對公共服務價值與使命的反省，則資訊科技應用只
會加強現存制度的弊病與施政盲點，無法達成其促成政府轉型或
改善政府能力的目的，此一運用方式並非御科技為公共行政服
務，反倒成為強化凱登（G. E. Caiden）（1982）所提出的「壞行政」
（Maladministration）之工具，遑論進行政府轉型以迎接新時代之
挑戰與衝擊。

參考書目

■中文部分

中央研究院資訊科學研究所，1997，〈資訊科技對人文、社會的衝擊與影響研究報告〉，台北：行政院經濟建設委員會委託研究案。

史美強、李敘均，1999，〈資訊科技與公共組織結構變革之探討〉，《公共行政學報》，第 3 期，頁 25-61。

江明修，1998，〈我國行政革新之政治社會分析；歷史的再省思〉，《公共行政學報》，第 2 期。

江明修，1997，《公共行政學：理論與社會實踐》，台北：五南圖書公司。

江明修、蔡金火、梅高文，1998，〈再造公共性政府〉，發表於跨世紀政府再造學術研討會，台北：國立中興大學公共行政學系。

江明修主編，2000，《第三部門：經營策略與社會參與》，台北：智勝文化事業有限公司。

江明修等，2000，〈再造社會力政府〉，發表於行政管理學術研討會，台北：國立空中大學附設空專行政管理科與中華民國管理科學學會。

吳文雅、賴杉桂及曾德宜，1999，〈出席一九九八經濟合作暨發展組織部長級電子商務會議出國報告〉，台北：經濟部國際貿易局。

卓秀娟、陳佳伶譯，Don Tapscott 著，1997，《數位化經濟時代》(*The Digital Economy*)，台北：中國生產力中心。

林嘉誠，2001，〈塑造數位行政文化，建立顧客導向型政府〉，《研考雙月刊》，第 25 卷，第 1 期。

張介英、徐子超譯，Tim Berners-Lee 著，1999，《一千零一網》（*Weaving the Web*），台北：台灣商務印書館。

傅冠瑜，1999，《電子化政府理念之檢視與前瞻》，台北：國立政治大學公共行政學研究所碩士論文。

曾德宜、甘薇璣，2000，〈民國八十八年經濟合作暨發展組織巴黎電子商務論壇會議〉，《資訊應用導航月刊》，第 41 期。

項靖，1999，〈地方政府網路公共論壇與民主行政之實踐〉，《東海大學社會科學學報》，第 18 期，頁 149-178。

馮建三譯，Frank Webster 著，1999，《資訊社會理論》（*Theories of the Information Society*），台北：國立編譯館。

黃喻麟譯，Frances Cairncross 著，1999，《地球零距離》（*The Death of Distance: How the Communications Revolution Will Changes Our Lives*），台北：新新聞。

葉俊榮，1997，〈邁向「電子化政府」：資訊公開與行政程序的挑戰與因應〉，發表於網路與法律研討會。

■英文部分

Arterton, F. C., 1987, *Teledemocracy: Can Technology Protect Democracy?*, CA.: Sage.

Barber, B., 1984, *Strong Democracy*, CA.: Univ. of California.

Bekkers V., 1996, "The Playground of the Electronic Superhighway: Players, Interests, and Deadlocks," in V. Bekkers, Bert-Jaap Koops & Sjaak Nouwt, *Emerging Electronic Highways: New Challenges for Politics and Law*, Hague: Kluwer Law International, pp.9-26.

Bellamy, C. & J. A. Taylor, 1998, *Governing in the Information Age*, Philadelphia: Open Univ.

Beniger, J. R., 1986, *The Control Revolution*, Mass.: Harvard Univ. Press.

Berger, P. L. & T. Luckmann, 1990, *The Social Construction of Reality: a Treatise in the Sociology of Knowledge*, New York: Anchor.

Browning, G., 1996, *Electronic Democracy: Using the Internet to Influence American Politics*, Conn.: Pemberton.

Caiden, G. E., 1991, *Administrative Reform Comes of Age*, New York: Walterde Gruyter.

Caiden, G. E., 1982, *Public Administration*, Pacific Palisades, CA: Palisades.

Castells, M., 1996, *The Rise of the Network Society*, Mass.: Blackwell.

Cater, D., 1997, "Digital Democracy or Information Aristocracy? Economic Regeneration and the Information Economy," in B. D. Loader ed., *The Governance of Cyberspace: Politics, Technology and Global Restructuring*, NEW YORK: Routledge, pp.136-154.

Cavazos, A. E. & G. Morin, 1995, *Cyberspace and the Law*, Mass.: MIT Press.

Czerniawska, F. & G. Potter, 1998, *Business in a Virtual World*, London: MacMillan.

Danziger, J., W. Kling & K. Kraemer, 1982, *Computer and Politics*, New York: Columbia Univ.

Etzioni, A., 1993, *The Spirit of Community: the Reinvention of American Society*, New York: Simon & Schuster.

Frissen P., 1996, "Beyond Established Boundaries? Electronic Highways and Administrative Space," in V. Bekkers, Bert-Jaap

Koops & Sjaak Nouwt, *Emerging Electronic Highways: New Challenges for Politics and Law*, Hague: Kluwer Law International, pp.27-34.

Frissen, P., 1997, "The Virtual State: Postmodernisation, Information and the Public Administration," in B. D. Loader ed., *The Governance of Cyberspace: Politics, Technology and Global Restructuring*, New York: Routledge, pp.111-125.

Gandym, O. H., 1989, " The Surveillance Society: Information Technology and Bureaucratic Social Control," *Journal of Communication*, Vol.39, No.3, pp.61-75.

Grossman, L. K., 1995, *The Electronic Republic: Reshaping Democracy in the Information Age*, New York: Viking.

Gualiteri, R., 1998, "Impact of the Emerging Information Society on the Policy Development Process and Democratic Quality," Paris: OECD (http://www.oecd/puma).

Herschlag, M., 1997, "Cultural Imperialism on the Net: Policymakers from Around the World Express Concern over U.S. Role," in O'Reilly & Associates ed., *The Internet & Society*, CA.: O'Reilly & Associates.

Jordan, T., 1999, *Cyberpower: the Culture and Politics of Cyberspace and the Internet*, New York: Routledge.

Jun, J. S. & B. Gross, 1996, "Commentary Tool Tropism in Public Administration: The Pathology of Management Fads, " *Administrative Theory And Praxis*, Vol. 18, No. 2, pp.108-118.

Jun, J. S., 1986, *Public Administration: Design and Problem Solving*, New York: MacMillian.

Kahin, B. & J. Keller, 1996, *Public Access to the Internet*, Mass.: MIT

Press.

King, J. L. & K. L. Kraemer, 1998, " Computer and Communication Technologies: Impacts on the Organization of Enterprise and the Establishment and Maintenance of Civil Society," in National Research Council, *Fostering Research on the Economic and Social Impacts of Information Technology*, Washington D.C.: National Academy Press, pp.188-210.

Knuth, R., 1999, "Sovereignty, Globalism, and Information Flow in Complex Emergencises," *The Information Society*, Vol.15, pp.11-19.

Laudon, K. C., 1975, *Communications Technology and Democratic Participation*, New York: Praeger.

Loader, B. D. ed., 1997, *The Governance of Cyberspace: Politics, Technology and Global Restructuring*, New York: Routledge.

Mehta, Michael D. & Eric Darier, 1998, "Virtual Control and Disciplining on the Internet: Electronic Governmentality in the New Wired World," *The Information Society*, Vol.14, pp.107-116.

Metcalfe, L. & S. Richards, 1987, *Improving Public Management*, London: Sage and European Institute of Public Administration.

Mosco, V., 1998, "Myth-ing Links: Power and Community on the Information Highway," *The Information Society*, Vol.14, pp.57-62.

National Research Council, 1998, *Fostering Research on the Economic and Social Impacts of Information Technology*, Washington, D.C.: National Academy Press.

OECD, 1998, *1998 Ministerial Conference on Electronic Commerce*,

Paris: OECD Press (http://www.ottawaoecdconference.org/
english/homepage.html).

OECD, 1997, *Electronic Commerce: Opportunities and Challenges for Government*, Paris: OECD Press.

OECD, 2000, *OECD Information Technology Outlook: ICTs, E-Commerce and the Information Economy*, Paris: OECD Press.

OECD, 1999, *The Economic and Social Impacts of Electronic Commerce*, Paris: OECD Press.

Reeder, S. F., 1998, "Information Technology as an Instrument of Public Management Reform: A Study of Five OECD Countries" (http://www.oecd/puma).

Rheingold, H., 1984, *The Virtual Community: Homesteading on the Electronic Frontier*, New York: Harper Perennial.

Scarbrough, H. & Coebett, J. M., 1992, *Technology and Organization: Power, Meaning and Design*, New York: Routledge.

Stalder, F., 1998, "The Network Paradigm: Social Formations in the Age of Information," *The Information Society*, Vol.14, pp.301-308.

Taylor, J. A., 1992, "Information Networking in Government," *International Review of Administrative Science*, Vol.69, pp.375-389.

Taylor, J. A. & H. Williams, 1991, "Public Administration and the Information Polity," *Public Administration*, Vol.69, pp.171-190.

U.S. Department of Commerce, 1999, *Falling Through the Net: Defining the Digital Divide* (http://www.ntia.doc.gov/ntiahome/digitaldivide/).

Waldo, D., 1948, *The Administrative State*, New York: Ronald Press.

Waldo, D., 1955, *The Study of Public Administration*, New York: Random House.

Zuboff, S., 1988, *In the Age of the Smart Machine: The Future of Work and Power*, New York: Basic Books.

從知識經濟的觀點重建政府的角色

李文志
暨南國際大學公共行政與政策學系副教授

董娟娟
暨南國際大學公共行政與政策學系助理教授

一、前言

一九九六年經濟合作暨發展組織（Organization for Economic Cooperation and Development, OECD）正式提出「以知識為本的經濟」（The Knowledge-based Economy）專題報告，認為未來經濟的發展將建立在知識的生產、分配和使用上，使得「知識經濟」躍升為先進國家經濟與產業發展的主流思潮。這一知識經濟的風潮在二〇〇〇年吹進台灣，新上台的政府也在揭櫫將台灣發展為「綠色矽島」的同時，宣布台灣進入「知識經濟元年」，並由經建會主導相關部會推動「知識經濟」，期使台灣未來的經濟發展「直接建立在知識與資訊的激發、擴展和應用上，其所創造和應用知識的能力與效率，凌駕於土地、資金等傳統生產要素」[1]。其實，早在一九四五年，奧地利經濟學家海耶克（Frederick Hayek）即發表過知識在社會中應用的研究，指出知識將成為人類社會的具體內涵；而一九六二年美國經濟學家馬赫勒普（Fritz Machlup）也發表名為「知識：創造、流通與經濟特質」（Knowledge: Its Creation, Distribution, and Economic Significance）的研究，該研究結果指出34.5％的美國國家生產毛額是由資訊財所產生，這一研究奠立西方學界對知識及資訊探討與研究的基礎[2]。雖然，從一九六〇年代後期起，西方學界即陸續有重要文獻探討相關發展趨勢的意義與影

---

[1] 請參見行政院經濟建設委員會，2001，《知識經濟發展方案》。http://www.cedi.cepd.gov.tw/。

[2] 黃河明，2001，〈知識經濟時代我國資訊軟體產業發展策略〉，《科技發展政策報導》，SR9004: 253-259，2001 年 4 月。http://nr.stic.gov.tw/ejournal/SciPolicy/ EJ07_SR9004.htm。

響[3]，但始終未引發全面性的思考與討論，這對處於全球學術及經濟分工體系都相對邊陲的台灣，情況更是如此。

基本上，有關「知識經濟」的內涵、意義及影響直至一九九〇年代，才真正受到各國產、官、學界全面的重視及有系統的討論，這其中的主要原因是各界亟於解釋：為何在一九九〇年代日本與西歐經濟皆處於低迷的情況下，美國的經濟卻獨能維持繁榮？打破以往學界認為美國將因科技與經濟衰退，而使國力及全球領導地位逐漸衰微的論點[4]。各界在經過一番思索與論辯後，乃以「知識經濟」或「新經濟」（The New Economy），作為解釋美國經濟在一九九〇年代能勝出西歐與日本的主要論述，以知識及資訊為主體的經濟發展形態也隨之成為新的顯學[5]，而各國亦積極思索如何將之落實為具體的經建政策。

從知識經濟的視野綜觀美國近三十年經濟發展的歷程，「創新」在美國經濟發展與企業經營中實占關鍵性的地位，這也是一般論者分野知識（新）經濟與傳統（舊）經濟的主要切入面，而其具體展現在推動經濟發展的力量就是「科技的變遷」（Technology Change），特別是將知識與資訊應用在知識生產與資訊處理上的資

---

[3]　請參見：(1)Peter Ferdinand Drucker, 1969, *The Age of Discontinuity: Guidelines to Our Changing Society.* New York: Harper & Row; (2)Daniel Bell, 1976, *The Coming of Post-Industrial Society: A Venture in Social Forecasting,* New York: Basic Books; (3)John Kenneth Galbraith, 1972, *The New Industrial State.* Harmondsworth: Penguin; (4)Alvin Toffler, 1980, *The Third Wave.* New York: Bantam Books 等書內容。

[4]　下列兩本書可為代表性的觀點：(1) Paul M. Kennedy, 1987, *The Rise and Fall of the Great Power: Economic Change and Military Conflict from 1500 to 2000,* New York: Random House; (2)Lester Thurow, 1993, *Head to Head: the Coming Economic Battle Among Japan, Europe and America.* New York: Warner Books.

[5]　Manuel Castells（曼威‧卡斯德斯）系列討論《網路社會之崛起》（可參見夏鑄九等譯，台北：唐山）的著作，可為當前討論以知識及資訊為新經濟發展動力的代表作。

訊科技革命[6]。然而,「創新」能力的取得、機制的建構以及「科技」產業的發展,卻涉及非常複雜的理論思辨及在政策本質上的差異。基本上,這種複雜與差異性主要呈現在兩方面:(1)因對知識與科技在經濟發展中角色界定的差異,衍生出舊經濟學與所謂「異端經濟學」(Heterodox Economy)的不同論述,而其間的不同即導致各自對政府角色與政策建議的不同;(2)因對政府在經濟發展過程中地位的新認知,而重新定義政府在經濟發展過程中的職能,藉以將政府從傳統的自由主義,(新)重商主義與凱因斯(J. M. Keynes)主義論辯的泥淖中解放出來,讓政府有能力在未來經濟發展中提出更適切的政策。

承襲前述的觀點,本文關注的焦點將集中在下列兩部分:(1)知識經濟的理論發展與特色,主要在探討知識經濟與傳統經濟的異同,即彼此間的「延續」(continuities)與「斷裂」(break)的關係,廓清知識與科技在知識經濟體系中的重要性及意義,以及在此論述架構下,未來經濟發展與政府政策的走向與挑戰;(2)知識經濟下政府角色與職能的調整,彰顯在知識產業與「內容」(content)時代的趨勢下,政府能否提出正確的政策比強調行政的效率更重要,亦即,「智能政府」與「數位行政」將是建構創新導向政府(innovation-oriented government)的主要內涵。本文希望透過上述的討論與貫穿,能清楚地勾勒出政府在知識經濟下的角色圖像,作為往後繼續探索政府如何因應相關課題的憑藉。

---

[6] 請參見 Daniele Archibugi & Jonathan Michie, 1998, "Trade, Growth and Technical Change: What Are the Issues?" in Daniele Archibugi & Jonathan Michie, ed., *Trade, Growth and Technical Change.* New York: Cambridge University Press, pp.1-15.

二、知識經濟的理論發展與特色

　　基本上，在眾多分析知識與資訊科技對經濟、社會、文化、政治及組織與行政等面向所造成的衝擊及影響的文獻中，有關知識與科技的力量在人類社會的發展中究竟扮演什麼樣的角色，以及是否真的帶領人類走進所謂「後工業社會」、「資訊社會」或「知識社會」等概念所指涉的社會，大抵可分為兩類的論述：一是主張「延續說」的觀點，主張人類社會並不因為某些「時髦」的術語或典範的出現，就邁入新的紀元，當下的社會只是人類既有關係的「資訊化」，是過去社會的延續而已，人類社會並未隨著資訊與科技的發展而產生系統性的斷裂[7]（Webster, 1995）；另一則堅持「斷裂說」的看法，認為人類的社會生活隨著資訊與科技的快速進展，已邁入一個嶄新的年代，特別是資訊與知識更是推動這一進程的最主要動力與資源，也是掌握及控制當代和未來人類社會與經濟發展的最重要樞紐[8]。

　　有關「後工業社會」、「資訊社會」或「知識社會」等概念所指涉之社會是否實存於人類世界而衍生的論爭，同樣也出現在關於知識經濟與傳統經濟之間異同的爭議。當然，這類的爭議與主張也可分為兩派：一派可稱為「延續說」，認為兩者在經濟的本質

---

[7] 「延續說」的代表性觀點可參見 Frank Webster, 1995, *Theories of the Information Society.* New York: Routledge。

[8] 「斷裂說」的觀點可參見下列文獻：(1)Peter Ferdinand Drucker, 1969, *The Age of Discontinuity: Guidelines to Our Changing Society*; (2)Daniel Bell, 1976, *The Coming of Post-Industrial Society: A Venture in Social Forecasting*; (3)Alvin Toffler, 1980, *The Third Wave*; (4)Peter Ferdinand Drucker, 1993, *Post-capitalist Society.* NewYork: HarperBusiness; (5)Manuel Castells（曼威・卡斯德斯），2000,《網路社會之崛起》，夏鑄九等譯（台北：唐山）等書。

上並無不同，都是人類資本主義經濟發展過程中的延續，所謂新經濟（知識、資訊與後工業經濟的觀點）與舊經濟（傳統、機械與工業經濟的看法）的差異，只是在獲取利潤的工具、途徑與樣貌形式的不同而已，甚至，僅是展現在生產要素的組合與程度上的差異而已[9]。換言之，傳統的經濟發展與產業經營難道都不需知識的投入？當前的經濟發展與產業經營就不需土地、勞力與資本的投入？相對地，另一派則可名為「斷裂說」，主張在新、舊經濟之間確實存在著如熊彼得（Joseph Schumpeter）所提出「創造性毀滅」（creative destruction）的意義[10]，即科技、創新與知識在經濟的理論意涵與發展策略上全然不同於傳統經濟[11]。這種新、舊經濟間的斷裂使得想贏取未來經濟的競爭者，必須順應新經濟的發展潮流、運作內容及經營策略，不然必將走向被淘汰之途；例如，網路的出現將使得「去中介化」（dis-intermediation）的電子商務（business-to-business, B2B），逐漸取代傳統透過「中介」買賣的交易方式，此一情形就如同連鎖超商幾乎已取代傳統的雜貨零售店。

其實，不論從生產工具的變遷、技術的發展或經濟資源的遞演來看，知識與資訊科技在人類經濟發展與社會生活中的角色已越趨關鍵，連近年捍衛「延續說」最著稱的英國牛津大學教授韋伯斯特（Frank Webster）也承認，「資訊如今已盤據空前未有的核

---

[9] Jon Elster, 1985, *Explaining Technical Change: a Case Study in the Philosophy of Science*, New York: Cambridge University Press, pp.91-111.

[10] Joseph A. Schumpeter, 1976, *Capitalism, Socialism and Democracy,* London: George Allen & Unwin, pp.81-106.

[11] 請參見：(1)Jon Elster, 1985, *Explaining Technical Change: a Case Study in the Philosophy of Science*, pp.112-130; (2)Christopher Freeman, 1998, "The Economics of Technical Change," in Daniele Archibugi & Jonathan Michie ed., *Trade, Growth and Technical Change*, pp. 16-54.

心位置」[12]。從許多「斷裂說」學者的觀點來看，一九七○年代起，人類的社會與經濟發展已從農業、工業正式走進「第三波」的「資訊社會」、「知識社會」（或相關概念所指涉的社經發展趨勢），亦即，知識與資訊科技已成為影響社會生活及主導經濟發展的最主要資源及生產工具。在廣義的農業時代裏，土地是最重要的經濟資源，主要的經濟活動如採集、狩獵、耕種等，都是在汲取大地的自然資源，而地主則是從土地取得經濟利得的最大贏家；在工業時代中，機械成為最重要的經濟資源，快速的經濟成長主要是建立在機械化大量生產的基礎上，而擁有生產工具的資本家則是工業化——生產力革命的最大受益者；進入知識與資訊時代，知識成為最重要的經濟資源，藉由知識與技術創造財富的利基凌駕以機械化大量生產為導向的工業經濟，知識的掌控與管理者是主導未來經濟發展的最有力者[13]。隨著知識經濟時代的到來，知識與科技在經濟發展中的角色也展現不同以往的內涵及功能，而且，在理論及概念的建構上，知識與科技在其間的界定也不同於傳統的舊經濟。

　　在所謂正統的新古典經濟學者看來，以知識為核心之新經濟的基本觀念與主張，無疑是「異端」——非正統經濟學的觀點；而的確建構知識經濟的重要理論者幾乎都不是主流經濟學派的學者，甚至不是經濟學的學者與學派，如馬克思（K. Marx）、熊彼得、貝爾（D. Bell）、托弗勒（A. Toffler）、杜拉克（P. Drucker）、卡斯德斯（M. Castells），及制度學派（Institutionalism）、調節學派（Regulation School）與管理貿易學派（Managed Trade）等。在這

---

[12] Frank Webster, 1995, *Theories of the Information Society*, p. 218.
[13] 請參見：(1)Daniel Bell, 1976, *The Coming of Post-Industrial Society: A Venture in Social Forecasting*, pp.12-33; (2)Peter Ferdinand Drucker, 1993, *Post-capitalist Society*, pp.8-21; (3)Lester C. Thurow（萊斯特‧梭羅），2000，《知識經濟時代》，齊思賢譯，台北：時報。

些非正統的新經濟學者或學派的看法中，知識與科技對經濟發展的意義與影響，及其和舊經濟的差異，可分從理論建構與實際策略運用兩個層面來討論；至於兩者間整體的對比關係與內涵，可參考**表一**所示及下文的分析[14]。

首先，知識經濟與傳統經濟對知識與科技在理論定性上的差異，主要有四：

1.市場模型的差異：傳統經濟學認為資源及報酬的最佳配置與獲取方式，是透過完全競爭的自由市場來決定，而知識與科技的發展也是如此；以知識為主的新經濟則主張知識與科技本質上就不是完全競爭的產物，甚至具有強烈的獨占性質，尤其是涉及專利與智慧財產權的保護或政府獎勵－管制特定知識與科技發展的產業政策，更是直接影響知識與科技發

---

[14] 請參考下列文獻的論述：(1)Michael E. Porter, 1990, "The Need for a New Paradigm: Determinants of National Competitive Advantage & Government Policy," pp. 1-30 in *The Competitive Advantage of Nations.* London: MacMillan; (2) Laura D'Andrea Tyson, 1992, *Who's Bashing Whom: Trade Conflict in High-Technology Industries*, pp. 1-52. Washington, DC: Institute for International Economics; (3) Peter Ferdinand Drucker, 1993, *Post-capitalist Society*, pp.184-196; (4) Richard R. Nelson & Nathan Rosenberg, 1993, "Technical Innovation and National Systems," in Richard R. Nelson ed., *National Innovation Systems*, New York: Oxford University Press, pp.1-21; (5) Daniele Archibugi & Jonathan Michie, 1998, "Trade, Growth and Technical Change: What Are the Issues?" in Daniele Archibugi & Jonathan Michie ed., pp.1-15; (6) Robert D. Atkinson, 1999, "How Can States Meet the Challenge of the New Economy？" Progressive Policy Institute (PPI), Washington, DC. Available http://www.ppionline.org/ppi_ci.cfm?contentid=3439&knlgAreaID= 140&subsecid=292; (7)Robert D. Atkinson, Randolph H. Court & Joe Ward, 1999, "Economic Development Strategies for the New Economy," in *The State New Economy Index: Benchmarking Economic Transformation in the States*, (PPI), Washington, DC. Available http://www.neweconomyindex.org/states/ strategies.html; (8) TNETF (The New Economy Task Force), 1999, *Rules of the Road: Governing Principles for the New Economy*, (PPI), Washington, DC: Available http://www.ppionline.org/ppi_ci.cfm?contentid=1268&knlgAreaID= 107&subsecid=123.

表一　知識（新）經濟與傳統（舊）經濟間「延續」與「斷裂」
　　　內涵的對照

知識經濟的新舊特質	傳統（舊）經濟——延續	知識（新）經濟——斷裂
經濟發展策略	經濟知識化	知識經濟化
企業經營	知識是成本之一	知識就是產品
市場模型的差異	知識與科技發展的最佳配置是透過完全競爭	知識與科技發展的最佳配置並非完全競爭可獲致
所有權觀念的差異	知識與科技是經由教育與學習取得的公共財	知識與科技是長期研發累積結果，屬特定對象擁有
稟賦觀的差異	知識與科技是固定、靜態的生產要素	知識與科技的動態發展是促進經濟的關鍵資源
總體經濟模型的差異	1.消費與投資導致經濟發展； 2.不同科技產業研發項目的總量與產值在總體經濟模型是單一總量方式計算	1.知識與科技才是提升產業競爭力的主動力； 2.不同科技產業研發項目的總量與產值在總體經濟模型是權值差異計算
國民經濟與政府角色	市場交易機制決定	國家應積極促進知識經濟效益的公共化，以擴大贏者圈
創新制度的形塑	較不重視不同時空差異下的制度差異	創新制度是特定時空的產物，制度差異影響經濟發展甚巨
產品特色的重要性	關注如何生產，提高效率，降低生產成本	關注生產什麼，以創新的產品開拓市場
提升競爭力的重心	以降低薪資、匯率、利率等生產成本的措施提升競爭力	學習是創新之本，以健全國家學習及研發創新體制提升國家的生產力——競爭力

　　展的主要機制，而讓知識經濟的論述無法適用完全競爭的模
　　型。

　2.所有權觀念的差異：傳統經濟學將知識與科技視為自明存在
　　之物，只要經由教育與學習，任何人皆可取用的公共財；知

識經濟則認為知識與科技是長期研發、累積與辛苦學習的產物，而其過程則涉及一系列政府法規、制度的配合及政府或企業龐大資產的投入，故知識與科技的所有權往往是屬於特定的政府部門、研究機構或大企業，當然，取得其所有權及使用權的成本也就相對昂貴，絕不是任何人隨意皆可（或有能力）取用的公共財，而事實上各國人民進入高等教育的成本的確也日趨昂貴。

3. 稟賦觀的差異：傳統經濟學以靜態的資源稟賦及生產要素觀，將知識與科技當成固定的生產要素之一，即將知識與科技界定為生產成本函數中的常數；知識經濟則強調不同的資源將會產生不同的生產力，即不同的知識或科技對產業發展的影響差異甚大，甚至特殊的知識或科技就是提升經濟成長與產業競爭力的關鍵性資源，而且，知識與科技的發展更時時處於變動的情況，如何能以固定及靜態的稟賦觀評定其對經濟發展的影響。

4. 總體經濟模型的差異：傳統經濟不僅認為經濟的發展取決於消費（凱因斯與貨幣學派）與投資（新古典與奧地利學派）兩大因素，更將發展知識與科技所投入的相關資源，都當作是總體經濟模型中研發項目的總量；新經濟則質疑消費與投資的增加未必會導致生產力與競爭力的增加，反而是知識與科技才是提升產業競爭力與國家經濟發展的主要力量，而且，和他國知識與科技的差距越大，就越能確保本國經濟發展的優勢，更重要的是，不同產業部門所投入的研發費用的效益不能等同視之，即不同科技產業生產力的差異其實差別很大，必須特別凸顯不同產業在總體經濟模型中的權值差異，不能採單一總量的方式計算。

其次，在實際的運作方面，知識經濟也比傳統經濟更強調下列幾個面向的重要性：

1.國民經濟與政府角色的重要性：知識經濟的基本發展理念是擴大「贏者圈」（winner's cycle），讓知識與科技的發展及因此而增進的經濟效益能為最大多數人所享有，而非僅是掌控知識與科技的少數大企業或「科技貴族」，以致失業率及貧富差距隨著知識與科技的發展而日益擴增；尤其是，政府應積極提升國民經濟的體質及競爭力，避免因他國的優勢競爭而造成本國重要產業的大量外移。知識經濟學者認為，在全球的競賽中政府提升國家競爭力的作法，除創建一個促進知識發展的基礎環境外（如鼓勵創新的法規架構、完整的國家研發體制及透明的資訊流通等），更應積極促進社會及經濟體制的創新，以涵養有利於創新活動的生活品質及工作機會；另外，也須提供足夠的知識公共財及建立終身學習的機制與管道，讓人民擁有在職進修及再就業的能力，以提升國民的勞動素質，增進國家的競爭力。新經濟主張政府應積極促進知識與科技效益公共化，而有利於國民經濟的觀點，自然不同於舊經濟認為一切都交由市場交易機制決定進而化約國家特質的看法。

2.創新制度的重要性：知識經濟認為知識與科技是一系列政府政策、法規、教育研發、經濟與社會體制密集互動下的產物，甚至生活的品質與文化的內涵也在其中扮演重要的角色。不過，整體上仍以國家提供知識與科技發展之研發及創新的制度性條件最為關鍵，這種「制度學派」的觀點，強調知識與科技本質上就是特定時空環境的制度性產物。這種凸顯制度差異，特別是強調誘發創新之制度對經濟發展重要性的主

張，顯然不同於舊經濟漠視不同時空環境中的制度及生活內涵對知識、科技及經濟發展的決定性影響。

3. 產品特色的重要性：知識經濟強調隨著知識與科技產業的迅速發展，各國經濟競爭的重點已經從在傳統產業——既有的產品中思考如何降低價格，轉變為如何透過「創新」推出具有特色的新產品，以搶占舊市場或開拓新市場，即由既有產業內的價格戰變成產業的升級戰；換言之，在新經濟時代下，提升經濟競爭力的關鍵是「生產什麼」（what to produce），即如何促進產業升級以推出具開展市場的新產品。這一主張產業升級與產品內容及特質重要性的觀點，當然不同於傳統經濟在既定產業內思索「如何生產」（how to produce）的效率觀點，即對資源及生產要素作最佳配置以求效率極大化、降低生產成本的論述。

4. 學習－科技能力－生產力提升的重要性：新經濟特別強調學習是知識經濟時代中，任何組織與個人贏取競爭的最重要途徑，因為在知識與科技快速累積與發展的趨勢下，學習不僅是為取得「創新」的能力以開發新的知識或科技，更在於獲取運用科技知識的特定能力以提升生產力，否則，連使用知識與科技的基本能力都沒有，遑論產業升級及增加經濟的競爭力。這種把健全國家學習與研發體制以強化國民與企業運用知識及科技的能力，當成是提升國家經濟生產力與競爭力重要機制的看法，明顯和舊經濟把知識與科技視為固定生產要素，並將提升競爭力之政策重心放在降低薪資、匯率與利率的措施，差異甚大。

整體而言，從知識經濟的觀點看來，舊經濟在理論與策略運用上的最大商榷，在於將固定資產（土地及其他自然資源）、勞力

與資本等生產要素視為主要的競爭要素，故無論從理論或政策面，都著重直接從降低生產成本及增進經營者的誘因來吸引企業投資，冀以帶動產業的發展及提升經濟的競爭力；而相應地，政府的功能則是設法提供足夠的基礎設施（特別是土地——工業區）與財政貸款，以滿足企業設廠的需求，另外，政府還須以降低稅率、租稅補貼及降低勞動成本等措施，直接增加企業的競爭力[15]。這種仍以工業時代經濟觀所鋪陳的論述及政策內容，讓如何提升競爭力的焦點往往集中在如何降低生產的成本，而非增進生產力——每單位資源（即土地、勞力與資本等生產要素）投入所能產出的價值。然而，對知識經濟者而言，從生產要素轉變為具有價值產品之間的生產過程，正是知識與科技發揮功效的關鍵處，而事實上擁有較高知識與科技水準者，其產業及產品的附加價值及競爭力也越高。當然，如何提升各國的知識與科技水準，則涉及各國的經濟發展策略，及能否設計一套鼓勵創新、持續學習而讓經濟體制具有適應生產變遷能力的制度，而這也就是著名的諾貝爾經濟學獎得主諾思（Douglass C. North）所稱，經濟制度具有「適應性效率」（adaptive efficiency）的具體展現[16]。換言之，如果不能以知識經濟觀作為重建經濟發展理論與政策架構的判準，結果將導致國家的財經政策停留在競相降低生產成本——殺價的惡性競爭中。

---

[15] Robert D. Atkinson, 1999, "How Can States Meet the Challenge of the New Economy？" pp.3-4.
[16] Robert D. Atkinson, 1999, "How Can States Meet the Challenge of the New Economy？" p. 3.

三、知識經濟觀點下政府角色的重建

(一)對傳統經濟政府角色的反省——建構以國民經濟為核心的知識經濟觀

　　從工業革命以來，國家與市場的關係究竟如何定位，就一直是經濟學者與政治經濟學者論辯的核心議題之一。一般而言，在思潮上奠基於個人主義（Individualism）、功利主義（Utilitarianism）與自由主義（Liberalism）的古典與新古典經濟學，得力於資本主義體系中新興中產階級的強勢主導，企圖架建自由競爭市場、資源有效利用及個人－總體效益滿足間的因果關係，因而主張降低政府規範社經體制運作的角色與功能；也就是說，政府最主要的工作是維護一套使市場交易機制（看不見的手）自由運作的環境，讓各國的生產要素與稟賦依「比較利益」在市場中競爭，決定各國的產經發展，亦即，政府只要作好看顧市場之「夜間警察」的功能即可[17]。相對於古典與新古典經濟學結合「方法論個體主義」（Methodology Individualism）與「自由放任」（Laissez-faire）的觀點，強調政府政策對國家經濟發展重要性者，則主張以國家利益及國民經濟（national economy）而非個人或廠商的立場，界定國家與市場、政府與企業的關係與意義[18]。這一迥異於古典及新古典

---

[17] 請參見：(1)R. J. Barry Jones, 1986, *Conflict and Control in the World Economy: Contemporary Economic Realism and Neo-mercantilism*, Brighton, Sussex: Wheatsheaf Books, pp. 23-64; (2) Robert Gilpin, 1987, *The Political Economy of International Relations*, Princeton: Princeton University Press, pp. 26-31.

[18] 請參見 R. J. Barry Jones, 1986, *Conflict and Control in the World Economy: Contemporary Economic Realism and Neo-mercantilism*, pp. 65-87; (2) Robert B. Reich, 1992, *The Work of Nations: Preparing Ourselves for 21ˢᵗ –Century*

經濟學的論述又被稱為國民主義（Nationalist），其基本上承襲重商主義（Mercantilism）、國民經濟〔特別是指德國學者李士特（Fredrick List）在《國民經濟學》一書中闡述的論點〕，及制度學派等重要的理論思想[19]；更融合「方法論總體主義」（Holism）與「經濟民族主義」（Economic Nationalism）的觀點，主張政府在特定的環境下，必須藉由適當的發展策略，透過各種財經措施與產業政策來主導市場，以創造國民經濟的最大利益。特別是在面對他國的激烈競爭時，政府更須從國家戰略的層次，宏觀財經、貿易及產業等政策與國家競爭力的整體關係，而這其中又以貿易政策、競爭政策及高科技產業政策最攸關國民經濟的發展[20]。這一經濟民族主義的觀點認為，不論是「生產要素稟賦說」或「比較利益說」的新古典經濟學，都是以生產要素的成本觀訂定提升國際競爭力的策略，明顯忽略各國教育研發體制、科技水平、產經結構、產業及經貿政策等動態因素的重要性[21]。

　　然而，在國民主義的論述脈絡中，論者很容易將知識經濟強調政府角色與產業政策的觀點，和重商主義及凱因斯主義混淆，忽略彼此間所存在的根本性差異。首先，知識經濟的看法雖與重商主義的傳統有相似之處，都強調國家制度及政府政策影響國家經濟的競爭力甚巨，但實質上知識經濟與重商主義之間的差異卻非常大，更何況，重商主義的指涉還呈現多樣的內涵。依不同歷史年代的發展經驗與各國政策重點的不同，重商主義的類型與內

　　Capitalism, New York: Vintage Books, pp. 3-57.

[19] Robert Gilpin, 1987, *The Political Economy of International Relations.* pp.31-32.

[20] 請參見 Laura D'Andrea Tyson, 1992, *Who's Bashing Whom: Trade Conflict in High-Technology Industries* 一書精彩的討論。

[21] 請參見 Michael E. Porter, 1990, *The Competitive Advantage of Nations*, pp.1-30; 69-99; 617-644 相關章節的討論。

涵其實有很多種[22]。從十七、十八世紀以來,配合西歐民族國家與絕對王朝成立,推行獨占利益與財政汲取的重商主義,明顯不同於十八世紀清教徒革命後,英國所推行以工業革命及產業發展為主的重商主義;更不同於十九世紀德國學者李士特為抵禦強勢英國,所提各國皆以世界市場實行自由貿易的主張,特別是反駁亞當‧斯密(Adam Smith)《國富論》一書的論點,而主張弱勢國家應以保護主義措施增進國民經濟的重商主義;當然,也不同於二十世紀初期,為解決經濟大恐慌而採擴大政府公共支出,以財政及貨幣工具刺激景氣之凱因斯式的重商主義,更和興起於一九七〇年代融合非關稅貿易障礙(又稱結構性貿易障礙)與積極擴張國家貿易盈餘的重商主義〔也稱新重商主義(Neo-mercantilism)〕差異甚大。甚至,新重商主義的論者瓊斯(R. J. Barry Jones)更把一切可增進國家經濟發展,與擴大對外貿易的政策,如經濟、財政、貨幣、外匯、所得、能源、教育、關稅、配額、獎勵出口、援外及國際文教與軍產複合政策等,都被涵蓋進新重商主義的內涵[23]。

在眾多重商主義的內涵中,知識經濟對政府在經濟體制中角色與功能的界定,明顯不同於反映個殊利益之政府(如絕對王權或跨國企業)擁有絕對獨占地位的重商主義,即使其是藉由促發產業發展為手段者;當然,也異於過度強調保護主義、非關稅貿

---

[22] 有關(新)重商主義的類型與內涵的討論參見:(1)張漢裕,1984,〈英國重商主義要論〉,收錄於張漢裕博士文集編輯委員會《經濟發展與經濟思想——張漢裕博士文集(二)》,頁 201-237,台北:張漢裕博士文集出版委員會;(2)李士特,1974,《國家經濟學》上、下冊,王開化譯,台北:台灣商務印書館;(3)David J. Sylvan, 1981, "The Newest Mercantilism," *International Organization*, Vol.35, No.2, pp. 375-393; (4) Robert B. Reich, 1992, *The Work of Nations: Preparing Ourselves for 21st Century Capitalism.* pp. 13-24.

[23] R. J. Barry Jones, 1986, *Conflict and Control in the World Economy: Contemporary Economic Realism and Neo-mercantilism.* pp. 168-225.

易障礙，或賦予政府只要能增進外貿的全功能式的（新）重商主義；而且，依「知識經濟化」的創新觀點，知識經濟也和延續工業革命以來著眼於工業經濟發展的重商主義迥然不同。著名的政治經濟學者、曾任柯林頓政府勞工部長的賴希（Robert B. Reich），在勾勒政府在經濟發展中的角色時，就認為寓含國民經濟概念的經濟民族主義，是比重商主義更能貼近當代民主社會的核心價值，因為重商主義強烈意味保護及增進絕對王權與貴族或罔顧國民利益之跨國大企業的利益，而興起於二十世紀民主時代的經濟民族主義，則以國民經濟的理念發展國家經濟，並以之作為政府施政的主要參考架構[24]。當然，在知識與科技主導國民經濟發展的趨勢下，知識經濟對政府角色的期待，就成為如何增進知識與科技產業的發展；然而，必須特別注意的是，知識經濟主張強化政府在知識與科技產業發展中角色的看法，卻很容易和當下主張擴大政府財經功能之主流觀點的凱因斯主義相混淆，故有必要對兩者的差異再作進一步的廓清。

基本上，和新古典學派衍生自同一歷史傳承與理論根源的凱因斯主義，是為因應一九二〇至三〇年代的經濟大恐慌而提出，其在達致充分就業的前提下，主張大力擴張政府的角色及直接介入市場經濟的運作，企圖藉包括公共投資、降低租稅、提供財政補貼及強化社會福利（所得重分配）等措施，刺激國內需求，以創造就業機會及提振經濟景氣；其實，凱因斯主義對政府施政重點的揭示，說明其和新古典經濟學一樣，都是從直接降低生產成本（投資）及提升經濟誘因（消費）來刺激經濟，而不是從提升生產力的途徑來健全經濟的發展[25]。這種從短期著眼解決景氣低迷

---

[24] Robert B. Reich, 1992, *The Work of Nations: Preparing Ourselves for 21st Century Capitalism.* pp. 13-24.

[25] 請參見：(1)Ulrich Hilpert, 1991, "The State, Science and Techno-Industrial

的政策因有特定的政治效益，特別容易為當政者所採用，但其結果卻不僅讓不利競爭的傳統產業得以存續而延緩產業的升級，更錯置國家財經資源的配置——被綁在如何降低生產成本上，而無助於生產力與生活水準的提升[26]，當然，也就更無力阻撓企業外移至生產成本更低廉的國家。

此外，凱因斯主義強調在增加政府權威的同時，也幾乎難以迴避「政府失靈」的情況；特別是，在政府過度介入產經運作中所形成的政商利益集團，會設法影響政府的政策，以維護既得利益而妨害競爭，摧毀推動知識經濟發展的創業精神與創新動力[27]。本質上，凱因斯主義中所蘊含「政府失靈」的問題，和新古典經濟學所寓藏的「市場失靈」是一樣的。「市場失靈」的問題會使市場的既得利益者極力打擊創新者，而壓抑促進知識經濟成長的基礎環境，如獎勵新技術的機制、高等教育的投資、網路基礎設施及電子商務的發展等[28]。因此，就知識經濟的觀點而言，新古典經濟學及凱因斯主義的論述與政策主張都屬於舊經濟的範疇，企圖從總體經濟面刺激景氣及降低失業率，但結果失業率與財政赤字仍持續攀高。

總體而言，知識經濟對政府角色的界定，不像古典與新古典

Innovation: A New Model of State Policy and a Changing Role of the State," in Ulrich Hilpert ed., *State Policies and Techno-Industrial Innovation*, New York: Routledge, p.4; (2) TNETF. 1999, *Rules of the Road: Governing Principles for the New Economy*. pp. 1-2.

[26] 請參見；(1) Michael E. Porter, 1990, *The Competitive Advantage of Nations*, pp. 2-6; (2) TNETF, 1999, *Rules of the Road: Governing Principles for the New Economy*. p. 3.

[27] Robert D. Atkinson, 2001, "The Failure of Cyber-Libertarianism: the Case for a National E-Commerce Strategy," (PPI), p.3, Washington, DC. Available http://www.ppionline.org/ppi_ci.cfm?contentid=3439&knlgAreaID=140&subsecid=292

[28] Robert D. Atkinson, 2001, "The Failure of Cyber-Libertarianism: the Case for a National E-Commerce Strategy," (PPI), pp.2-3.

經濟學將政府視為消極保守型的「夜警」，也不同於重商主義或凱因斯主義讓政府淪為事必躬親但卻難以豐收的「採集－狩獵」者，而是期待政府扮演養護花木生長所需基礎環境與條件的「園藝」者[29]。在知識經濟的時代，政府是否善盡「園藝」者的角色，端視其能否透過國家創新體制的建構，引領社經體系進行創新及永續學習，而讓國家擁有適應環境變遷的速度與能力，即展現「適應性效率」，而提升國家整體的競爭力。當然，國家獲取競爭優勢的主要動力則源於龐大且優質的知識資源，至於此類知識資源的取得則有賴於政府建構一套創新導向的制度架構，包括提供良好的公共教育、在職訓練、終身教育及有利研發的社經條件和基礎設施等[30]。然而，更重要的是，政府本身也必須自我創新，增強政府本身的知識化（智能）及數位化（效率），以提升施政的品質。

(二)建構創新導向的政府──智能政府與數位行政

從國民經濟的觀點來看，政府在國民經濟體系中的角色，不僅是遊戲規則的主要制定與仲裁者，更因其所能動員的龐大資產而為最重要的參與者，甚至是最大的單一經營者，故知識經濟對政府的期待，不僅是要其營建出創新導向的社經體制，更要政府擔負起帶動知識經濟發展的火車頭，而推進政府這個火車頭的能源就是政府本身的知識化及創新化。

就知識經濟的觀點而言，政府知識化與創新化的含義有二：一是政府開創新知識或利用現存知識解決既有問題或滿足新需求

---

[29] 請參見 Robert D. Atkinson, Randolph H. Court & Joe Ward, 1999, "Economic Development Strategies for the New Economy," *The State New Economy Index: Benchmarking Economic Transformation in the States*. Available http://www.neweconomyindex.org/states/strategies.html.

[30] Ulrich Hilpert, 1991, "The State, Science and Techno-Industrial Innovation: A New Model of State Policy and a Changing Role of the State," pp.28-38.

的能力，即強化政府的智能（intelligence）以制定能解決問題的政策；二是政府行政體系的電子、資訊與數位化，也就是透過數位網路系統的建立來提升政府施政的行政效率。依發展心理學（Developmental Psychology）的觀點，成功的智能是指適應環境變遷的能力，而其內涵則包括分析（analytical）、創造（creative）與實踐（practical）三個面向的能力，也就是具有分析判斷環境變遷並提出新解決方法及有實踐落實的能力[31]。無疑的，屬於「實踐」面向的電子化政府或數位行政的硬體建設是較易達成的，而建構具有「分析」及「創造」能力以適應環境變遷——展現「適應性效率」的智能政府，則是相對困難的，這也正是資訊社會進入網路「內容」（content）年代的真正挑戰[32]。政府施政如何能同時兼蓄正確政策與效率行政，一直是許多學說與理論努力的目標，然而要兼顧兩者卻非易事。是故，從行政生態學以來就有錯誤的政策是比貪污可怕，而貪污至少還有一定效率的觀點；不過，以決策有效性來評價者則進一步主張，錯誤的政策其實比無效率更可怕，因為錯誤政策的結果將是全然毀滅的[33]。的確，如何制定正確有效的政策解決問題，才是政府真正的挑戰，也是知識經濟對政府角色的核心期待；當然，這並非意味效率不重要，而是錯誤的政策若被更有效地執行，其結果將難以預料。

傳統上，探討政府角色及政策性質的論述，主要是由政府在政策過程中所處相對位置及其性質來界定，相關理論大概有下列

---

[31] 請參見 Robert J. Sternberg, 1999, "Looking back and Looking forward on Intelligence: toward a Theory of Successful Intelligence," in Mark Bennett ed., *Developmental Psychology: Achievements and Prospects.* Philadelphia: Psychology Press, Taylor & Francis Group. pp. 289-308.

[32] 請參見 David C. Moschella（大衛‧莫契拉），1999，《權力狂潮：全球資訊科技勢力大預言》，蘇昭月譯，台北：麥格羅‧希爾，頁 115-131。

[33] Laura D'Andrea Tyson, 1992, *Who's Bashing Whom: Trade Conflict in High-Technology Industries*, p.2.

幾種：(1)古典的政府或國家論：從法律與制度的層面分析政府在憲政體制中的角色，指明政府在制衡關係中的行政權限與決策功能，凸顯政府在憲政體制及政策制定過程中的地位[34]；(2)決策的菁英論：由影響政府決策的力量及政策所反映利益的角度切入，認為政府事實上是被少數統治菁英所治理，而政策也是為服務他們的利益而制定[35]；(3)從亞當‧斯密以來的新古典經濟學：其對政府的期待是消極保守地維護市場交易的機能，而無視於政府為何以及如何積極地透過各種政策來影響市場的運作[36]；(4)政治系統論：認為政府僅是消極被動地反映輸入（input）與輸出（output）間的轉換（conversion）角色，至於政府如何轉換以及轉換的內容為何，幾乎是存而不論[37]；(5)延續韋伯（Max Weber）理性官僚模型及泰勒主義（Taylorism）效率管理為核心的現代公共行政學派，則以官僚組建及行政效率評定政府的管理能力，而對於政府決策的實質內容也是不予討論[38]。就知識經濟的觀點而言，上述有關政府角色論述的主要商榷在於：若非以工具性的觀點界定政府的行政功能，就是認為政策是為滿足特定的利益，或忽略政府及政策對現實世界的影響及重要性；而不是將理論的重點放在分析政府的政策是否能解決實存的問題，以及政府本身如何增進解決問題的政策能力。其實，以公共政策的角度來看，知識經濟更強調公共政

---

[34] 這一觀點可以 Karl Loewenstein, 1957, *Political Power and the Governmental Process* (Chicago: The University of Chicago Press)一書為代表。

[35] 請參見經典名著 C. Wright Mills, 1956, *The Power Elite* (New York: Oxford University Press)以及 Geraint Parry, 1969, *Political Elites* (New York: Praeger) 兩書中精彩的分析。

[36]請參見李士特，1974，《國家經濟學》中有關章節精彩的論述，頁 109-318。

[37] David Easton, 1965, *A Framework for Political Analysis* (New Jersey: Prentice-Hall)是典型的代表著。

[38] 請參見以此類觀點為主所著主要教科書的內容 Nicholas L. Henry, 1989, *Public Administration and Public Affairs* (4th ed.), Englewood Cliffs, N.J.: Prentice Hall.

策產品的實質內容，也就是 what to produce，以及政府自身如何增進制定有效政策的能力與機制，亦即政府的知識化與創新化；而不是如傳統的效率觀點，將公共政策架空於如何規劃、如何決策與如何評估之程序與形式的理性過程中，抑或是僅著眼於探討政府或民間團體在公共政策形成過程中的程序性角色與功能，也就是 how to produce。

這也正考驗著政府是否擁有「分析」及「創造」的智能，以制定正確的政策，所謂正確的政策就是能適應環境變遷解決問題的政策；甚至是，政府能主動創造環境的需求而制定滿足環境需求的政策。政府創新能力的展現不僅是能利用現有的知識或開創新的知識解決問題，更具有主動創造及引領環境進行變遷的慧見；換言之，就是主政者具有開創願景（vision）及主導趨勢發展的能力，進而整合資源，擬定因應或主導性的創新政策，展現政治企業家（political entrepreneurship）特有的開展新局、創造議題及解決問題的洞察力（insight）與智能。以國民經濟的發展而言，一個具有高智能政府及創新導向（包括國家與社經的創新體制）的知識經濟體系，自然就能因其知識化與創新化的施政品質，而吸引高科技、高生產力及高報酬等知識產業的進駐，特別是具有高競爭力之資訊、通訊、軟體與生化等資本及知識密集的產業，避免國家陷入只能以直接降低生產成本而犧牲國民生活水準的劣質競爭中，而這也就如同企業擁有開創新產品以拓展新市場的優質競爭力。

「徒法不足以自行」，好的政策當然須搭配好的行政效率，才能迅速有效地落實。進入網路時代，政府的確更易建立「顧客導向」的管理與回應模式，透過網路特有的「互動式」資訊處理模式，有利於建構「學習型」的組織，增強政府政策與行政效率間相輔相成的關係。依貝爾（Daniel Bell）在其經典名著《後工業社

會的來臨》一書中所提示的觀念，電子網路與通訊等新資訊科技與器具的產生，勢將帶動新的工作與生活的方式，進而改變社經與政治體制的運作方式與內容；作為反映社經體制需要及解決國家運作問題的政府，自然也必須調整施政的器具與方法，以適應環境變遷的需要，展現其「實踐」面向的智能。

檢視資訊科技發展及其對資訊與溝通流程的影響，可歸納出其對政府推動數位行政之流程與效率的意義有如下階段[39]：

1. 一九七〇至八〇年代的超大型電腦年代，國際商用機器公司（IBM）及惠普（HP）是當時的代表性廠商，這是一個典型從上到下垂直供給的賣方市場；當然，在資訊的取得與處理上，也是一個典型擁有超級電腦者掌控資訊的年代，特別是政府機關及大企業對一般大眾在資訊取得與詮釋上，幾乎是握有絕對的優勢。

2. 一九八〇至九〇年的個人電腦（personal computer, PC）年代，此時新興的代表廠商有英特爾（Intel）、微軟（Microsoft）、康柏（Compaq）及戴爾（Dell）等，而以往垂直的賣方市場也轉變為水平分工與供應的買賣關係，連帶也大幅降低電腦的售價，讓政府、企業及一般民眾在資訊的處理與取得能力上迅速提升，並大幅改善資訊流通的效率；不過，掌控資訊者在資訊的流程與溝通上仍居主導地位，一般大眾在資訊的取得上還是處在單向、間接、被動與片面的

---

[39] 請參見下列文獻的討論：(1)James R. Beniger, 1986, *The Control Revolution: Technological and Economic Origins of the Information Society*, Harvard University Press; (2) Chuck Martin, 1998, *The Digital Estate: Strategies for Competing, Surviving, and Thriving in an Internetworked World*, New York: McGraw-Hill; (3) David C. Moschella（大衛‧莫契拉），1999，《權力狂潮：全球資訊科技勢力大預言》，蘇昭月譯，台北：麥格羅‧希爾。(4)Andrew l Shapiro（安德魯‧夏比洛），2001，《控制權革命：新興科技對我們的最大衝擊》，劉靜怡譯，台北：臉譜出版。

位置。

3. 一九九三至二〇〇〇年的網際網路大興年代，電腦、網路與通訊產業的整合，特別是邁入數位與寬頻的階段後，買賣方市場分權的趨勢日益明顯，代表廠商除個人電腦年代的英特爾等外，更增網路軟體業的雅虎（Yahoo）、亞馬遜（Amazon）、美國線上（AOL），及網路硬體設備的思科（Cisco）等新興企業；更重要的是，全球網路溝通系統的建設，終於讓資訊的流通進入多元通路與主動擷取的年代，這種「去中介化」與「去中心化」的資訊供需關係，讓「互動式」的交易與溝通極為頻繁，不僅改變過去不平等的資訊取得權力關係，也大大刺激資訊的流通及政府的行政效率。

4. 當前的「內容」年代，網路作為載具的功能已日趨完整，相應地，對網路內容質量的需求也快速增加，網路企業間的產銷與競爭進入一個激烈的戰國年代，促使資訊的製造、取得與流通更為迅速，也讓資訊的流動與溝通從「互動式」走向滿足「個殊式」的需要；也就是，資訊系統的發展將建立在立即性個人資訊管理模式的基礎，針對個人提供特殊情境下的產品及服務，也可以針對個人所需設計主動學習的機制。當然，這也意味個人的「情境需求」是可被塑造與經營。隨著網路「內容」競爭與「個殊性」資訊服務年代的到來，人民對電子化政府的期待，也將從行政效率擴增為政府這個網站到底提供什麼內容與服務。不過，政府也因此更易取得所需資訊及掌控資訊的管理模式，而有利於政府創新出更精緻的治理能力。

整體而言，政府透過網際網路建構數位行政的核心精神是「隨

時在線上，而不是在線裏面」（on line, not in line）[40]，即政府必須隨時且動態地透過網路雙向互動及顧客導向的特質提升行政效率，讓傳統垂直實體的政府轉變為線上水平的虛擬政府，減低傳統因時空與府際間（inter-governmental）流程而延緩的行政效率；換言之，政府不能僅把資訊靜態地放在網路上，讓政府網站上的內容成為單向片面的法規查詢及政令宣導而已。進入數位行政的時代，政府必須要能善用網路系統的「線上」立即性、個殊性、互動性及學習性的優勢特質，強化政府的行政競爭力。展望台灣當前政府在建構數位行政上的進程，明顯須積極推行下列的相關政策：一是健全電子認證、簽章、交易安全與犯罪防治等法規制度；二是健全企業與企業（business-to-business, B2B）、企業與政府（business-to-government, B2G）、公民與政府（citizen-to- government, C2G）等相關的網路系統，並將之整合；三是健全全台的寬頻網路系統，並盡速配套實施3G（第三代通訊）系統；四是由政府協助人民建立個人導向的「互動式」－「學習式」資訊處理系統，以強化政府與民間的溝通速率，及健全民眾終身學習的機制與管理模式。

四、結語

進入二十一世紀，知識已成為支配經濟發展的最主要力量。相對於農業時代的土地、勞力及工業時代的機械，知識作為經濟資源的最大特色是超越「資源的有限性」，知識是越使用越具累積性與生產力，不同於傳統經濟的資源是越使用耗損越多。這一超越傳統資源的經濟特質，讓知識經濟更加依賴知識的發展與運

---

[40] Robert D. Atkinson, 1999, "How Can States Meet the Challenge of the New Economy？" p.7.

用，也讓知識的發展與運用成為決定國民經濟競爭力的關鍵。在知識經濟的時代裏，作為國民經濟體制的制定者與重要的參與者，政府如何增進知識的發展與應用，及政府本身如何知識化，是政府在知識經濟下最重要的角色與課題。政府一方面透過健全研發、教育、法治與資訊網路體制來建構國家的創新體制，引領社會與經濟體制的知識化及創新化，以利國民經濟朝向知識化的發展；另一方面，政府本身也須積極強化其適應及解決環境變遷問題的智能，並建構數位的行政體制，以提升施政的效率與品質。

知識經濟與傳統經濟因對經濟的基本理性、國家與制度對經濟影響的觀點不同，而在新、舊經濟的「延續」與「斷裂」間呈現「有意義的轉變」，從強調資源稟賦與生產要素的成本競爭，轉成重視知識與科技創新的生產力競爭。這種「有意義的轉變」讓知識經濟對政府角色的界定，自然不同於傳統經濟及部分政治經濟學的看法，特別是古典與新古典經濟學、重商與新重商主義以及凱因斯主義等傳統的論述。然而，智能政府在營建創新導向的國民經濟與施政體制時，卻也因知識經濟潛存的內在衝突及在政治實踐上的困難，而面臨諸多的難題與挑戰；其中尤以知識（公有共享）與經濟（獲取利潤）的本質性矛盾，以及知識（專業判斷）與政治（汲取權力）的內在衝突影響最巨，而這實有賴於政府在推動知識經濟時展現其「智能」特質，以解決知識和經濟的本質性矛盾，及化解專業知識與權力政治間的衝突。

在知識經濟蔚為全球風潮的當下，再加以政府的刻意推動，知識經濟在台灣幾已成為社會科學界另一新的顯學。面對此一對相關領域學科都將產生相當衝擊與影響的新論述，本文試圖以理論建構的觀點檢視知識經濟與傳統經濟的異同，並藉由凸顯其間的差異以及對政府角色的省思與重建，勾勒知識經濟的本質性圖像，廓清政府在知識經濟下的角色與意義。

參考書目

■中文部分

行政院經濟建設委員會，2001，《知識經濟發展方案》，http://www.cedi.cepd.gov.tw。

李士特，1974，《國家經濟學》上、下冊，王開化譯，台北：台灣商務印書館。

張漢裕，1984，〈英國重商主義要論〉，收錄於張漢裕博士文集編輯委員會《經濟發展與經濟思想——張漢裕博士文集（二）》，頁201-237，台北：張漢裕博士文集出版委員會。

黃河明，2001，〈知識經濟時代我國資訊軟體產業發展策略〉，《科技發展政策報導》SR9004: 253-259，2001年4月。http://nr.stic.gov.tw/ejournal/SciPolicy/EJ07_SR9004.htm。

Castells, Manuel（曼威‧卡斯德斯），2000，《網路社會之崛起》，夏鑄九、王志弘等校譯，台北：唐山。

Castells, Manuel（曼威‧卡斯德斯），2001，《千禧年之終結》，夏鑄九、黃慧琦等譯，台北：唐山。

Moschella, David C.（大衛‧莫契拉），1999，《權力狂潮：全球資訊科技勢力大預言》，蘇昭月譯，台北：麥格羅‧希爾。

Shapiro, Andrew L.（安德魯‧夏比洛），2001，《控制權革命：新興科技對我們的最大衝擊》，劉靜怡譯，台北：臉譜出版。

■英文部分

Archibugi, Daniele & Jonathan Michie, 1998, "Trade, Growth and Technical Change: What Are the Issues?" in Daniele Archibugi

& Jonathan Michie ed., *Trade, Growth and Technical Change*, New York: Cambridge University Press, pp.1-15.

Archibugi, Daniele & Jonathan Michie ed., 1998, *Trade, Growth and Technical Change,* New York: Cambridge University Press.

Atkinson, Robert D., Randolph H. Court & Joe Ward, 1999, "Economic Development Strategies for the New Economy," *The State New Economy Index: Benchmarking Economic Transformation in the States*. http://www.neweconomyindex.org/states/strategies.html.

Atkinson, Robert D., 1999, "How Can States Meet the Challenge of the New Economy?" Progressive Policy Institute (PPI), Washington, DC. http://www.ppionline.org/ppi_ci.cfm?contentid=3439&knlgAreaID=140&subsecid=292.

Atkinson, Robert D., 2001, "The Failure of Cyber-Libertarianism: The Case for a National E-Commerce Strategy."(PPI). Washington, DC. http://www.ppionline.org/ppi_ci.cfm?contentid=3439&knlgAreaID=140&subsecid=292.

Bell, Daniel, 1976, *The Coming of Post-Industrial Society: A Venture in Social Forecasting*, New York: Basic Books.

Beniger, James R., 1986, *The Control Revolution: Technological and Economic Origins of the Information Society*, Harvard University Press.

Bennett, Mark ed., 1999, *Developmental Psychology: Achievements and Prospects*, Philadelphia: Psychology Press, Taylor & Francis Group.

Drucker, Peter Ferdinand, 1969, *The Age of Discontinuity: Guidelines to Our Changing Society,* New York: Harper & Row.

Drucker, Peter Ferdinand, 1993, *Post-capitalist Society*, New York: Harper Business.

Easton, David, 1965, *A Framework for Political Analysis,* New Jersey: Prentice-Hall.

Elster, Jon, 1985, *Explaining Technical Change: A Case Study in the Philosophy of Science*, New York: Cambridge University Press.

Freeman, Christopher, 1998, "The Economics of Technical Change," in Daniele Archibugi & Jonathan Michie ed., *Trade, Growth and Technical Change*, New York: Cambridge University Press, pp. 16-54.

Galbraith, John Kenneth, 1972, *The New Industrial State*, Harmondsworth: Penguin.

Gilpin, Robert, 1987, *The Political Economy of International Relations*, Princeton: Princeton University Press.

Henry, Nicholas L., 1989, *Public Administration and Public Affairs,* 4[th]ed., Englewood Cliffs, N.J.: Prentice Hall.

Hilpert, Ulrich, 1991, "The State, Science and Techno-Industrial Innovation: A New Model of State Policy and a Changing Role of the State," in Ulrich Hilpert ed., *State Policies and Techno-Industrial Innovation*, New York: Routledge, pp. 3-40.

Hilpert, Ulrich ed., 1991, *State Policies and Techno-Industrial Innovation*, New York: Routledge.

Jones, R. J. Barry, 1986, *Conflict and Control in the World Economy: Contemporary Economic Realism and Neo-mercantilism,* Brighton, Sussex: Wheatsheaf Books.

Kennedy, Paul M., 1987, *The Rise and Fall of The Great Power: Economic Change and Military Conflict from 1500 to 2000*, New

York: Random House.

Loewenstein, Karl, 1957, *Political Power and the Governmental Process*, Chicago: The University of Chicago Press.

Martin, Chuck, 1998, *The Digital Estate: Strategies for Competing, Surviving, and Thriving in an Internetworked World,* New York: McGraw-Hill.

Mills, C. Wright, 1956, *The Power Elite*, New York: Oxford University Press.

Nelson, Richard R. & Nathan Rosenberg, 1993, "Technical Innovation and National Systems," in Richard R. Nelson ed., *National Innovation Systems*, New York: Oxford University Press, pp. 1-21.

Nelson, Richard R. ed., 1993, *National Innovation Systems*, New York: Oxford University Press.

Parry, Geraint, 1969, *Political Elites*, New York: Praeger.

Porter, Michael E., 1990, *The Competitive Advantage of Nations*, London: MacMillan.

Reich, Robert B., 1992, *The Work of Nations: Preparing Ourselves for 21st –Century Capitalism*, New York: Vintage Books.

Schumpeter, Joseph A., 1976, *Capitalism, Socialism and Democracy*, London: George Allen & Unwin.

Sternberg, Robert J., 1999, "Looking back and Looking forward on Intelligence: toward a Theory of Successful Intelligence," in Mark Bennett ed., *Developmental Psychology: Achievements and Prospects*, Philadelphia: Psychology Press, Taylor & Francis Group, pp. 289-308.

Sylvan, David J., 1981, "The Newest Mercantilism," *International*

    Organization, Vol.35, No.2, pp. 375-393.

Thurow, Lester, 1993, *Head to Head: the Coming Economic Battle Among Japan, Europe and America*, New York: Warner Books.

TNETF (The New Economy Task Force), 1999, *Rules of the Road: Governing Principles for the New Economy*, (PPI), Washington, DC. http://www.ppionline.org/ppi_ci.cfm?contentid=1268&knlgAreaI D=107&subsecid=123.

Toffler, Alvin, 1980, *The Third Wave*, New York: Bantam Books.

Tyson, Laura D'Andrea, 1992, *Who's Bashing Whom: Trade Conflict in High-Technology Industries*, Washington, DC: Institute for International Economics.

Webster, Frank, 1995, *Theories of the Information Society*, New York: Routledge.

第七篇

資訊社會與政治

資訊社會之政治參與

許 仟

佛光人文社會學院政治系教授

一、前　言

　　台灣太資訊化？太政治化？泛資訊化能夠讓 Taiwan double？泛政治化是否將導致 Taiwan bubbles？資訊是多數人共享的？科技是少數人專屬的？政治是多數人關心的？政權是少數人掌握的？資訊時代的來臨，E 世代人類一方面面對工作新形態、新操作模式，二方面在工作中以及工作後對政治的參與，無論在參與的準備，或在參與的運作，皆有新的詮釋。

　　在現代科技化約的環境下，不論產生的是「資訊拜物教徒」或是「資訊焦慮病患」，皆難逃「監視器化」（monitorized）的厄運，未來的世界只能虛擬，並不能有絕對的具體描述，政治社會可能是與對手合作（cooperation with competitors, CWC）；經濟思考可能需由知識經濟學的觀點切入，消費型經濟？投資型經濟？抑或是知識密集型的經濟？科技社會中電腦與傳播（computer & communication, C&C）尤其對民眾生活有至深至鉅的影響（許仟，1999a: 243），新新人類在後蘇慧倫時代的價值觀方面又是無人能以正確語言明確勾勒，昨日的 Y 世代急遽轉為今日 E 世代，是電子時代？是網路時代？或根本是娛樂（entertainment）時代？有了一世代，難道二世代不會即刻來臨嗎？

　　人類對未來充滿期待與好奇，尤其在預測工具精進後，總想早一步駕控未來；政策面觀之，在長期經驗主義下，人們最後會反思人類的最終需求，並關懷人類未來為何，同時依未來的預測做為長期決策的指標，這即是未來學形成的基本要素。本文應是一份建構在未來學基礎上的哲學思考成果，本文虛擬工作、虛擬

生活、虛擬國家與政府、虛擬社區，但若以上的預測僅建築於非學術的空氣中，則本論文也就算是虛擬的吧！本文試圖由資訊科技對工作與生活的衝擊描述，展開生活中對政治的新渴望與新操作分析；解釋全球網際網路建構完成後，政治電子化對國家虛級化趨勢的影響，及探討全民政治的可能性以及評估社群直接參政的發展。

二、資訊時代的工作與生活

政治參與不僅止於秘密投票的選舉、白布條加蛋的自力救濟，也非止於政黨政治或經由壓力與利益團體的關說、遊說、賄賂；其實，政治早已環繞在你我生活四周，金石堂（以下書籍即將出版）的《陪孩子放風箏》的親子教育是政治議題，《戀愛十全大補帖》、《夫妻教戰手冊》的兩性關係是政治議題，《如何利用 EQ 做個現代萎人》、《老闆阿諛術》、《領導統御與打壓剝削要訣》的人際關係是政治議題……工作中、生活間，只要是人與人，就開始了政治；如果你與電腦在新軟體設定時嘔氣，在打電玩時亢奮，要求與網友一夜情時流涎……你與電腦也已展開了政治話題。

資訊時代來臨後，工作性質改變，職業種類減少，導致社會結構重整，社會價值以及職業賦予的社會地位亦隨之丕變；特別是微電子廣泛使用，造成外在技術結構以及內在政治經濟結構的強烈衝擊。「資訊經濟學」也漸漸為世人所重視，人們開始應用事實與數據創造、管理以及換取財富，而此概念也經常與商業經營相連結，資訊技術（information technology, IT）的運用，也在二

十世紀末形成許多管理系統，例如博德模式（Porter Models）、懷士曼策略選擇產生器（Wiseman Strategic Options Generator），以及麥法蘭策略棋盤（McFarlan Strategic Grid）等（黃昌意，1994: 2-5），基本上可預測的微電子資訊時代，其特質似乎已經包括以下數項：

1.技術結構的改變：結構元件微型化，儲存密度增加，提高計算速度與儲存容量。

2.功能變遷：提升生產技術，降低成本。

3.人類越加仰賴機器與科技。

4.生產過程對工作者之控制權以及資本對工作之控制能：繼續趨向資本主義的生產方式，專家與經理掌握產品製造方式及生產過程的知識，掌握資訊即掌握權力。

5.知識與技能轉型：電腦化的工作製作、生產與設計形成新的工作方式。

事實上，機器自動化與生產微軟化的問題從未單獨存在，新科技不僅決定工作與技能的結構，同時也決定組織及人力管理問題。在工作結構方面，生產線的操作員直接性的工作減少，低技能性質的工作也減少；而管理方面由於電腦輔助生產管理，監控工作取得主導地位，多項職務也開始重新整合。生產線的操作員必須具備有雙邊合作的能力，亦即是一面與經營者合作，另一方面與研究部門人員合作，在工作結構與組織管理的變遷下，人與制度更複雜的關係也正無息地展開。有關於工作形態的轉變，技能質與量的需求今日至少已存在五種論說（許仟，1999a: 235-236）：

1.現狀論（Status-quo-These）：對整個職業技能結構不致改

變。

2. 接近論（Annäherungsthese）：技能水準與人力資源培育的供需一致。

3. 兩極化論（Polarisierungsthese）：極少的高科技小團體，絕大多數非專業化的工作者；雙重或多重技能的要求日益重要；資本家合理的利潤將轉嫁於知識新貴之手。

4. 高技能論（Höherqualifizierungsthese）：提高對每個職位的技能要求；要求提高就業新鮮人的學歷；要求雙重技能或多重技能，但就業市場有限，因此不乏高技能的失業者。另外，擁有高技能者將再提升其技能，而維持現況者將遭市場淘汰。

5. 低技能論（Dequalifizierungsthese）：降低工作職位的技能要求。

以德國為例，資訊化時代不僅挑戰了專業化技能的資格需求（Bedarf der Qualifizierung），也搖撼了德人引以為豪的工作倫理（Arbeitsmoral），尤其昔日德國因「準時與確實」（Pünktlichkeit und Genauigkeit）而呈現品質與效率，未來卻將因高科技的定時與精確特性，導致工作時間與地點的彈性化，而勢必需要對其技能資格訓練目標加以修訂。

預測未來工作的基本性質變遷則可歸納出下列數項：

1. 傳統工作價值與規範式微：短時間接手不同的工作，也包含不斷轉業、失業、再就業，終生有延續性的工作（work）被短期斷續的工作（jobs）所取代。

2. 工作時間及場所彈性化：時間及地點的彈性化是指運用高科技可演變成在家中工作之虛擬辦公室，將免上班塞車

苦,又可兼帶孩子。

3.工時縮短:包括每周與一生。

4.強化專業科技的差異性,手工藝技能退化。

5.個人工作室相繼成立:一致性大量生產的商品減少,獨立、
  個性、品味且具創意的生產能需求增加。

上述變遷引導了未來生活的新規劃方向,短期斷續的打工代
替了傳統終生有延續性的工作,促使轉業訓練需求大增。基本學
能究竟為何?養成訓練又應如何重新思考?人將如何與電腦競
爭?抑或如何避免與電腦競爭?電腦與人如何分工?如何合作?
電腦人性化?人性電腦化?諸多問題已形成了進入資訊社會應該
準備的課題。而辦公室自動化以後,決策、溝通與事務處理三項
機能所占的比率又將有什麼調整(洪若偉,1997: 20-22)?

國內近年開始實施周休二日,所面臨的困擾是閒得發慌?只
是睡覺?看電視?看十幾捲錄影帶?通宵卡拉 OK 唱到「燒聲」?
插花?刺繡?做義工?……究竟還能做什麼?其實不僅縮短了每
周的工時,未來更可能因技能不敷時代所需而提前退休,縮短了
人生的工時。

然而,實際上在一個科技的時代內,時間與空間的意義也改
變了,對於工作時間上的精確的要求已經遭破除,工作的實質內
涵早已跳開時間的枷鎖,每一個人可以按照其本身特有的分析組
織能力,配合機器的利用來達成預定的工作。再者,工作的地點
也產生改變,每一個人能夠在家工作,不單減少上下班交通往返
時間,並能夠一次完成數項工作。這種工作性質與工作地點的改
變,減少時間的浪費,使每個人都多出許多空閒的時間,得以和
別多人交往,建立廣泛的社會人際關係。從此,家庭生活、親子
教育、社區服務,乃至國事天下事,皆成為資訊時代必須提前準

備的新工作了。

三、網路民主與電子政府

　　二十一世紀在大眾傳播與網際網路的全球化發展下，造成自由民主政治的新詮釋與新運作。一九八九年天安門事件在傳媒的引介下，坦克與人肉對峙的畫面直接傳送至全球各角落，種下了中、東歐民主化的主要種籽，兩德統一、東歐變革以及蘇聯解構皆被喻為「電視革命」（TV-revolution）。今日，傳媒已將資訊、知識、教育、娛樂、商品推向民眾起居室或辦公室等日常生活的場域，成為繼國家（政府）與人民之後最大的參政勢力。也許在特定的時空間，執政者選擇性公布消息，或媒體選擇性播送訊息，造就人民在知的權力上不自覺地被侵害，但隨著網際網路的架設與使用，各種聊天室、電子通信與網路票選使人民表達意見之管道越加暢通，便捷的網際網路促使希羅哲人理想中的「直接民主」再度來臨。

　　相關網路的管理議題也相對地重要，例如如何確保網路發聲結構不變、網路發聲管道不受阻礙、網路上人人平等，皆是規範未來網路秩序的俗生活課題。

　　不僅止於傳媒，政府與民眾所設定的傳統互動模式：民眾等待「被動式的 call-out」與「主動式的 call-in」，也因網路而進入了新紀元，民眾隨時、隨地、隨機上網，或搜尋或發函均可以先發制人的方式充分反應民意。虛擬投票區亦即將全面出現，上網後無論以身分證字號輸入、密碼輸入或是指紋、瞳孔的比對等認證方式，輕鬆點一下滑鼠，即可完成投票。所謂電子政府將不再

只是政府機關內部、機關與機關之間行政作業、機關與民眾的行政工作，皆可藉由網路執行，更在公共議題與政策形成時，人民直接藉由網路參政，黑箱治權與代議政權的體系迅速瓦解。

　　面對未來資訊大量的傳遞與交流，政府公共行政運作與決策過程越加透明化，而政治領導者為延續政權且不甘被人民宰制，必將再招募新的技術官僚與人民過招，展開了政府與人民知識大對決的新頁。

四、全球政治與社區政治

　　資訊化的社會使得全球化的趨勢不可逆，然生活場域的互動需求更為增加，以今日歐洲的區域整合發展為例，對於未來歐洲已有十項預言（許仟，1999a: 240）：

1.思考全球化。
2.商品歐洲化。
3.行動區域化。
4.品味國別化。
5.消費本土化。
6.生產環保化。
7.製造自動化。
8.運輸自由化。
9.銷售區隔化。
10.經營跨國化。

　　由上述關鍵詞得見，在不同類型與需求下，將形成不同階段

與層次的思考及運作，有全球性的、區域性的、國家性的，也有地方性的；更內縮一步，在生活場域則是社區性的，繼西方的個人，東方的家庭之後，「社群化」（communizied）的社區，將被確認為未來的社會基本單位。

網際網路是資訊社會主要的溝通工具，跨國的生態環境議題、地球毀滅性核武的六度空間（陸、海、空、水下、太空、資訊）戰略議題，以及網路發聲平等之資訊管理議題等等，牽動著全球性「生存空間」的思考；而未來人類真正活動與實際移動的方圓又不需踏出社區或城鄉，又引發小範圍「生活空間」的思考。因此，「理性的全球政治關懷與感性的社區政治參與」將成為資訊社會平行式的兩項政治活動。

以民主社會的選舉而言，未來無論身在世界那一個角落，皆可上網投票，再也不會像千禧年美國總統大選一般延期開票結果，無論是全美各州的計票，也包括海外投票。一國之公民有權利遠離國家，卻依然享有公民／市民的權利與義務，試想：如果我們躺在夏威夷海灘曬著太陽，用金城武的防水防沙 e-wap 手機按鍵即可表達對台灣公共事務的意見。從此，一方面模糊國界，另一方面卻也鞏固城鄉，無論身處何地，隨時可以展開與中央及地方的知識對決。是否二十一世紀的國際關係，應是以國家研究為經，區域研究為緯，編織成完整的國際研究？迄今，究竟應以區域主義（regionalism）為基礎建構區域組織，或以世界主義（globalism）建構世界組織，仍存在著許多爭議。區域界定於國內，小為鄉里，大為省市；用於國際，則必大於國家，總以多國為一「區域」視之。鬆散的區域組織莫過於同盟（alliance），是介於國與國之間（between the states）的單項或多項合作的協議。最嚴謹的組織則為超國家政府（supranational government）。超國

家組織凌駕於國家之上（above the states），將是未來大國家的雛形，有政府的特質（government-like qualities），然仍以聯邦主義（federalism）為基礎出發，不只是限制國家主權，更進一步是將國家部分主權移轉入超國家組織之中。區域主義是指：在自然地理一定區域內之多國家，由於地理彼此毗鄰、歷史發展經常互動、語言相似或相通、生活習俗與精神價值等發展重疊，或因政治經濟利害休戚與共，而形成互賴共生的「共同體感」（sense of community）以及組成互補互信的聯盟之動機。例如因軍事安全與共同防禦動機而有北大西洋公約組織（North Atlantic Treaty Organization, NATO）與華沙公約組織（Warsaw Treaty Organization），由美國主導的美洲國家組織（Organization of American States, OAS）亦是，亞太安全合作理事會（Council for Security Cooperation in Asia Pacific, CSCAP）也屬於此範疇之中。以經濟合作為出發點的區域組織有亞太經濟合作會議（Asia-Pacific Economic Cooperation Council, APEC）、中美洲共同市場（Central American Common Market, CACM）、北美自由貿易協定（North American Free Trade Area, NAFTA）、加勒比海共同市場（Caribean Common Market, CARICOM）、歐洲共同市場（European Common Market）、歐洲自由貿易協會（European Free Trade Association, EFTA）等等；政治性的則有歐洲安全合作會議（一九九四年更名為歐洲安全合作組織，Organization for Security and Cooperation in Europe, OSCE）；同時涵蓋政治經濟文化合作與共同防禦功能的區域組織則有東南亞國家協會（Association of South-East Asian Nations, ASEAN）、歐洲聯盟（European Union, EU）等。

　　簡言之，區域研究的被重視以及區域組織的形成肇端，主要

立於地理毗鄰（geographical proximity），其次才進一步帶動文化語言歷史或精神之同質（cultural, linguistic, historical or spiritual affinities），與共同利益（common interests）以及共同責任（join responsibility）等概念。超國家區域組織的歐洲聯盟可視為二十世紀最為成功的區域合作範例，不僅是經濟的、環保的、政治與外交的區域合作，尤其其區域政策（regional policy）與文化政策（cultural policy），更彰顯了「去中心化」（decentralization）的功能，迫使傳統國家的虛級化。

　　「去中心化」不僅模糊了國界，更突顯了國級以下地方與社區的重要性。倘若有人杜撰民族神話且在戰後不斷形成新興民族國家（今天不談民族自決或馬哈地的 nation-state v.s. state-nation），倘若領導（Führer）以種族優越論牽動人們仇恨「非我族類」的邪惡心，倘若政客不斷撩撥族群衝突的激情……人們總會厭煩國家意志高論，總會察覺政府官僚體系的龐大和不要臉，而將興趣轉向與己身較關切的城鄉之中，這一份關心與資訊全球化無關，與傳播無國界無關，而是周遭的現實生活。它是身邊的水、電、綠色蔬菜與綠色公園，是自由的空氣與溫馨的人氣。理想主義者對「社區」（社群，共同體）的願景遠高過於對社會或國家的價值，社會（society, Gesellschaft）是權利與義務的對等平衡與履踐，在公民權的權利與義務間平衡點消逝時，社會成員可以選擇改革、革命與脫離等方式。前兩項是屬於程度不同的對社會之改變與修正，第三類則為對該社會的離棄（移民即是具體的行動之一，然非本文探討之議題）。相對於以人民為考量的社會，理想中的社區（共同體，community, Gemeinschaft）是所有成員生活在權利與義務不可能（也不可以）釐清的「社群」，權利是自然的，義務是自發的。模糊混沌的狀態中存有共同的生命感覺，換言之，是

一種家庭溫馨的感覺。家庭成員的互動，原本就是幼有所養、壯有所用、老有所終，相互依賴、相互扶持，其間有最多的慈愛與關護，絕非利益或權力的爭奪，社區（社群）的真諦即在於斯。也因此，社區的組織可能是鬆散的，行政管理可能是缺乏效率的；因為社區的經營似乎不是策略或技巧，而應是藝術與哲學的，由是，柔性的新政治於焉誕生。

五、新菁英政治

依據 A. Heyhood 在政治平等的論述再進一步觀察（1999: 459-470），多元主義（pluralism）的民主政治，可能導致多數決，但若是一種未受監督的民主政治，則掌握未來網路秩序規範的主宰者，假借人民名義遂行私利，形成另一類型的民粹統治。因此，網路民主的全民參政，也難逃「一人一票，票票等值」（one man one vote, one vote one value）的假性平等。以功能思考的統合主義（corporatism）認為國家（社會）建立了政府、雇主與工會三邊形成的機制，三邊相互協調以達政治共識，政策係透過政府與強大的經濟利益領導者的協商而制訂，因此，代議機關以及根本民意未受真正的重視，而未來在網際網路的架設以及傳媒的全面監督下，三邊機制的民主體系將受到最大的衝擊與考驗。新右派主義（New Rightism）強調政府不干預之自由市場經濟，相信政府不加干涉時，經濟會運作得最好，批判選舉只會帶來民主超載，增加政客對選民的虛假承諾；然而在缺乏政府的監督之下，未來政治與經濟的秩序規範主宰可能是網際網路的建構者，對於普羅大眾仍舊無益。相對於右派的論述，左派馬克思主義（Marxism）固然

強調生產工具所有權產生的不平等，亟需重新分配處理；而未來的資訊社會中，生產工具將由有形轉為無形，曾經有形的資本是政治權力的來源，未來，無形的知識與資訊更將是政治權力的精怪魔杖，平等分配的理想終究難以實現，而且這份參政權是被賦予的，並未能有自覺性與自主性。

古典的菁英主義（elitism）認為民主政治不過是愚蠢的幻想，因為政治權力永遠被少數菁英所把持，工業革命後，混合著資本主義，結合了經濟與政治，權力的擁有與享有仍然屬於少數部分人，未來資訊社會中，技術與知識仍歸屬於少數人。綜言之，政治權力總為少數菁英掌握，勢必劃分成統治與被統治兩階層，竟然從過去到未來都無法改變。John Burham 就認為一個管理階級藉科技與知識以及行政技能，將支配所有工業（資訊）社會，不論是資本主義或是社會主義的社會皆然。

現代菁英主義者只是突顯現今政治體系與運作、公共政策規劃與執行，其實離民主理想遠矣。強勢政府、大企業、科技新貴、軍方、壓力／利益團體在政治參與的過程中，從來沒有絕對的正當性，也沒有一定的適法性，至於全民參政以及人人政治平等亦不過是海市蜃樓而已。前段所述電子政府與政治的全面開放網路參政，看似人人皆能經由網際網路破除時空間來監督政府，甚至進一步直接規劃政策，可能顛覆舊日菁英階級，但仍可能受控於新菁英階級，統治與被統治的兩階級對立理論仍然存在。

但若由樂觀面來詮釋，新政治菁英若有全球性的關懷與社區性的服務熱情，則扮演的將是監督與設計的角色，並非統治的角色。特別在規劃網路發聲部分，如何藉科技與知識能辨別每位民眾在每項政治活動的參與能力，並公平地計算出其參政價值，例如前述的一人一票，能精確地計算出有人一票僅獲得 0.8 政治單

位，有人則值 2.6 政治單位等。

六、閒暇生活與政治參與

E 世代人類必須具備終生學習的能力，儘管離開學校後工作、工作後退休，還是得不間斷地繼續學習，亦即是終生的學習，「活到老學到老」（life-long-learning）變成「學到老活到老」（long-life-learning），基本上由工作當中可以獲得自我的成就與成長，特別在初期大部分的肯定來自於他人的掌聲，慢慢地進入自我肯定階段後，這一部分的滿足便來自於精神層面的肯定（此論說仍是根據馬斯洛理論而來）。但是，現今人一生當中學習的時間可能在未來將不斷增長，目的也是為了培養日後足夠的實力來應付未來工作時間不斷地壓縮，以及所附帶倍增的工作壓力，但人們從學生時代所累積的實力，有可能在未來極短暫的時間內完全消耗殆盡，雖然在高科技的協助下，現代人產能能倍徒於前人，同時也獲得不少肯定與成就；然而，有酬工作結束後，具備了足夠的物質生活，同時透過工作也獲得成就感後，至於剩下的時間則又該如何安排？不過人還是必須工作，只不過此時的工作則是屬於無酬工作的範疇。所謂無酬工作乃是人為追求滿足來填補這時的空虛，於是就得透過無酬的工作或從事社會義務工作，包括參與社區活動、政治性活動或慈善性活動等，來獲取精神上的滿足，而不必去從事有酬的工作。除此之外，尚有另外一種無酬工作，即按照每一個人的喜好，經由嗜好的選擇安排，則可以保持樂趣延續進行，從中並可以獲得滿足，此又稱為閒暇工作；這一部分乃有助於打發時間，藉由這些活動安排使生活不至於過

度無聊，使生活當中可以獲得另一項新意義，同時對社會也產生正面的影響，降低了人與人的疏離感。

　　未來的教育除了扮演職業準備的角色以外，似乎更需規劃適當的閒暇生活課程，引導 E 世代如何有意義地利用閒暇時間從事人格完整化的無酬工作，同時也彌補了工業革命後有酬工作中，因不可避免的專業分工所帶來的不完整性，所謂的由「分工」（Arbeitsteilung）致使「工作分裂」（Arbeitszerplitterung），所指的不僅是工作程序的分裂，也提出了學習程序的分裂。歐洲學者 J. Dikau 和 W. Lempert 等承認此論說是由馬克思主義引申而來，同時並對泰勒分工說的一項批判，工業革命前多數工作並未專業分工，人類能夠完全參與產品生產過程（尤指手工業），工廠出現後人類站在生產線上成為製造機器之一螺絲，無法再全窺生產，喪失了完整完成一份工作的成就感（Lempert, 1994: 324-335）。閒暇教育（Freizeitpädagogik）成為歐洲教育學的新興研究主題，德國卡塞爾綜合大學（Gesamthochschule Kassel）設有閒暇教育研究所，將「工作」劃分為「有酬工作」（Lohnarbeit）與「無酬工作」（Gesellschaftliche Arbeit）兩類。無酬工作包括藝術欣賞、家庭工作、社區服務工作、社會義務工作、政治活動關懷等任何非物質（金錢）酬勞的工作，因此，未來的政治參與可能將是全然無酬的工作，是一份面對最親近人的工作，更是人人不能避免的義務性工作，也是一份需要不斷自學的工作。

七、結論：感性的政治參與

　　資訊社會的來臨，全民、全球、全時地直接參政的夢想可以

實現，一旦政府與人民不再對決，則國家地理疆界不在，功能性城邦或稱綠色社群紛紛出現，科技協助事務處理，軟性的溝通則代替了硬性的決策。

然而在科技與人之間更加頻繁溝通，加上電腦人工智慧的研發之後，歐美科學家近期已能證明機器人與機器人之間具有相互學習的能力，機器人並具有自行修復損毀能力的實驗，以及合成人（cyborg）將同時取代人類與機器人的分析報告等，凡此對未來人類的生活造成一定程度之影響，尤其是記憶能力、計算能力、系統化組織的工作等都將漸漸由電腦所取代，現今只剩下人類的創造力仍是電腦所不能完全取代的部分。因應日新月異的資訊時代，與電腦的互動與溝通變成特別重要，進而促使電腦人性化。人類對於電腦依賴程度的加深，多少也就框限了人類的思維，很可能在人們寫作當中，有一些非理性的部分在制式的規範當中迷失了。至於其他部分的操作，如軟體與硬體使用的限制性，也都改變了人類過往那種無限邊際的思維創造力。特別是在學習過程當中，人類內在的創造力與自我的幻想，得到充分的發揮，同時每個人都有其不同的差異性，這是人類最可貴的寶藏。但是電腦化後建立統一的形象、規範與思維，這些都對人類的創造力產生負面的效果。這種因為科技的改變所產生之約束與不當規範，我們都必須從中發覺出問題並且加以避免之，使電腦肯定能夠提升人類工作的效率，但卻不會負面影響人類未來的生活。創造力尚包含非理性的腦部運動與行為結果，「有理想，更要有夢想」，這也是科幻（science fiction）持續存在的原因。這一份虛幻，可以引導人類未來的新生命，也可能可以解決今日人類所造成的錯誤。人類一向藉理性（ratio）的排列推斷出「必然」（發明論），同時卻因非理性而提出「偶然」的論證（發現論），其實，與「非

理性」並不對稱的「感性」，可能是未來資訊社會處理社群人與人之間的一種新工具，如果我們終究跳脫不出功能性思考的話。

　　感性的政治參與應該是社群形態的，它的哲學、道德與宗教性質也應較多。然而縱然進入了資訊時代，「資訊」（information）仍不可能取代教育的「養成」（formation）精神，永續經營的教育是培育工作適應力、技能彈性以及生活創造力的新生代，資料→資訊→知識三階段的認知模式，使得今日已提出「轉變資訊成為知識」（turning information into knowledge）的新論點（蔡士傑，1996: 182-187）。養成是知識與智慧的來源，於此，特別包括人們與世界、與區域、與國家、與地方以及與社區互動的政治教育，若欠缺適當的、持續的政治教育，則在新菁英政治的政治真平等設計下，投下的每一票可能不到半票的政治價值。

參考書目

Heywood, Andrew 著，楊日清、李培元、林文斌、劉兆隆譯，1999，
　　《政治學新論》，台北：韋伯文化。

洪若偉，1997，《決戰辦公室生產力》，台北：資訊工業策進會。

許仟，1999a，《歐洲大學之教育理念》，嘉義：南華大學。

許仟，1999b，《歐洲文化與歐洲聯盟文化政策》，台北：樂學。

許仟譯，1990，《法國職業養成訓練之發展》，台北：行政院勞
　　委會職訓局。

黃昌意譯，1994，《資訊技術之效益評估與經營管理》，台北：
　　資訊工業策進會。

蔡士傑，1996，《決勝大未來：資訊人有效管理資訊的新方法》，
　　台北：資訊工業策進會。

Lempert, Wolfgang., "Forschungsbezogenes und reflexives Lernen in
　　erziehungswissenschaftlichen Seminaren", in Andreas Fischer/
　　Günter Hartmann, *In Bewegung Dimensionen der Veränderung
　　von Aus- und Weiterbildung* (Bielefeld: 1994).

資訊社會中的權力關係

郭冠廷

佛光人文社會學院政治學研究所副教授

一、前言

　　資訊科技的發展，對於全球的社會、經濟、文化、政治等各方面造成鉅大的衝擊與影響，然而資訊科技的影響究竟為何，迄今學術界仍未有統一的看法。科技樂觀主義者認為，科技的創新不但改變人類社會的經濟形態、豐富人類的物質生活，同時也為人類帶來政治生活的民主化[1]。至於反對者則認為，資訊科技的發展所造成的並非人類經濟生活的平等化，而是社會不平等的擴大與惡化[2]；並非權力上的平等以及參與上的民主，而是權力上的不均衡，以及民主實現的遙遙無期。

　　資訊科技對於人類生活的影響層面十分廣泛，本文則擬針對資訊科技對於「權力關係」的影響做一探討與研究。其重點包括：人際之間的權力關係、組織體與組織成員之間的權力關係、國際之間的權力關係之演變。

　　就人際之間的權力關係而言，值得注意的有虛擬社群與虛擬組織的興起，此一新的組織形態將影響人際之間的支配關係；此外，數位落差的現象，也將加劇人際間的不平等，從而造成權力關係的轉變；再者，「資訊知識」是否將成為人們獲取權力的手段，也是十分值得密切注意的地方。

---

[1]　Ken Hirschkop, 1998, "Information Technology and Socialist Self-Management", in Robert W. McChesney, Ellen Meiksins Wood & John Bellamy Foster ed., *Capitalism and the Information Age: The Political Economy of the Global Communication Revolution*, New York: Monthly Review Press, p.207.

[2]　近年來，全球資訊社會的發展，造成了社會不平等現象的擴大與惡化，此即所謂的「數位落差」（digital divide）。「數位落差」的現象，學者認為與資訊社會發展的原始理想背道而馳。

就組織體與組織成員之間的權力關係而言，組織內部的溝通渠道將會有何改變，組織內部的民主化是否將受到損傷或強化，這也是本文的研究重點之一。

就國際之間的權力關係而言，網路外交是否可行、資訊戰爭的可能性如何、恐怖主義是否會利用資訊科技進行攻擊行動、國際之間的勢力消長如何，這也是十分值得關切的課題。

有關資訊科技對於權力關係的影響，目前學界尚無共識，相關的研究也相當不足，再加上筆者的孤陋，因此，本文只能說是一份研究計畫的大綱，而尚難稱之為具體的研究成果。再者，資訊科技的演進十分快速，因此對於未來趨勢的探討似乎較諸對於現狀的研究來得重要。因為對於現狀的研究不出一兩年就馬上要落伍了，因此，本文擬由科技未來的角度出發，對於資訊科技中的權力關係問題，略抒管見，疏淺之處，尚祈方家斧正。

二、權力與權力關係

在正式進入討論之前，有必要對於「權力」（power）一詞進行界定。翟本瑞在《網路文化》一書中將西方世界的權力觀歸納為以下三個特性[3]：

1. 受到資本主義及現代化國家形成的影響，權力是在一套國家體制與市場法則中運作，形式上具備自由與平等性，但在實質利益分配上仍然有所不均。

2. 就個人層面而言，權力是將個人意志強加在他人身上的可能性，是一種上對下的關係，也是一種統治與支配的關係。

---

[3] 翟本瑞，2001，《網路文化》，台北：揚智文化，頁101。

3. 就社會層面而言，藉著存在不同論述中的知識——權力關係之運作，行為準則早已內化成為每個人無所不在的自我監控系統，權力無所不在，符應規則的人得到較多權力，藉此得以支配他人。

由此可見，「權力」最簡明的定義就是「強加個人意志於他人行為之上的可能性」。然而在此必須補充的是，本文所謂的「權力」，並不僅限於個人的層次，組織對組織、國家對國家、國家對個人、國家對組織、組織對個人……等相互之間，事實上也存在著權力關係。簡言之，凡具有「強制性」的關係，無論關涉者是個人、組織或者國家，在本文的認定上皆屬權力關係。

再者，權力關係通常並非單向的、一元的，因而也不能單純只視為上對下的關係。譬如夫妻雙方可能一方對於家庭理財具有決定之權，而另一方則對於子女教育有決定之權；國家對於企業的投資項目可能有審議之權，而企業對於國家的政策決定可能也具有影響的權力。權力關係往往也並非絕對集中的，而是交錯複雜的，譬如人民對於民意代表有選舉之權，立法機關對於行政機關有監督之權，而行政機關對於人民卻又有管理之權[4]。

儘管單向的、絕對的權力關係似乎並不存在於人類社會，然而這也並不代表人類社會中的權力是平等的。事實上，人類社會的權力往往是不平等的，而這也是人類社會秩序仍夠維繫的關鍵因素之一。當人群組織的規模越大的時候，就會出現規模越大的權力機關以維持秩序；當人際之間交往的面向越複雜的時候，就會出現越複雜的專責機關以處理複雜的專業事務[5]。權力的不平等

---

[4] 「權力制衡」的理論與運作，事實上就是要避免權力的絕對化。譬如，行政、立法、司法部門之間的權力制衡，政黨之間的權力制衡……等現象，似乎就意味著絕對的權力關係並不存在。

[5] 當人群組織的規模越大的時候，就會出現規模越大的權力機關以維持秩

乃是人類社會演化的「實然」結果，當然就「應然」層次而言，權力的不平等似非可欲之現象，但此非本文討論之範圍。本文所欲討論者，乃是資訊社會之中，人類權力關係以及權力結構實際已經發生以及將要發生的演變。

在此，必須就資訊社會中「權力關係」的類別進行分類。資訊社會中的「權力關係」，筆者以為可以大致分為兩類，一是真實世界的權力關係，二是虛擬世界的權力關係。

本文所謂的「權力關係」並非僅以網際網路中的虛擬權力關係為限。本文認為資訊社會對於「權力關係」的影響，主要還是表現在真實世界權力關係的演變。諸如資訊社會中各國經濟、政治、軍事力量的消長，社會階層的流動，一國之內民主化程度的變化……等等，此均為真實世界權力關係的演變。

至於何謂真實世界的權力關係？最簡單的定義就是：「存在於虛擬世界以外的權力關係，就是真實世界的權力關係。」那麼，何謂虛擬世界的權力關係呢？筆者以為，凡是透過網際網路，嘗試以匿名的方式、嘗試規避任何風險與責任，並尋求心理上（非物質上）之滿足者，均為虛擬世界的行為，其所形成的權力網絡即為虛擬世界的權力關係。

在此一定義之下，並非所有利用網際網路的行為都是虛擬世界的行為。一個公司利用網路進行電子商務的推廣，不能視為虛擬世界的行為，因為它不具匿名性以及逃避風險、責任的心理。網友在網際網路上匿名地談情說愛乃是虛擬世界的行為，但若一旦實際與網友見面談戀愛，則屬真實世界的行為。網友匿名在網

序，舉例而言，當家族的規模越大的時候，就會出現家族的權力機關以維持家族的秩序。當人際之間交往的面向越複雜的時候，就會出現越複雜的專責機關以處理複雜的專業事務，舉例而言，當人類透過電話做為溝通的主要媒介的時候，就會出現電信管理機關以處理相關事務。

路上玩遊戲，乃是虛擬世界的行為，因為這種行為不必承擔任何損失與風險，但若實際在網路賭場以金錢下注，就算是以匿名的方式下注，由於將造成實質的獲利與損失，則其所產生的權力關係仍屬真實世界的權力關係。

根據此一定義，網路上的病毒製造、傳播者，由於並不期待任何實質的獲利（除非他同時販售解毒碼獲利），同時又希望能規避任何法律責任，因此可以視為虛擬世界的行為。但如果病毒的製造得到特定組織團體的資助，其目的則用來摧毀特定國家或組織的資訊系統，則此一行為便是真實世界的行為。

如果此一定義可以被接受的話，那麼，資訊社會中對於權力關係的影響，絕大多數仍屬真實世界的行為，其所關涉的絕大多數也是真實世界的權力關係。

將資訊社會中「真實世界的權力關係」以及「虛擬世界中的權力關係」做一區隔，這是十分有必要的工作，也可以避免許多無謂的爭論。以下本文將針對這兩種權力關係進行探討。

三、真實世界權力關係的轉變

在資訊社會中，真實世界的權力關係是否有何改變？答案是肯定的。

這種改變有以下幾種趨勢值得注意：

1. 凡是一個國家、組織或個人，其所掌握的資訊優勢愈多，則相對於其他的國家、組織或個人，其權力就愈高。

2. 國家與國家之間、區域與區域之間、組織與組織之間的「數位落差」正處於不斷擴大之中。截至目前為止，有能力購

買資訊產品或有能力運用資訊科技的人，在全球的分布仍然十分不平均。儘管電腦以及網路的使用有日漸普及的趨勢，但是電腦以及網路的普及只是擴大，而非縮小「數位落差」（就如同電視、音響的普及只是擴大富國與窮國的差距一樣）。

3. 資訊社會的發展，產生資訊爆炸的現象，但是並不是每一個人、每一個機構都有能力處理大量的資訊。因此，一個有能力從龐大資料中處理或購買重要訊息的人，便成為社會上較有權力的人，從而進入社會上較高的階層；一個沒有能力從龐大資料中處理或購買重要訊息的人，便成為社會上較無權力的人，從而委身於社會上較低的階層[6]。

4. 資訊產品做為一種「高科技」產品，其最核心的生產技術仍將絕大多數掌握於歐、美、日等先進國家。「智慧財產權」強調，將滯後開發中國家迎頭趕上的可能。

5. 伴隨著資訊科技的發展，「全球化」也成為世人關注的現象。全球化造成疆界的毀壞，也就是說人才、資金、技術在全球範圍內可以更自由地流動。大前研一（Kenichi Ohmae）在《民族國家的終結──區域經濟的興起》一書中指出，無國界的世界即將來臨，民族國家即將沒落，代之而起的是區域經濟[7]。然而全球化的「疆界毀壞」並不代表世界平等的到來，人才、資金、技術的自由移動，也不意味著會平均地向世界各地移動。事實上，在全球化的時代裏，人才、資金、技術只會往生產力高的地方流動，換言之，國

---

[6] 有些學者認為，網際網路具有反階層的本質，因為網路使用者的身分具有流動性。參考李英明，2000，《網路社會學》，台北：揚智文化，頁 115。

[7] Kenichi Ohmae, 1995, *The End of the Nation State: the Rise of Regional Economies*, New York: Free Press.

與國之間的差距可能不易縮小，而一國之內的各區域的不平等反而可能擴大[8]。

四、虛擬世界權力關係的轉變

從以上的分析中，可以知道虛擬世界的行為必須是透過網際網路，嘗試以匿名的方式，嘗試規避風險與責任，並尋求心理上（非物質上）之滿足者的行為。因此，絕大多數因資訊科技而興起的行為並非虛擬行為。例如網路設備的販售，網咖的設置，行政機關、公司架設的網站……等，均非虛擬之行為。

甚至可以說，即使限定在網際網路之中，絕大多數的行為也非虛擬行為。例如網路上電子下單進行股票交易、在網路銀行進行轉帳、在網路上刷卡消費、在網路書局購書……等等，均只是透過網路做為媒介，進行一般性的交易，就如同以傳真、金融卡轉帳進行之交易一樣，絕非虛擬之行為。因此，有不少的學者將網路上的行為都視為虛擬行為，事實上是值得商榷的。

網路上的虛擬行為既然十分有限，那麼虛擬世界中具有權力關係嗎？答案是肯定的。儘管「虛擬」行為似乎並不「真實」，但無可懷疑的，虛擬關係仍具有人與人互動的形式，而凡有人際互動的地方，就會產生權力關係，除非雙方的互動已達絕對理性的層次。

從個人角度而言，網路權力（cyberpower）形成了虛擬階層關係；從社會角度而言，網路權力建構出虛擬菁英來；從想像力的

---

[8] 例如台灣南、北地區在經濟上、觀念上、政治上的差距日益擴大，就是一個十分值得觀察的現象。

角度而言，網路權力產生了虛擬社會秩序[9]。

關於虛擬世界權力關係的特性與內容，茲由以下幾點分別予以說明：

1. 虛擬世界的行為由於是匿名的、規避責任的，因此它是傾向個體主義，而與集體性的社會倫理通常有一段不短的距離。職是之故，在虛擬世界中通常有較多的個人情緒發洩、漫罵等以個體為中心的行為，也就是說，他們的行為通常較具有反社會的傾向，或者無法在現實社會中得到心理上的滿足與安慰。

2. 正由於虛擬的行為是傾向以個體為中心的，因此期待於虛擬世界中完成民主、平等、公民參與等集體性、社會性的理想，事實上是幾無可能的[10]。民主以及公民參與不能是匿名性質的，也不能是不負言論責任的。

3. 虛擬行為的邏輯雖然與真實社會行為的邏輯有一段距離，但是凡有人際互動的地方，就會產生權力，因此虛擬世界中，並非人人平等的，相反地，虛擬世界之中，也存在著虛擬階層、虛擬菁英以及虛擬秩序。現實世界中的社會階層，分類的標準可能是個人的財富、學歷或家世，財富越多、學歷越高、家世越好的人，階層地位就越高、擁有的權力也就越大。而在虛擬世界中，權力的大小則取決於個人對網路世界的貢獻[11]。話雖如此，然而事實上是誰是版主，誰

---

9 翟本瑞，2000，〈網路空間中的權力運作〉，《網路社會學通訊期刊》，第 8 期，http://mail.nhu.edu.tw/~society/e-j/08/e-j0615.htm#網路權力。

10 有不少人期待透過虛擬行為完成政治上的民主，事實上是不可能的。因為如果「電子投票」可以成為實現直接民主的手段的話，那麼前提是投票者的身分不能是匿名的（儘管它必須是秘密投票，但是秘密投票不等於投票者可以匿名領票）。而如果投票者的身分不是匿名的話，那麼這樣的投票行為就不是虛擬行為。

11 Tim Jordan, 1999, *Cyberpower: The Culture and Politics of Cyberspace and*

是網站的出資者，誰就擁有網路糾紛的最後仲裁權。最起碼網站的出資者有權力將網站關閉。因此，虛擬世界的最高權力（網站的主權），其實還是來自於現實世界的經濟力。

4. 由於全球存在著數以億計的網友、數以百萬計的網站，一個人勢必沒有充足的時間與精力參與所有的網站討論，因此虛擬世界的互動與溝通通常是十分具有局限性的，也就是說，通常是小眾性質、社群性質的，它所突顯的，是社群與社群之間的差異，而非社群之間的平等；它促進了網友的分殊，而非促進了網友的聯合。既然有差異、有分殊，則網站之間的權力也是不平等的。

5. 虛擬行為源自於人類心理上的特殊需求，但由於此一行為的本質是「虛擬」的，因此並無法完全滿足特殊的心理需求。例如，網路遊戲的勝利並不能帶來具體而真實的光榮，虛擬的戀情也只能停留在想像當中。然而，「虛擬」的特質就是想像空間很大，有限的資源似可以做無限的嘗試（跨越國界、美醜、貧富……等等障礙），因而具有相當高的吸引力。

6. 虛擬世界的權力關係對於真實世界的權力關係影響並不大，也就是說，虛擬世界與真實世界之間存在著一道看不見的鴻溝。但是網路上的戀情也有可能轉變為實際上的戀情，由匿名成為具名，由虛擬的權力關係轉變為真實的權力關係。相反地，真實的權力關係通常不會轉變為虛擬的權力關係。

7. 虛擬世界另一股值得關切的力量，在於「網客」們通常具有較高的科技能力，而且他們似乎也較真實世界的人們更具

the Internet, New York: Routledge.

有反社會的傾向。因此，一旦反社會的傾向受到激發，他們可能會運用其高超的科技能力，破壞社會上的設施與秩序，這將是一場觸目驚心的另一種形式的「恐怖主義」。也就是說，虛擬世界的人們，他們也許沒有興趣也沒有能力去治理真實的世界，但卻有可能去毀壞真實的世界。

8. 虛擬社群的結構通常是十分鬆散的，其平均存續時間也相當短暫，因此其影響力大抵在於觀念上以及情感上的交流，尚難發揮社群的實踐力以及影響力。

9. 虛擬外交、虛擬國家等議題，雖向為學者所關注，然而要真正成為具體社會的一股力量，恐非短期內所能實現。

五、結論

本文的重點之一，在於將資訊社會中「真實世界的權力關係」以及「虛擬世界的權力關係」做一區隔，並將虛擬行為界定為：凡是透過網際網路，嘗試以匿名的方式、嘗試規避任何風險與責任，並尋求心理上（非物質上）之滿足者，均為虛擬世界的行為，其所形成的權力網絡即為虛擬世界的權力關係。

透過以上的界定，本文發現在資訊社會中，真實世界的權力關係是越來越趨於不平等的，無論是在國家層次、組織層次或者個人層次。至於在資訊社會中，虛擬世界的權力關係也有不平等情形存在。

本文也發現，在資訊社會中，虛擬世界的版圖遠不及真實世界的版圖來得大。虛擬世界的網客，其實踐力也略遜於真實世界的人們。然而由於「網客」們通常具有較高的科技能力，而且他們似乎也較真實世界的人們更具有反社會的傾向。因此，一旦反

社會的傾向受到激發，他們可能會運用其高超的科技能力，破壞社會上的設施與秩序。也就是說，虛擬世界的人們，他們也許沒有興趣也沒有能力去主宰真實的世界，但卻有足夠的能力去毀壞這個真實的世界。

參考書目

Dordick, Herbert S., 1993, *The Information Society*. Newberry Park, Calif: Sage Publications.

Jordan, Tim., 1999, *Cyberpower: The Culture and Politics of Cyberspace and the Internet*. New York: Routledge.

May, Christopher ed., 2003 , *Key Thinkers for the Information Society*. London: Routledge.

McChesney, Robert W. ed., 1998, *Capitalism and the Information Age: The Political Economy of the Global Communication Revolution*. New York: Monthly Review Press.

Ohmae, Kenichi, 1995, *The End of the Nation State: the Rise of Regional Economies*. New York: Free Press.

Webster, Frank, 2002, *Theories of the Information Society*. 2nd ed., London: Routledge.

石計生，2001，〈資訊社會與社會學理論——一個馬克思主義論述傳統與批判〉，《當代》，171 期，頁 10-33。

李英明，2000，《網路社會學》，台北：揚智文化。

翟本瑞，2001，〈資訊社會中權力與市場關係變遷之研究〉，《教育社會學通訊》，29 期，頁 5-8。

翟本瑞，2001，《網路文化》，台北：揚智文化。

國家圖書館出版品預行編目資料

政治與資訊科技 ＝ Information technology and
politics／孫以清，郭冠廷主編. --初版.-- 台
北市：揚智文化, 2003[民 92]
    面； 公分. --（POLIS 系列；21）

    ISBN 957-818-576-6（平裝）

    1.資訊科學－論文，講詞等

312.9016   92019301

政治與資訊科技

POLIS 系列 21

主 編 者／孫以清、郭冠廷
出 版 者／揚智文化事業股份有限公司
發 行 人／葉忠賢
總 編 輯／林新倫
登 記 證／局版北市業字第 1117 號
地　　址／台北市新生南路三段 88 號 5 樓之 6
電　　話／(02)2366-0309
傳　　真／(02)2366-0310
 E-mail ／yangchih@ycrc.com.tw
網　　址／http://www.ycrc.com.tw
郵撥帳號／19735365　葉忠賢
印　　刷／鼎易印刷事業股份有限公司
法律顧問／北辰著作權事務所　蕭雄淋律師
初版一刷／2004 年 1 月
定　　價／新台幣 500 元
 I S B N ／957-818-576-6